西 藏 自 治 区 水 利 厅
西藏自治区发展和改革委员会

西 藏 自 治 区
水利水电建筑工程概算定额

U0227482

黄 河 水 利 出 版 社
·郑 州·

图书在版编目(CIP)数据

西藏自治区水利水电建筑工程概算定额/西藏自治区水利电力规划勘测设计研究院,中水北方勘测设计研究有限责任公司主编. —郑州:黄河水利出版社,2017. 2

ISBN 978 – 7 – 5509 – 1697 – 5

I. ①西… Ⅱ. ① 西…②中… Ⅲ. ①水利水电工程 – 建筑概算定额 – 西藏 Ⅳ. ①TV512

中国版本图书馆 CIP 数据核字(2017)第 037111 号

出　版　社:黄河水利出版社　　　　　　　　网址:www.yrcp.com
　　　　　　地址:河南省郑州市顺河路黄委会综合楼 14 层　邮政编码:450003
发行单位:黄河水利出版社
　　　　　　发行部电话:0371 – 66026940、66020550、66028024、66022620(传真)
　　　　　　E-mail:hhslcbs@126.com
承印单位:河南匠心印刷有限公司
开本:850 mm × 1 168 mm　1/32
印张:16.375
字数:411 千字　　　　　　　　　印数:1—1 000
版次:2017 年 2 月第 1 版　　　　　印次:2017 年 2 月第 1 次印刷

定价:400.00 元

西藏自治区水利厅
西藏自治区发展和改革委员会 文件

藏水字〔2017〕27 号

关于发布西藏自治区水利水电建筑工程概算定额、设备安装工程概算定额、施工机械台时费定额和工程设计概(估)算编制规定的通知

各地(市)水利局、发展和改革委员会,各有关单位:

　为适应经济社会的快速发展,进一步加强造价管理和完善定额体系,合理确定和有效控制工程投资,自治区水利厅牵头组织编制了《西藏自治区水利水电建筑工程概算定额》、《西藏自治区水利水电设备安装工程概算定额》、《西藏自治区水利水电工程施工机械台时费定额》、《西藏自治区水利水电工程设计概(估)算编制规定》,经审查,现予以发布,自 2017 年 4 月 1 日起执行。《西藏自治区水利建筑工程预算定额》(2003 版)、《西藏自治区水利工程设备安装概算定额》(2003 版)、《西藏自治区水利工程设计概(估)算编制规定》(2003 版)同时废止。本次

发布的定额和编制规定由西藏自治区水利厅、西藏自治区发展和改革委员会负责解释。

　　附件:1、西藏自治区水利水电建筑工程概算定额

　　　　2、西藏自治区水利水电设备安装工程概算定额

　　　　3、西藏自治区水利水电工程施工机械台时费定额

　　　　4、西藏自治区水利水电工程设计概(估)算编制规定

西藏自治区水利厅　　　西藏自治区发展和改革委员会
　　　　　　　　　　　　2017 年 3 月 5 日

主持单位:西藏自治区水利厅
承编单位:西藏自治区水利电力规划勘测设计研究院
　　　　　中水北方勘测设计研究有限责任公司

定额编制领导小组

组　　　长:罗杰

常务副组长:赵东晓　李克恭　阳辉　何志华
　　　　　杜雷功

成　　　员:热旦　次旦卓嘎　索朗次仁　王印海
　　　　　拉巴

定额编制组

组　长:阳辉

副组长:孙富行　拉巴　李明强　田伟

主要编制人员

李明强　吴云凤　王维忠　张珏　陈振　拉巴
周红梅　次旦卓嘎　郭春雷　彭丽花　郭端英　王贤忠
于晖　张宁　曾俊　吴晋青　赵彦贤　张萌　王静斋
马妹英

总 目 录

总说明

第一章 土方工程 ………………………………………… （1）

第二章 石方工程 ………………………………………… （61）

第三章 混凝土工程 ……………………………………… （175）

第四章 砌筑工程 ………………………………………… （249）

第五章 喷锚工程 ………………………………………… （277）

第六章 基础处理工程 …………………………………… （301）

第七章 砂石备料工程 …………………………………… （353）

第八章 架空输配电线路工程 …………………………… （385）

第九章 输水管道工程 …………………………………… （401）

第十章 其他工程 ………………………………………… （431）

附 录 …………………………………………………… （465）

总　说　明

一、《西藏自治区水利水电建筑工程概算定额》(以下简称本定额)是在西藏自治区发展计划委员会、西藏自治区水利厅藏计农经〔2003〕1868 号文颁发的《西藏自治区水利建筑工程预算定额》的基础上,结合近年来自治区水利水电工程发展变化情况编制的。

二、本定额包括土方工程、石方工程、混凝土工程、砌筑工程、喷锚工程、基础处理工程、砂石备料工程、架空输电线路工程、输水管道工程、其他工程共十章及附录。

三、本定额适用于中小型水利水电工程项目,是编制初步设计概算的依据。

四、本定额是以海拔 3500～4000m 为基准制定的,不足或超过时,按工程所在地的海拔乘以表 0-1 调整系数计算。

表 0-1

海拔(m)	人工定额调整系数	机械定额调整系数
2000～2500	0.89	0.80
2500～3000	0.93	0.86
3000～3500	0.96	0.92
3500～4000	1.00	1.00
4000～4500	1.04	1.09
4500～4750	1.08	1.14
4750～5000	1.10	1.19
5000～5250	1.12	1.25
5250～5500	1.14	1.32
5500～5750	1.16	1.40
5750～6000	1.18	1.48

五、本定额不包括冬季、雨季等气候影响施工的因素及增加的设施费用。

六、本定额按每班八小时工作制拟订。

七、本定额的"工作内容"仅扼要说明各章节的主要施工过程及主要工序。次要的施工过程及工序和必要的辅助工作，虽未列出，但已包括在定额内。

八、本定额的计量按工程设计几何轮廓尺寸计算。即由完成每一有效单位实体所消耗的人工、材料、机械数量而组成，其中不构成实体的各种施工操作损耗、允许的超挖及超填量、合理的施工附加量、体积变化等已根据施工技术规范规定的合理消耗量计入定额。

九、定额中"人工"是指完成一项定额子目内容所需的人工数，包括基本用工和辅助用工。

十、定额中人工、机械用量是指完成一个定额子目内容所需的全部人工和机械，包括基本工作、准备与结束、辅助工作、不可避免的中断、必要的休息、工程检查、交接班、班内工作干扰、夜间工效影响、常用工具和机械的维修、保养、加油、加水等全部工作。人工、机械的消耗量以工时和台时为计量单位。

十一、定额中的材料是指完成一项定额子目工作内容所需的全部材料消耗量，包括主要材料、其他材料和零星材料。主要材料以实物量形式表示，具体说明如下：

1. 材料定额中，未列示品种、规格的，均可根据设计选定的品种、规格计算，但定额数量不得调整。

2. 其他材料费或零星材料费，是指完成一项工作内容所必需的未列量材料费，如工作面内的脚手架、排架、操作平台等的摊销费，模板脱模剂，放炮用的引火材料以及其他用量较少的材料。其他材料费以占主要材料费的百分数（％）表示，零星材料费按占人工费、机械费之和的百分数（％）表示。

3. 材料从工地分仓库或相当于工地分仓库的材料堆放地至工作面的场内运输所需人工、机械和费用,已包括在各相应定额之中。

十二、定额中的机械是指完成一项定额子目工作内容所需的全部机械消耗量,包括主要机械和其他次要辅助机械。主要机械以台(组)时表示。具体说明如下:

1. 机械定额中,凡数量以"组时"表示的,其机械数量等,均按设计选定计算,定额数量不予调整。

2. 机械定额中,凡一种机械名称之后,同时并列几种型号规格的,如运输定额中的自卸汽车,这种机械只能选用其中一种型号规格的定额进行计价;凡一种机械分几种型号、规格与机械名称同时并列的,这些名称相同而规格不同的机械定额都应同时进行计价。

3. 其他机械费,是指完成一项工作内容所必需的次要或辅助机械的使用费。

十三、定额中一般数字表示的适用范围:

1. 只用一个数字表示的,仅适用于该数字本身。当需要选用的定额介于两子目之间时,可用插入法计算。

2. 数字用上下限表示的,如 2000～2500,适用于大于 2000、小于或等于 2500 的数字范围。

十四、定额中用"每增运""每升降"单位表示的,是指一项定额超出子目设置范围,每增加一单位距离或每升降一单位高度所增减的定额调整数。

十五、各定额章节说明或附注有关的定额调整系数,除特别注明外,一般均按连乘计算。

十六、汽车运输定额,适用于工程施工场内运输,使用时不另计高差折平和路面等级系数。汽车运输定额运输距离为 10km 以内。超过 10km 部分,按增运 1km 台时数乘 0.7 系数计算。

十七、各章的挖掘机定额,均按液压挖掘机拟定,若采用其他挖掘机,台时数量不作调整。

目　录

第一章　土方工程

说　明 ……………………………………………………… (3)

一 – 1　人工挖土 ……………………………………………… (5)

一 – 2　人工挖基槽 …………………………………………… (6)

一 – 3　人工挖土渠 …………………………………………… (7)

一 – 4　人工挖柱坑 …………………………………………… (8)

一 – 5　人工挖淤泥、流砂 …………………………………… (9)

一 – 6　土方松动爆破 ………………………………………… (10)

一 – 7　人工修整边坡 ………………………………………… (11)

一 – 8　人工夯实 ……………………………………………… (12)

一 – 9　人工挑抬运土 ………………………………………… (13)

一 – 10　人工挖土胶轮车运土 ……………………………… (14)

一 – 11　人工挖土手扶拖拉机运输 ………………………… (15)

一 – 12　人工挖土机动翻斗车运输 ………………………… (16)

一 – 13　人工回填土方 ……………………………………… (17)

一 – 14　场地平整 …………………………………………… (18)

一 – 15　机械松土 …………………………………………… (19)

一 – 16　推土机推土 ………………………………………… (20)

一 – 17　$6 \sim 8 m^3$ 铲运机运土 ………………………………… (23)

一 – 18　挖掘机挖土 ………………………………………… (25)

一 – 19　$0.5 m^3$ 挖掘机挖土自卸汽车运输 ……………… (26)

一 – 20　$1 m^3$ 挖掘机挖土自卸汽车运输 ………………… (29)

一－21 1.2m³挖掘机挖土自卸汽车运输 …………… （32）

一－22 2m³挖掘机挖土自卸汽车运输 ……………… （35）

一－23 挖掘机挖淤泥、流砂 …………………………… （38）

一－24 挖掘机挖淤泥、流砂自卸汽车运输 ………… （39）

一－25 挖掘机水下开挖土石方自卸汽车运输 ……… （42）

一－26 装载机挖运土 …………………………………… （44）

一－27 1m³装载机装土自卸汽车运输 ……………… （47）

一－28 1.5m³装载机装土自卸汽车运输 …………… （50）

一－29 2m³装载机装土自卸汽车运输 ……………… （53）

一－30 河（渠）道堤防土料压实 ……………………… （56）

一－31 蛙夯夯实土料 …………………………………… （57）

一－32 轮胎碾压实土料 ………………………………… （58）

一－33 打夯机夯实土料 ………………………………… （59）

一－34 拖拉机压实土料 ………………………………… （60）

第二章 石方工程

说 明 ……………………………………………………… （63）

二－1 一般石方开挖（风钻钻孔） ………………… （65）

二－2 一般石方开挖（100型潜孔钻钻孔） ……… （66）

二－3 一般石方开挖（150型潜孔钻钻孔） ……… （69）

二－4 坡面一般石方开挖（风钻钻孔） …………… （72）

二－5 坡面保护层石方开挖（风钻钻孔） ………… （73）

二－6 底部保护层石方开挖（风钻钻孔） ………… （74）

二－7 沟槽石方开挖（风钻钻孔） ………………… （75）

二－8 坑石方开挖（风钻钻孔） …………………… （80）

二－9 基础石方开挖（风钻钻孔） ………………… （89）

二－10 基础石方开挖（潜孔钻钻孔） ……………… （94）

二－11 平洞石方开挖（风钻钻孔） ………………… （99）

二－12　平洞石方开挖（二臂液压凿岩台车）·········（104）

二－13　6°～45°斜井石方开挖——反导井（风钻钻孔）
·····································（106）

二－14　45°～75°斜井石方开挖——反导井（风钻钻孔）
·····································（111）

二－15　6°～45°斜井石方开挖——正导井（风钻钻孔）
·····································（116）

二－16　45°～75°斜井石方开挖——正导井（风钻钻孔）
·····································（121）

二－17　竖井石方开挖——反导井（风钻钻孔）·········（126）

二－18　竖井石方开挖——正导井（风钻钻孔）·········（131）

二－19　竖井石方开挖——反导井（100型导井潜孔钻钻孔）
·····································（136）

二－20　预裂爆破（风钻钻孔）·····················（140）

二－21　预裂爆破（100型潜孔钻钻孔）·············（144）

二－22　风镐开凿风化岩···························（146）

二－23　液压岩石破碎机破碎岩石···················（147）

二－24　人工翻扬渠槽石渣·························（148）

二－25　人工挑抬运石渣···························（149）

二－26　人工装渣胶轮车运输·······················（150）

二－27　人工装渣轻轨斗车运输·····················（151）

二－28　人工装渣卷扬机牵引斗车运输···············（152）

二－29　人工装渣卷扬机牵引双胶轮车运输···········（156）

二－30　人工装渣卷扬机牵引吊斗运输···············（160）

二－31　人工装渣手扶拖拉机运输···················（161）

二－32　人工装渣拖拉机运输·······················（162）

二－33　人工装渣机动翻斗车运输···················（163）

二－34　人工装渣载重汽车运输·····················（164）

二-35 装岩机装渣人工推轻轨斗车运输 …………… (165)

二-36 装岩机装渣蓄电池车牵引斗车运输 ………… (166)

二-37 推土机推运石渣 …………………………… (167)

二-38 挖掘机挖甩石渣 …………………………… (168)

二-39 挖掘机装渣自卸汽车运输 ………………… (169)

二-40 装载机装渣自卸汽车运输 ………………… (172)

第三章 混凝土工程

说 明 ……………………………………………… (177)

三-1 重力坝 ……………………………………… (179)

三-2 重力拱坝 …………………………………… (180)

三-3 毛石混凝土坝 ……………………………… (181)

三-4 堆石坝面板 ………………………………… (182)

三-5 地面厂房 …………………………………… (183)

三-6 厂房网架 …………………………………… (184)

三-7 泵 站 ……………………………………… (185)

三-8 水闸闸墩 …………………………………… (186)

三-9 水闸胸墙 …………………………………… (188)

三-10 挡土墙、岸墙和翼墙 ……………………… (189)

三-11 水闸底板、垫层、护坦、消力坎 …………… (190)

三-12 工作桥、公路桥 …………………………… (191)

三-13 桥 墩 ……………………………………… (192)

三-14 桥 梁 ……………………………………… (193)

三-15 闸门槽二期混凝土 ………………………… (194)

三-16 溢流堰 ……………………………………… (195)

三-17 溢流面 ……………………………………… (196)

三-18 导水墙 ……………………………………… (197)

三-19 进水塔 ……………………………………… (198)

三－20　截水墙及心墙 ·································（199）

三－21　斜　墙 ·······································（200）

三－22　渡槽排架 ·····································（201）

三－23　渡槽槽身 ·····································（202）

三－24　渡槽拱 ·······································（203）

三－25　护坡框格 ·····································（204）

三－26　土工膜袋混凝土 ·····························（205）

三－27　混凝土顶帽 ···································（206）

三－28　平洞及斜井衬砌（钢模板） ·················（207）

三－29　竖井衬砌 ·····································（208）

三－30　箱式涵洞 ·····································（210）

三－31　涵洞顶板、底板 ·······························（211）

三－32　涵　管 ·······································（212）

三－33　预制混凝土构件 ·····························（213）

三－34　预制混凝土护砌块 ···························（214）

三－35　预制混凝土小型构件 ·························（215）

三－36　预制混凝土构件运输、安装 ··················（216）

三－37　搅拌机拌制水泥砂浆 ·························（217）

三－38　搅拌机拌制混凝土 ···························（217）

三－39　拌和站拌制混凝土 ···························（218）

三－40　人工运混凝土 ·································（218）

三－41　胶轮车运混凝土 ·····························（219）

三－42　人工推斗车运混凝土 ·························（219）

三－43　泻槽运混凝土 ·································（220）

三－44　负压溜槽运输混凝土 ·························（220）

三－45　机动翻斗车运混凝土 ·························（221）

三－46　手扶拖拉机运混凝土 ·························（221）

三－47　自卸汽车运混凝土 ···························（222）

三－48 混凝土泵车输送混凝土 …………………………… （223）

三－49 混凝土输送泵运混凝土 …………………………… （223）

三－50 3m³ 搅拌车运混凝土 ………………………………… （224）

三－51 履带吊吊运混凝土 ………………………………… （224）

三－52 塔机吊运混凝土 …………………………………… （225）

三－53 卷扬机吊运混凝土 ………………………………… （226）

三－54 井架提升混凝土 …………………………………… （227）

三－55 洞内卷扬机吊运混凝土 …………………………… （228）

三－56 止　水 …………………………………………… （229）

三－57 伸缩缝及排水管 …………………………………… （232）

三－58 钢筋制作及安装 …………………………………… （234）

三－59 混凝土凿除 ………………………………………… （235）

三－60 混凝土凿毛 ………………………………………… （236）

三－61 液压岩石破碎机拆除混凝土 ……………………… （237）

三－62 破碎剂胀裂拆除混凝土 …………………………… （237）

三－63 混凝土爆破拆除 …………………………………… （238）

三－64 预制混凝土梁、板整体拆除 ……………………… （238）

三－65 干砌块石渠道外衬混凝土（钢模板） …………… （239）

三－66 干砌块石渠道外衬混凝土（木模板） …………… （240）

三－67 混凝土明渠 ………………………………………… （241）

三－68 混凝土暗渠 ………………………………………… （242）

三－69 混凝土水池 ………………………………………… （243）

三－70 沥青混凝土心墙 …………………………………… （244）

三－71 回填混凝土 ………………………………………… （246）

三－72 其他混凝土 ………………………………………… （247）

三－73 砂浆垫层 …………………………………………… （248）

第四章 砌筑工程

说　明 ································· （251）

四-1　砂石垫层 ···················· （253）

四-2　人工铺筑戈壁料垫层 ·········· （253）

四-3　土工布铺设 ·················· （254）

四-4　塑料膜铺设 ·················· （254）

四-5　复合土工膜铺设——粘接 ······ （255）

四-6　复合土工膜铺设——热焊连接 ··· （255）

四-7　复合柔毡铺设——热焊连接 ····· （256）

四-8　干砌片石 ···················· （256）

四-9　干砌块石 ···················· （257）

四-10　干砌卵石 ··················· （258）

四-11　干砌卵石灌混凝土 ··········· （258）

四-12　干砌混凝土预制块 ··········· （259）

四-13　干砌混凝土预制板 ··········· （259）

四-14　浆砌块石 ··················· （260）

四-15　浆砌卵石 ··················· （261）

四-16　浆砌条料石 ················· （262）

四-17　浆砌石拱圈 ················· （263）

四-18　浆砌石衬砌 ················· （264）

四-19　浆砌石明渠 ················· （265）

四-20　砌石坝 ····················· （266）

四-21　浆砌混凝土预制块 ··········· （267）

四-22　砌　砖 ····················· （267）

四-23　砌体砂浆抹面 ··············· （268）

四-24　铅丝笼块石 ················· （268）

四-25　钢筋石笼 ··················· （269）

四－26　人工抛石 ·· （269）

四－27　机械抛石 ·· （270）

四－28　砌体拆除 ·· （271）

四－29　挖掘机拆除砌石 ······································ （271）

四－30　打夯机夯实砂砾料、反滤料、过渡料 ·············· （272）

四－31　拖拉机压实砂砾料、反滤料、过渡料 ·············· （272）

四－32　拖式振动碾压实砂砾料、反滤料、堆石料、过渡料

　　　　 ·· （273）

四－33　自行式振动碾压实砂砾料、反滤料、堆石料、过渡料

　　　　 ·· （273）

四－34　压路机压实砂砾料、石渣料 ·························· （274）

四－35　斜坡压实垫层料 ······································ （274）

四－36　土工格栅 ·· （275）

四－37　格宾网箱石笼 ·· （275）

第五章　喷锚工程

说　明 ·· （279）

五－1　岩石面喷浆 ·· （280）

五－2　混凝土面喷浆 ·· （281）

五－3　洞内喷混凝土 ·· （282）

五－4　地面锚杆支护 ·· （283）

五－5　地下锚杆支护 ·· （284）

五－6　风钻钻插筋孔 ·· （285）

五－7　潜孔钻钻插筋孔 ·· （285）

五－8　混凝土面插筋 ·· （286）

五－9　人工湿喷混凝土 ·· （291）

五－10　机械湿喷混凝土 ······································ （295）

五－11　钢筋网 ·· （297）

五-12 锚 索 ……………………………………… (298)

第六章 基础处理工程

说 明 ………………………………………………… (303)

六-1 风钻钻岩石灌浆孔 ……………………… (305)

六-2 钻机钻岩石灌浆孔 ……………………… (306)

六-3 基础固结灌浆 …………………………… (308)

六-4 隧洞固结灌浆 …………………………… (309)

六-5 隧洞回填灌浆 …………………………… (311)

六-6 钢管道回填灌浆 ………………………… (312)

六-7 岩石帷幕灌浆 …………………………… (313)

六-8 坝基砂砾石帷幕灌浆 …………………… (316)

六-9 灌注孔口管 ……………………………… (317)

六-10 接缝灌浆 ………………………………… (318)

六-11 混凝土裂缝灌浆 ………………………… (319)

六-12 钻排水孔 ………………………………… (320)

六-13 钻倒垂孔 ………………………………… (321)

六-14 钻机钻土石坝(堤)灌浆孔 …………… (323)

六-15 土坝(堤)劈裂灌浆 …………………… (324)

六-16 钻机钻高压喷射灌浆孔 ………………… (325)

六-17 摆喷灌浆 ………………………………… (326)

六-18 定喷灌浆 ………………………………… (327)

六-19 旋喷灌浆 ………………………………… (328)

六-20 地下连续墙成槽——锯槽机成槽 …… (329)

六-21 地下连续墙成槽——抓斗成槽 ……… (330)

六-22 地下连续墙成槽——冲击钻机成槽 ……… (332)

六-23 地下连续墙成槽——冲击钻机配合抓斗成槽

……………………………………… (336)

六－24 混凝土防渗墙浇筑 ················· (338)

六－25 地下连续墙——深层水泥搅拌桩防渗墙 ········ (342)

六－26 地下连续墙——振动沉模防渗板墙 ·········· (345)

六－27 灌注桩造孔 ··················· (348)

六－28 灌注桩混凝土 ················· (349)

六－29 振冲桩 ····················· (350)

六－30 打预制钢筋混凝土桩 ·············· (351)

第七章 砂石备料工程

说　明 ························· (355)

七－1 人工开采砂砾料 ·············· (358)

七－2 人工捡集卵石 ··············· (359)

七－3 人工筛分砂石料 ·············· (360)

七－4 人工溜洗砂石料 ·············· (361)

七－5 人工运砂石料 ··············· (362)

七－6 人工装胶轮车运砂石料 ·········· (363)

七－7 人工装、机械翻斗车运砂石料 ······· (364)

七－8 人工装卸、手扶拖拉机运砂石料 ······ (365)

七－9 挖掘机挖砂砾料 ·············· (366)

七－10 天然砂砾料筛洗 ············· (367)

七－11 开采碎石原料 ·············· (369)

七－12 制碎石 ················· (370)

七－13 机械轧碎石 ··············· (372)

七－14 挖掘机装骨料、自卸汽车运骨料 ····· (373)

七－15 装载机装骨料、自卸汽车运骨料 ····· (374)

七－16 开采片、块石 ············· (375)

七－17 人工捡集块石 ············· (376)

七－18 人工抬运石 ··············· (377)

七－19 人工装卸胶轮车运石 ……………………… （378）

七－20 人工装卸载重汽车运石 ………………… （379）

七－21 人工装卸载重汽车运条料石 …………… （380）

七－22 人工装自卸汽车运石 …………………… （381）

七－23 1m³ 装载机装块石自卸汽车运输 ………… （382）

七－24 1.5m³ 装载机装块石自卸汽车运输 ……… （383）

七－25 2m³ 装载机装块石自卸汽车运输 ……… （384）

第八章 架空输配电线路工程

说 明 …………………………………………… （387）

八－1 220V 配电线路（平地） ………………… （388）

八－2 220V 配电线路（丘陵） ………………… （389）

八－3 220V 配电线路（山地） ………………… （390）

八－4 0.4kV 配电线路（平地） ………………… （391）

八－5 0.4kV 配电线路（丘陵） ………………… （392）

八－6 0.4kV 配电线路（山地） ………………… （393）

八－7 10kV 配电线路（平地） ………………… （394）

八－8 10kV 配电线路（丘陵） ………………… （395）

八－9 10kV 配电线路（山地） ………………… （396）

八－10 35kV 送电线路（平地） ………………… （397）

八－11 35kV 送电线路（丘陵） ………………… （398）

八－12 35kV 送电线路（山地） ………………… （399）

第九章 输水管道工程

说 明 …………………………………………… （403）

九－1 硬塑料给水管道铺设 ………………… （404）

九－2 承插铸铁管管道铺设 ………………… （405）

九－3 镀锌钢管铺设（螺纹连接，平地） …………… （412）

九－4　镀锌钢管铺设(螺纹连接,丘陵) ················ (413)

九－5　镀锌钢管铺设(螺纹连接,山地) ················ (414)

九－6　焊接钢管铺设(焊接,平地) ···················· (415)

九－7　焊接钢管铺设(焊接,丘陵) ···················· (416)

九－8　焊接钢管铺设(焊接,山地) ···················· (417)

九－9　无缝钢管铺设(焊接,平地) ···················· (418)

九－10　无缝钢管铺设(焊接,丘陵) ·················· (419)

九－11　无缝钢管铺设(焊接,山地) ·················· (420)

九－12　预应力(自应力)混凝土管管道铺设 ········· (421)

九－13　预应力钢筒混凝土管(PCCP)管道铺设 ········· (423)

九－14　玻璃钢管管道铺设 ·························· (425)

九－15　顶　管 ································· (426)

第十章　其他工程

说　明 ·· (433)

十－1　草、编织袋土(砂砾石)围堰 ················ (435)

十－2　围堰拆除 ································· (436)

十－3　PVC滤水(排水)管 ···························· (437)

十－4　钻井工程 ································· (438)

十－5　防冻苯板铺设 ······························ (440)

十－6　打圆木桩 ································· (441)

十－7　塑料排水板软基处理 ························ (442)

十－8　格宾(雷诺)护垫铺设 ························ (443)

十－9　生态土工袋护坡 ···························· (444)

十－10　三维植被网护坡 ·························· (445)

十－11　植被混凝土 ······························ (446)

十－12　暖棚搭设 ································· (447)

十－13　混凝土材料加热 ·························· (448)

十 – 14　暖棚供暖　·················（450）

十 – 15　隧洞钢支撑　···············（452）

十 – 16　隧洞木支撑　···············（453）

十 – 17　浆砌石拱涵洞　·············（454）

十 – 18　钢筋混凝土圆管涵洞　·······（455）

十 – 19　钢筋混凝土盖板桥涵　·······（456）

十 – 20　钢筋混凝土盖板、浆砌石墙身桥涵　···（457）

十 – 21　公路基础　·················（458）

十 – 22　公路路面　·················（459）

十 – 23　修整旧路面　···············（461）

十 – 24　轻便铁路铺设（木枕）　·······（462）

十 – 25　轻便铁路移设（木枕）　·······（463）

十 – 26　材料运输　·················（464）

附　录

附录1　土石方松实系数表　···········（467）

附录2　一般工程土类岩石分级表　······（467）

　　（一）一般工程土类分级表　········（467）

　　（二）岩石分级表　···············（468）

附录3　冲击钻、回旋钻钻孔工程地层分类与特征　···（474）

附录4　混凝土、砂浆配合比及材料用量　·····（475）

　　（一）混凝土配合比有关说明　······（475）

　　（二）普通混凝土材料配合比表　····（477）

　　（三）泵用混凝土材料配合比表　····（479）

　　（四）水泥砂浆配合比表　·········（480）

附录5　水泥强度等级换算系数参考表　···（480）

附录6　混凝土冬季施工增加费用计算参考资料　···（481）

附录7　水工建筑工程细部结构指标表　···（485）

附录8　部分钢材单位长度重量表 ···························· （487）
　　（一）钢筋单位长度重量 ···························· （487）
　　（二）槽钢单位长度重量 ···························· （488）
　　（三）工字钢单位长度重量 ························· （489）
　　（四）角钢单位长度重量 ···························· （490）
附录9　管材管径及重量参考表 ··························· （491）

第一章

土方工程

说　明

一、本章包括土方开挖、运输、填筑压实等定额,共 34 节 545 个子目。

二、土壤的分类:除淤泥、流砂、冻土外,土类级别均按土石十六级分类法的前四级划分。

三、本章定额计量单位,除注明外,均按自然方计。

四、土方定额计量单位的名称:

自然方:指未经扰动的自然状态土方。

松方:指自然方经过机械或人工开挖而松动过的土方。

实方:指填筑、回填并经过压实后的成品方。

五、土方开挖和填筑工程、除定额规定的工作内容外,还包括开挖小排水沟、修坡、清除场地草皮、杂物,交通指挥、安全设施及取土场和卸土场的小路修筑与维护所需的其他用工和费用。

六、砂砾土开挖和运输定额,按Ⅳ类土定额计算。

七、推土机推土距离和运输定额的运距,均指取土中心至卸土中心的平均距离。推土机推松土时,定额乘以 0.8 系数。

八、挖掘机或装载机装土汽车运输各节,已包括卸料场配备的推土机定额在内。

九、本章第 30~34 节压实定额,已包括压实过程中所有损耗量及坝面施工干扰因素。

十、压实定额中,土料运输单价采用本章定额相应子目计算,并乘以坝面施工干扰系数 1.02。

十一、本章人力施工运土定额均包括挖土用工,是指一般土方挖土。当开挖上口宽度≤3m 的沟槽;上口面积≤20m² 的坑柱;底宽≤7m 的渠道时,可将一般运土定额中挖土用工扣除,加上相应的挖土定额进行计算。

一 - 1　人工挖土

适用范围:一般土方开挖。

工作内容:挖松、就近堆放。

单位:100m³

项　　　目	单位	土类级别		
		Ⅰ ~ Ⅱ	Ⅲ	Ⅳ
人　　　工	工时	43.1	84.0	140.7
零星材料费	%	9	5	3
定　额　编　号		01001	01002	01003

一一2 人工挖基槽

适用范围：排水沟、地沟及室内外沟槽。

工作内容：挖土、抛土、坑边。

单位：100m³

土类级别	项目	单位	上口宽度（m） 0~0.8	0.8~1.5				1.5~3.0					
			深度（m） 0~0.8	0~1.0	1.0~1.5	1.5~2.0	2.0~2.5	0~1.5	1.5~2.0	2.0~2.5	2.5~3.0	3.0~3.5	3.5~4.0
I	人工	工时	150.9	120.9	128.7	135.6	143.4	114.9	120.6	126.3	135.8	148.1	165.2
	零星材料费	%	4	4	4	4	4	5	4	4	4	4	3
	定额编号	号	01004	01005	01006	01007	01008	01009	01010	01011	01012	01013	01014
II	人工	工时	215.4	171.7	182.4	194.1	205.8	167.1	176.6	186.1	196.5	215.5	235.5
	零星材料费	%	3	3	3	3	3	3	3	3	3	2	2
	定额编号	号	01015	01016	01017	01018	01019	01020	01021	01022	01023	01024	01025
III	人工	工时	375.2	297.5	316.0	329.7	349.2	290.5	316.2	322.8	344.6	370.3	405.4
	零星材料费	%	1	1	1	2	2	2	2	2	2	1	1
	定额编号	号	01026	01027	01028	01029	01030	01031	01032	01033	01034	01035	01036
IV	人工	工时	562.8	449.6	477.9	505.2	543.2	432.0	450.0	479.5	513.6	558.3	612.4
	零星材料费	%	1	1	1	1	1	1	1	1	1	1	1
	定额编号	号	01037	01038	01039	01040	01041	01042	01043	01044	01045	01046	01047

注：1. 不需要修边的沟槽，定额乘以0.7系数。

2. 沟槽上口宽大于3m时，按一般土方挖土定额计。

一－3 人工挖土渠

适用范围:底宽7m内的土渠。

工作内容:挖、修边坡。

土类级别	项 目	单位	底 宽(m)		
			≤2	2~4	4~7
I~II	人 工	工时	135.7	112.2	99.8
	零星材料费	%	5	5	5
	定 额 编 号		01048	01049	01050
III	人 工	工时	256.1	217.5	198.6
	零星材料费	%	3	3	3
	定 额 编 号		01051	01052	01053
IV	人 工	工时	431.3	369.6	338.4
	零星材料费	%	2	2	2
	定 额 编 号		01054	01055	01056

注:1.运输另计。

2.底宽大于7m的渠道,按一般土方开挖定额,另增加断面修整用工:

土类级别	增加用工(工时)
I、II	9.5
III	14.2
IV	19.0

一-4 人工挖柱坑

单位:100m³

工作内容:挖土、抛土坑边。

土类级别	项目		单位	0~1	上口面积(m²) 坑深(m)												
					1~2.5		2.5~6.5			6.5~12.0				12.0~20.0			
					0~1.5	1.5~2.5	0~2	2~3	3~4	0~2	2~3	3~4	4~5	0~2	2~3	3~4	4~5
I	人工	工时	174.3	156.6	174.3	151.0	165.0	187.4	147.3	154.7	180.8	206.9	143.6	151.0	168.7	196.7
	零星材料费	%	3	3	3	3	3	3	3	3	3	3	3	3	3	3
	定额编号		01057	01058	01059	01060	01061	01062	01063	01064	01065	01066	01067	01068	01069	01070
II	人工	工时	249.8	224.6	248.9	214.4	236.8	271.3	209.7	221.9	249.8	292.7	203.2	213.5	239.6	279.6
	零星材料费	%	2	2	2	2	2	2	2	2	2	2	2	2	2	2
	定额编号		01071	01072	01073	01074	01075	01076	01077	01078	01079	01080	01081	01082	01083	01084
III	人工	工时	435.3	391.5	434.4	376.6	414.8	474.5	366.3	386.8	437.2	511.7	357.0	376.6	420.4	490.3
	零星材料费	%	1	1	1	1	1	1	1	1	1	1	1	1	1	1
	定额编号		01085	01086	01087	01088	01089	01090	01091	01092	01093	01094	01095	01096	01097	01098
IV	人工	工时	653.4	588.2	650.6	563.0	619.9	710.3	548.1	582.6	658.1	769.0	536.0	563.0	630.1	736.4
	零星材料费	%	1	1	1	1	1	1	1	1	1	1	1	1	1	1
	定额编号		01099	01100	01101	01102	01103	01104	01105	01106	01107	01108	01109	01110	01111	01112

注:上口面积大于20m²时,按一般土方定额计。

一—5 人工挖淤泥、流砂

适用范围：用泥兜、水桶挑抬运输。

工作内容：挖装、重运、卸除、空回、洗刷工具。

单位：100m³

泥质	项目	单位	0~10	10~20	20~30	30~40	40~50	50~60	60~70	70~80	80~90	90~100	每增运 50m
一般淤泥	人工	工时	391.5	425.0	460.4	493.0	521.1	551.9	579.1	612.6	639.8	669.7	148.6
	零星材料费	%	1	1	1	1	1	1	1	1	1	1	1
	定额编号	号	01113	01114	01115	01116	01117	01118	01119	01120	01121	01122	01123
淤泥流砂	人工	工时	504.8	541.9	579.1	614.4	646.2	680.6	709.6	745.8	775.8	806.6	159.5
	零星材料费	%	1	1	1	1	1	1	1	1	1	1	1
	定额编号	号	01124	01125	01126	01127	01128	01129	01130	01131	01132	01133	01134
稀淤流砂	人工	工时	676.1	717.8	759.4	799.3	833.8	870.9	904.4	945.2	976.0	1012.3	179.4
	零星材料费	%	1	1	1	1	1	1	1	1	1	1	1
	定额编号	号	01135	01136	01137	01138	01139	01140	01141	01142	01143	01144	01145

注：1. 泥质分类。

一般淤泥：指含水量较大、粘量、粘性，行走陷脚的淤泥，适用铁锨、泥兜开挖。

淤泥流砂：指含水量超过饱和状态的淤泥，虽然能用铁锨开挖，但挖后的坑能平复无痕，挖面复张，一般用铁锨开挖，用泥兜或水桶运输。

稀淤流砂：指含水量超过饱和状态的稀淤泥，稍经扰动即成糊状，挖后随即平复无痕，只能用水斗舀起，用水桶运输。

2. 如需排水，费用另行计算。

一-6 土方松动爆破

适用范围:人工操作适用一般手工工具,孔深在3m以内。

工作内容:掏眼、装药、填塞、爆破、检查及安全处理。

单位:100m³

项　　目	单位	土类级别	
		Ⅲ	Ⅳ
人　　工	工时	11.6	19.6
炸　　药	kg	8.00	10.00
雷　　管	个	15.00	15.00
导电线(导爆管)	m	50.00	50.00
其他材料费	%	8	7
定　额　编　号		01146	01147

一－7 人工修整边坡

工作内容:挂线、修整、拍平。

单位:100m² 边坡面积

项　　目	单位	挖方边坡		填方边坡
		Ⅰ～Ⅱ	Ⅲ～Ⅳ	
人　　工	工时	19.9	28.5	22.8
零星材料费	%	1	1	1
定　额　编　号		01148	01149	01150

一－8　人工夯实

适用范围:填筑土料。

工作内容:平土、洒水、刨毛、分层夯实和清除杂物等。

单位:100m³ 实方

项　　目	单位	木石夯	石片夯	石鼓砬夯
		干容重 1.5~1.6t/m³		
人　　工	工时	381.7	280.9	259.2
零星材料费	%	2	3	3
定　额　编　号		01151	01152	01153

一-9 人工挑抬运土

工作内容:挖、装、挑(抬)、卸、空回。

单位:100m³

土类级别	项 目		单位	运 距(m)									
				20	30	40	50	60	70	80	90	100
I～II	人 工		工时	181.6	201.4	220.5	254.1	259.4	270.1	287.6	304.4	319.7
	零星材料费		%	2	2	2	2	2	2	2	2	2
	定 额 编 号			01154	01155	01156	01157	01158	01159	01160	01161	01162
III	人 工		工时	241.9	266.3	286.9	304.4	324.3	341.8	361.7	380.0	397.5
	零星材料费		%	1	1	1	1	1	1	1	1	1
	定 额 编 号			01163	01164	01165	01166	01167	01168	01169	01170	01171
IV	人 工		工时	319.7	342.6	365.5	383.8	404.4	422.7	444.8	463.1	481.4
	零星材料费		%	1	1	1	1	1	1	1	1	1
	定 额 编 号			01172	01173	01174	01175	01176	01177	01178	01179	01180

一—10 人工挖土胶轮车运土

适用范围:开挖、填筑一般土方。

工作内容:挖土,装车,重运,卸车,空回。

单位:100m³

土类级别	项目	单位	挖装运距(m) 50	70	90	110	130	150
I～II	人工	工时	172.3	181.3	190.3	199.3	208.2	217.2
	零星材料费	%	3	3	2	2	2	2
	胶轮架子车	台时	102.11	109.69	117.28	124.86	132.45	140.03
	定额编号		01181	01182	01183	01184	01185	01186
III	人工	工时	245.1	254.0	263.0	272.0	281.0	289.9
	零星材料费	%	2	2	2	2	2	2
	胶轮架子车	台时	118.88	126.47	134.05	141.64	149.22	156.81
	定额编号		01187	01188	01189	01190	01191	01192
IV	人工	工时	333.0	342.0	351.9	359.9	368.9	377.9
	零星材料费	%	1	1	1	1	1	1
	胶轮架子车	台时	134.93	142.51	150.10	157.68	165.27	172.85
	定额编号		01193	01194	01195	01196	01197	01198

注:挖运冻土定额乘以1.2系数。

一—11 人工挖土手扶拖拉机运输

工作内容:挖、装、运、卸、空回,清理作业面。

单位:100m³

土类级别	项 目	单位	运 距(m) 运						每增运 100m
			100	150	200	250	300	400	
I~II	人工	工时	196.6	196.6	196.6	196.6	196.6	196.6	
	零星材料费	%	1	1	1	1	1	1	
	手扶拖拉机 8.8kW	台时	64.09	66.74	69.39	72.04	74.69	79.99	5.12
	11kW	台时	44.61	46.93	49.26	51.60	53.93	58.61	4.53
	定额编号		01199	01200	01201	01202	01203	01204	01205
III	人工	工时	263.4	263.4	263.4	263.4	263.4	263.4	
	零星材料费	%	1	1	1	1	1	1	
	手扶拖拉机 8.8kW	台时	56.32	58.66	60.99	63.33	65.66	70.33	4.43
	11kW	台时	39.22	41.26	43.31	45.36	47.41	51.51	3.95
	定额编号		01206	01207	01208	01209	01210	01211	01212
IV	人工	工时	346.9	346.9	346.9	346.9	346.9	346.9	
	零星材料费	%	1	1	1	1	1	1	
	手扶拖拉机 8.8kW	台时	61.42	63.95	66.47	69.02	71.57	76.67	4.91
	11kW	台时	42.74	44.98	47.22	49.46	51.70	56.18	4.29
	定额编号		01213	01214	01215	01216	01217	01218	01219

一-12 人工挖土机动翻斗车运输

工作内容:人工挖土、装车、运输、自卸、空回。

单位:100m³

土类级别	项 目	单位	运 距 (m)							每增运 100m
			100	150	200	250	300	400	
I~II	人 工	工时	157.1	157.1	157.1	157.1	157.1	157.1	
	零星材料费	%	2	2	2	2	2	2	
	机动翻斗车 1t	台时	46.00	48.57	51.15	52.95	54.75	58.40	3.65
	定 额 编 号		01220	01221	01222	01223	01224	01225	01226
III	人 工	工时	221.7	221.7	221.7	221.7	221.7	221.7	
	零星材料费	%	1	1	1	1	1	1	
	机动翻斗车 1t	台时	50.57	53.39	56.21	58.18	60.15	64.18	3.74
	定 额 编 号		01227	01228	01229	01230	01231	01232	01233
IV	人 工	工时	297.6	297.6	297.6	297.6	297.6	297.6	
	零星材料费	%	1	1	1	1	1	1	
	机动翻斗车 1t	台时	55.14	58.20	61.26	63.43	65.59	69.97	3.84
	定 额 编 号		01234	01235	01236	01237	01238	01239	01240

一－13 人工回填土方

适用范围:自然土、混合土石。

单位:100m³ 实方

项　　　目	单位	松填不夯实
人　　　工	工时	102.3
零星材料费	%	5
定　额　编　号		01241

一-14 场地平整

适用范围:标高在±30cm以内的场地平整。

工作内容:挖、填、找平。

单位:100m²

项　　目	单位	人工平整场地		机械平整场地	
		Ⅰ~Ⅱ类土	Ⅲ~Ⅳ类土	Ⅰ~Ⅱ类土	Ⅲ~Ⅳ类土
人　　工	工时	8.2	13.1	0.8	0.9
零星材料费	%	9	5	17	17
推 土 机 74kW	台时			0.74	0.86
定　额　编　号		01242	01243	01244	01245

一–15 机械松土

适用范围:胶结砾石;风化岩。

工作内容:犁松。

单位:100m³

项 目	单位	胶结砾石	风化岩
人 工	工时	0.9	1.3
零星材料费	%	5	5
推 土 机 176kW	台时	1.28	2.55
推 土 机 235kW	台时	0.91	1.82
定 额 编 号		01246	01247

一—16　推土机推土

工作内容:推松、运送、卸除、拖平、空回。

单位:100m³

项　目		单位	运　距(m)							
			10	20	30	40	50	60	70	80
					55kW 推土机					
人　工		工时	1.3	2.7	4.0	4.9	5.8	7.2	9.0	9.4
零星材料费		%	9	9	9	6	6	6	4	4
土类级别	I～II 推土机	台时	2.12	3.79	5.47	7.15	8.90	10.58	12.25	14.00
	III	台时	2.31	4.13	5.96	7.79	9.70	11.53	13.36	15.26
	IV	台时	2.52	4.51	6.51	8.51	10.59	12.58	14.58	16.66
定　额　编　号			01248	01249	01250	01251	01252	01253	01254	01255
					74kW 推土机					
人　工		工时	0.9	1.3	1.3	1.8	2.2	3.1	3.1	4.0
零星材料费		%	10	10	10	8	8	8	6	6
土类级别	I～II 推土机	台时	1.09	1.68	2.19	2.77	3.43	4.01	4.73	5.32
	III	台时	1.19	1.83	2.38	3.02	3.74	4.37	5.15	5.80
	IV	台时	1.31	2.01	2.63	3.33	4.11	4.81	5.67	6.39
定　额　编　号			01256	01257	01258	01259	01260	01261	01262	01263

项 目		单位	运 距 (m)							
			10	20	30	40	50	60	70	80
103kW 推土机										
人 工		工时	0.4	0.9	1.3	1.8	1.8	2.2	2.7	3.1
零星材料费		%	10	10	10	8	8	8	6	6
推土机 土类级别	I~II	台时	0.80	1.17	1.60	2.12	2.55	3.06	3.50	3.94
	III	台时	0.87	1.27	1.75	2.31	2.78	3.34	3.82	4.29
	IV	台时	0.96	1.40	1.93	2.54	3.06	3.68	4.20	4.73
定 额 编 号			01264	01265	01266	01267	01268	01269	01270	01271
118kW 推土机										
人 工		工时	0.4	0.9	0.9	1.3	1.8	1.8	2.2	2.7
零星材料费		%	10	10	10	8	8	8	6	6
推土机 土类级别	I~II	台时	0.73	1.02	1.46	1.90	2.26	2.70	3.14	3.57
	III	台时	0.80	1.12	1.60	2.09	2.49	2.97	3.45	3.93
	IV	台时	0.88	1.23	1.75	2.28	2.71	3.24	3.76	4.29
定 额 编 号			01272	01273	01274	01275	01276	01277	01278	01279

项目		单位	运 距（m）							
			10	20	30	40	50	60	70	80
132kW 推土机										
人工		工时	0.4	0.9	0.9	1.3	1.3	1.8	2.2	2.2
零星材料费		%	10	10	10	8	8	8	6	6
推土机 土类级别	I～II	台时	0.66	1.02	1.31	1.68	2.04	2.33	2.70	3.14
	III	台时	0.72	1.12	1.44	1.85	2.25	2.57	2.97	3.45
	IV	台时	0.79	1.23	1.58	2.01	2.45	2.80	3.24	3.76
定额编号			01280	01281	01282	01283	01284	01285	01286	01287
235kW 推土机										
人工		工时	0.4	0.4	0.9	0.9	0.9	1.3	1.3	1.8
零星材料费		%	9	9	9	6	6	6	4	4
推土机 土类级别	I～II	台时	0.51	0.73	1.02	1.24	1.46	1.75	2.04	2.26
	III	台时	0.56	0.80	1.12	1.36	1.60	1.93	2.25	2.49
	IV	台时	0.61	0.88	1.23	1.49	1.75	2.10	2.45	2.71
定额编号			01288	01289	01290	01291	01292	01293	01294	01295

一－17 6～8m³ 铲运机运土

单位:100m³

土类级别	项目		单位	运距（m）								
				200	250	300	350	400	450	500	550	600
I	人工		工时	2.2	2.5	2.9	3.2	3.6	3.9	4.3	4.7	5.0
	零星材料费		%	5	4	3	3	3	2	2	2	2
	铲运机	拖式	台时	3.75	4.52	5.28	6.13	6.97	7.73	8.58	9.42	10.26
	拖拉机	74kW	台时	3.75	4.52	5.28	6.13	6.97	7.73	8.58	9.42	10.26
	推土机	59kW	台时	0.38	0.46	0.54	0.54	0.69	0.77	0.84	0.92	1.00
	酒水车	4000L	台时	0.38	0.46	0.54	0.54	0.69	0.77	0.84	0.92	1.00
	定额编号			01296	01297	01298	01299	01300	01301	01302	01303	01304
II～III	人工		工时	2.2	2.5	2.9	3.2	3.6	3.9	4.3	4.7	5.0
	零星材料费		%	4	3	3	2	2	2	2	2	2
	铲运机	拖式	台时	4.52	5.36	6.20	7.05	7.89	8.73	9.57	10.41	11.26
	拖拉机	74kW	台时	4.52	5.36	6.20	7.05	7.89	8.73	9.57	10.41	11.26
	推土机	59kW	台时	0.46	0.54	0.61	0.69	0.77	0.84	1.00	1.07	1.15
	酒水车	4000L	台时	0.46	0.54	0.61	0.69	0.77	0.84	1.00	1.07	1.15
	定额编号			01305	01306	01307	01308	01309	01310	01311	01312	01313

土类级别	项目		单位	运距(m)								
				200	250	300	350	400	450	500	550	600
IV	人　工		工时	2.2	2.5	2.9	3.2	3.6	3.9	4.3	4.7	5.0
	零星材料费		%	3	3	3	2	2	2	2	2	1
	铲运机	拖式	台时	5.05	5.97	6.89	7.73	8.65	9.57	10.49	11.33	12.18
	拖拉机	74kW	台时	5.05	5.97	6.89	7.73	8.65	9.57	10.49	11.33	12.18
	推土机	59kW	台时	0.54	0.61	0.69	0.77	0.92	1.00	1.07	1.15	1.23
	洒水车	4000L	台时	0.54	0.61	0.69	0.77	0.92	1.00	1.07	1.15	1.23
	定　额　编　号			01314	01315	01316	01317	01318	01319	01320	01321	01322

注：铲运冻土时，冻土层部分另加 74kW（100 马力）推土机挂松土器先松土，定额为 0.4 台时/100m³。

一 - 18 挖掘机挖土

适用范围:挖掘机挖自然方。

工作内容:挖松、堆放。

单位:100m³

项 目	单位	土类级别		
		I ~ II	III	IV
人 工	工时	2.7	2.7	3.2
零星材料费	%	5	5	5
挖 掘 机 0.1m³	台时	6.49	7.19	7.68
0.2m³	台时	3.24	3.60	3.84
0.5m³	台时	1.44	1.60	1.71
1.0m³	台时	0.98	1.09	1.19
2.0m³	台时	0.63	0.70	0.75
定 额 编 号		01323	01324	01325

一—19 0.5m³ 挖掘机挖土自卸汽车运输

适用范围:露天作业。
工作内容:挖装、运输、卸除、空回。

(1) Ⅰ ~ Ⅱ类土

单位:100m³

项　目	单位	运　距(km)						每增运 1km
		0~0.5	0.5~1	1~1.5	1.5~2	2~3	3~4	
人　工	工时	7.1	7.1	7.1	7.1	7.1	7.1	
零星材料费	%	5	5	4	4	4	3	
挖掘机 0.5m³	台时	1.86	1.86	1.86	1.86	1.86	1.86	
推土机 59kW	台时	1.47	1.47	1.47	1.47	1.47	1.47	
自卸汽车 3.5t	台时	11.73	15.18	17.77	19.80	24.31	29.00	4.63
5t	台时	8.74	10.89	12.52	13.82	16.70	19.63	2.93
定额编号		01326	01327	01328	01329	01330	01331	01332

（2）Ⅲ类土

单位:100m³

| 项 目 | 单位 | 运　距（km） | | | | | | | 每增运 |
		0~0.5	0.5~1	1~1.5	1.5~2	2~3	3~4	1km
人　工	工时	7.8	7.8	7.8	7.8	7.8	7.8	
零星材料费	%	5	5	4	4	4	3	
挖掘机 0.5m³	台时	2.05	2.05	2.05	2.05	2.05	2.05	
推土机 59kW	台时	1.61	1.61	1.61	1.61	1.61	1.61	
自卸汽车 3.5t	台时	12.89	16.68	19.53	21.76	26.72	31.86	5.08
5t	台时	9.61	11.96	13.76	15.19	18.35	21.57	3.22
定　额　编　号		01333	01334	01335	01336	01337	01338	01339

(3) Ⅳ类土

单位:100m³

项目	单位	0~0.5	0.5~1	1~1.5	1.5~2	2~3	3~4	每增运1km
人工	工时	8.5	8.5	8.5	8.5	8.5	8.5	
零星材料费	%	5	5	4	4	4	3	
挖掘机 0.5m³	台时	2.23	2.23	2.23	2.23	2.23	2.23	
推土机 59kW	台时	1.76	1.76	1.76	1.76	1.76	1.76	
自卸汽车 3.5t	台时	14.06	18.18	21.29	23.72	29.12	34.73	5.54
5t	台时	10.47	13.04	15.00	16.56	20.00	23.52	3.51
定额编号		01340	01341	01342	01343	01344	01345	01346

注：表头"运 距(km)"。

一—20 1m³ 挖掘机挖土自卸汽车运输

适用范围：露天作业。

工作内容：挖装、运输、卸除、空回。

(1) I ~ II类土

单位：100m³

项 目		单位	运 距（km）						每增运
			0~0.5	0.5~1	1~1.5	1.5~2	2~3	3~4	1km
人 工		工时	3.7	3.7	3.7	3.7	3.7	3.7	
零星材料费		%	5	4	4	3	3	3	
挖 掘 机	1m³	台时	1.30	1.30	1.30	1.30	1.30	1.30	1.30
推 土 机	59kW	台时	0.96	0.96	0.96	0.96	0.96	0.96	0.96
自卸汽车	3.5t	台时	10.66	14.10	16.70	18.67	23.24	27.92	4.63
	5t	台时	7.62	9.82	11.45	12.75	15.57	18.56	2.93
	8t	台时	5.92	7.45	8.52	9.42	11.34	13.37	1.97
	10t	台时	5.70	7.00	8.01	8.74	10.49	12.24	1.75
	12t	台时	5.36	6.54	7.45	8.12	9.70	11.28	1.58
	15t	台时	4.51	5.47	6.15	6.71	7.90	9.14	1.24
定 额 编 号			01347	01348	01349	01350	01351	01352	01353

(2) Ⅲ类土

单位:100m³

项 目		单位	运 距（km）						每增运 1km
			0~0.5	0.5~1	1~1.5	1.5~2	2~3	3~4	
人 工		工时	4.1	4.1	4.1	4.1	4.1	4.1	
零星材料费		%	5	4	4	3	3	3	
挖掘机	1m³	台时	1.43	1.43	1.43	1.43	1.43	1.43	
推土机	59kW	台时	1.05	1.05	1.05	1.05	1.05	1.05	
自卸汽车	3.5t	台时	11.72	15.50	18.35	20.52	25.54	30.69	5.08
	5t	台时	8.37	10.79	12.58	14.01	17.11	20.40	3.22
	8t	台时	6.51	8.18	9.36	10.35	12.46	14.69	2.17
	10t	台时	6.26	7.69	8.80	9.61	11.53	13.45	1.92
	12t	台时	5.89	7.19	8.18	8.93	10.66	12.40	1.74
	15t	台时	4.96	6.01	6.76	7.38	8.68	10.04	1.36
定 额 编 号			01354	01355	01356	01357	01358	01359	01360

(3) IV类土

单位:100m³

项　　目		单位	运　　距（km）						每增运 1km
			0~0.5	0.5~1	1~1.5	1.5~2	2~3	3~4	
人　工		工时	4.5	4.5	4.5	4.5	4.5	4.5	
零星材料费		%	5	4	4	3	3	3	
挖掘机	1m³	台时	1.55	1.55	1.55	1.55	1.55	1.55	
推土机	59kW	台时	1.15	1.15	1.15	1.15	1.15	1.15	
自卸汽车	3.5t	台时	12.77	16.89	20.00	22.37	27.84	33.45	5.54
	5t	台时	9.12	11.76	13.72	15.27	18.65	22.23	3.51
	8t	台时	7.10	8.92	10.20	11.28	13.58	16.01	2.37
	10t	台时	6.82	8.38	9.60	10.47	12.57	14.66	2.09
	12t	台时	6.42	7.84	8.92	9.73	11.62	13.51	1.89
	15t	台时	5.41	6.55	7.37	8.04	9.46	10.95	1.49
定额编号			01361	01362	01363	01364	01365	01366	01367

一—21 1.2m³挖掘机挖土自卸汽车运输

适用范围:露天作业。

工作内容:挖装、运输、卸除、空回。

(1) Ⅰ~Ⅱ类土

单位:100m³

项 目		单位	运 距(km)								每增运 1km
			0~0.5	0.5~1	1~1.5	1.5~2	2~3	3~4			
人 工		工时	3.1	3.1	3.1	3.1	3.1	3.1			
零星材料费		%	5	4	4	3	3	3			
挖掘机	1.2m³	台时	1.12	1.12	1.12	1.12	1.12	1.12			
推土机	59kW	台时	0.90	0.90	0.90	0.90	0.90	0.90			
自卸汽车	3.5t	台时	9.77	13.01	15.45	17.36	21.61	26.02			4.35
	5t	台时	6.96	8.97	10.57	11.73	14.44	17.20			2.76
	8t	台时	5.36	6.74	7.81	8.60	10.41	12.32			1.86
	10t	台时	5.10	6.37	7.27	8.02	9.61	11.31			1.65
	12t	台时	4.83	5.95	6.74	7.43	8.87	10.35			1.49
	15t	台时	4.14	4.99	5.68	6.16	7.33	8.50			1.17
定额编号			01368	01369	01370	01371	01372	01373			01374

(2) Ⅲ类土

单位:100m³

项　　目	单位	运　　距（km）						每增运 1km
		0~0.5	0.5~1	1~1.5	1.5~2	2~3	3~4	
人　　工	工时	3.4	3.4	3.4	3.4	3.4	3.4	
零星材料费	%	5	4	4	3	3	3	
挖掘机 1.2m³	台时	1.23	1.23	1.23	1.23	1.23	1.23	
推土机 59kW	台时	0.99	0.99	0.99	0.99	0.99	0.99	
自卸汽车 3.5t	台时	10.74	14.29	16.98	19.08	23.75	28.59	4.78
5t	台时	7.64	9.86	11.61	12.89	15.87	18.90	3.03
8t	台时	5.89	7.41	8.58	9.45	11.44	13.54	2.04
10t	台时	5.60	7.00	7.99	8.81	10.56	12.43	1.81
12t	台时	5.31	6.53	7.41	8.17	9.74	11.38	1.63
15t	台时	4.55	5.48	6.24	6.77	8.05	9.34	1.28
定额编号		01375	01376	01377	01378	01379	01380	01381

（3）Ⅳ类土

单位:100m³

项 目	单位	运 距（km）						每增运 1km
		0~0.5	0.5~1	1~1.5	1.5~2	2~3	3~4	
人 工	工时	3.7	3.7	3.7	3.7	3.7	3.7	
零星材料费	%	5	4	4	3	3	3	
挖掘机 1.2m³	台时	1.34	1.34	1.34	1.34	1.34	1.34	
推土机 59kW	台时	1.08	1.08	1.08	1.08	1.08	1.08	
自卸汽车 3.5t	台时	11.70	15.58	18.51	20.80	25.88	31.16	5.22
5t	台时	8.33	10.75	12.66	14.06	17.30	20.61	3.31
8t	台时	6.42	8.08	9.35	10.30	12.47	14.75	2.23
10t	台时	6.11	7.63	8.71	9.60	11.51	13.55	1.97
12t	台时	5.79	7.12	8.08	8.90	10.62	12.40	1.78
15t	台时	4.96	5.98	6.80	7.38	8.78	10.18	1.40
定额编号		01382	01383	01384	01385	01386	01387	01388

一—22 2m³挖掘机挖土自卸汽车运输

适用范围:露天作业。

工作内容:挖装、运输、卸除、空回。

(1) Ⅰ~Ⅱ类土

单位:100m³

项 目		单位	运 距(km)							每增运
			0~0.5	0.5~1	1~1.5	1.5~2	2~3	3~4	1km
人 工		工时	2.6	2.6	2.6	2.6	2.6	2.6	
零星材料费		%	6	5	4	4	3	3	
挖掘机	2m³	台时	0.85	0.85	0.85	0.85	0.85	0.85	
推土机	59kW	台时	0.64	0.64	0.64	0.64	0.64	0.64	
自卸汽车	5t	台时	6.48	8.49	10.03	11.26	13.96	16.72	2.76
	8t	台时	4.88	6.27	7.33	8.12	9.93	11.84	1.85
	10t	台时	4.62	5.89	6.80	7.54	9.13	10.83	1.64
	12t	台时	4.35	5.47	6.27	6.90	8.39	9.87	1.48
	15t	台时	3.72	4.57	5.25	5.73	6.85	8.07	1.17
	18t	台时	3.35	4.11	4.73	5.16	6.17	7.26	1.05
	20t	台时	3.08	3.78	4.35	4.75	5.67	6.68	0.97
定额编号			01389	01390	01391	01392	01393	01394	01395

(2) Ⅲ类土

单位:100m³

项 目		单位	运 距(km)							每增运1km
			0~0.5	0.5~1	1~1.5	1.5~2	2~3	3~4	
人 工		工时	2.9	2.9	2.9	2.9	2.9	2.9	
零星材料费		%	6	5	4	4	3	3	
挖 掘 机	2m³	台时	0.93	0.93	0.93	0.93	0.93	0.93	
推 土 机	59kW	台时	0.70	0.70	0.70	0.70	0.70	0.70	
自卸汽车	5t	台时	7.12	9.34	11.02	12.37	15.34	18.38	3.04
	8t	台时	5.37	6.89	8.05	8.93	10.91	13.01	2.04
	10t	台时	5.08	6.47	7.47	8.29	10.03	11.91	1.81
	12t	台时	4.78	6.01	6.89	7.59	9.22	10.85	1.63
	15t	台时	4.09	5.02	5.77	6.30	7.53	8.87	1.28
	18t	台时	3.68	4.52	5.20	5.67	6.78	7.98	1.15
	20t	台时	3.38	4.15	4.78	5.21	6.23	7.34	1.06
定 额 编 号			01396	01397	01398	01399	01400	01401	01402

（3）Ⅳ类土

单位:100m³

项　目	单位	运　　距（km）						每增运1km
		0～0.5	0.5～1	1～1.5	1.5～2	2～3	3～4	
人　工	工时	3.1	3.1	3.1	3.1	3.1	3.1	
零星材料费	%	6	5	4	4	3	3	
挖掘机 2m³	台时	1.02	1.02	1.02	1.02	1.02	1.02	
推土机 59kW	台时	0.76	0.76	0.76	0.76	0.76	0.76	
自卸汽车 5t	台时	7.76	10.18	12.02	13.49	16.72	20.03	3.31
8t	台时	5.85	7.51	8.78	9.73	11.89	14.18	2.22
10t	台时	5.53	7.06	8.14	9.03	10.94	12.98	1.97
12t	台时	5.21	6.55	7.51	8.27	10.05	11.83	1.78
15t	台时	4.45	5.47	6.29	6.87	8.21	9.67	1.40
18t	台时	4.01	4.92	5.66	6.18	7.39	8.70	1.26
20t	台时	3.69	4.53	5.21	5.68	6.80	8.00	1.16
定　额　编　号		01403	01404	01405	01406	01407	01408	01409

一-23 挖掘机挖淤泥、流砂

适用范围:挖掘机挖淤泥、流砂。

工作内容:安设挖掘机、挖淤泥、流砂。

单位:100m³

项　　目	单位	数　　量
人　　工	工时	5.3
零星材料费	%	5
挖掘机 0.6m³	台时	3.65
1m³	台时	2.61
2m³	台时	1.71
定　额　编　号		01410

一 - 24 挖掘机挖淤泥、流砂自卸汽车运输

适用范围:挖掘机挖淤泥、流砂自卸汽车运输。

工作内容:安设挖掘机、装车、运输、卸除、空回。

(1)0.6m³挖掘机

单位:100m³

项　　目	单位	运　　距(km)						每增运1km
		0~0.5	0.5~1	1~1.5	1.5~2	2~3	3~4	
人　　工	工时	6.9	6.9	6.9	6.9	6.9	6.9	
零星材料费	%	5	5	4	4	3	3	
挖 掘 机 0.6m³	台时	4.79	4.79	4.79	4.79	4.79	4.79	
推 土 机 59kW	台时	1.02	1.02	1.02	1.02	1.02	1.02	
自卸汽车 5t	台时	14.43	17.08	19.72	22.38	27.23	31.83	3.69
8t	台时	9.65	11.30	12.95	14.60	17.65	20.51	2.31
定 额 编 号		01411	01412	01413	01414	01415	01416	01417

(2)1m³挖掘机

单位:100m³

项 目	单位	运 距(km)						每增运 1km
		0~0.5	0.5~1	1~1.5	1.5~2	2~3	3~4	
人 工	工时	5.5	5.5	5.5	5.5	5.5	5.5	
零星材料费	%	5	5	4	4	3	3	
挖 掘 机 1m³	台时	1.60	1.60	1.60	1.60	1.60	1.60	
推 土 机 59kW	台时	0.79	0.79	0.79	0.79	0.79	0.79	
自卸汽车 5t	台时	13.26	15.68	18.11	20.53	25.00	29.21	3.69
8t	台时	8.86	10.37	11.88	13.39	16.19	18.83	2.31
10t	台时	8.36	9.65	10.93	12.22	14.58	16.81	1.94
定 额 编 号		01418	01419	01420	01421	01422	01423	01424

(3)2m³挖掘机

单位:100m³

项 目	单位	运 距(km)						每增运 1km
		0~0.5	0.5~1	1~1.5	1.5~2	2~3	3~4	
人 工	工时	4.1	4.1	4.1	4.1	4.1	4.1	
零星材料费	%	5	5	4	4	3	3	
挖 掘 机 2m³	台时	1.04	1.04	1.04	1.04	1.04	1.04	
推 土 机 59kW	台时	0.53	0.53	0.53	0.53	0.53	0.53	
自卸汽车 8t	台时	8.38	9.93	11.48	13.03	15.87	18.55	2.31
10t	台时	7.75	9.06	10.37	11.69	14.08	16.38	1.94
12t	台时	7.05	8.20	9.35	10.51	12.60	14.60	1.70
15t	台时	5.85	6.77	7.69	8.61	10.31	11.88	1.35
定 额 编 号		01425	01426	01427	01428	01429	01430	01431

一一25 挖掘机水下开挖土石方自卸汽车运输

适用范围:水下开挖土、混合土石。
工作内容:挖、卸、堆集。

(1)1m³挖掘机

单位:100m³

项 目		单位	运 距(km)							每增运 1km
			0~0.5	0.5~1	1~1.5	1.5~2	2~3	3~4		
人 工		工时	6.4	6.4	6.4	6.4	6.4	6.4		
零星材料费		%	5	5	4	4	3	3		
挖掘机	1m³	台时	1.85	1.85	1.85	1.85	1.85	1.85		
推土机	59kW	台时	0.80	0.80	0.80	0.80	0.80	0.80		
自卸汽车	5t	台时	13.38	15.83	18.28	20.73	25.24	29.49		3.72
	8t	台时	8.94	10.47	11.99	13.52	16.35	19.01		2.33
	10t	台时	8.44	9.74	11.03	12.33	14.73	16.97		1.96
定 额 编 号			01432	01433	01434	01435	01436	01437		01438

（2）2m³ 挖掘机

单位：100m³

项 目	单位	运　　距（km）						每增运 1km
		0~0.5	0.5~1	1~1.5	1.5~2	2~3	3~4	
人　工	工时	4.7	4.7	4.7	4.7	4.7	4.7	
零星材料费	%	5	5	4	4	3	3	
挖掘机 2m³	台时	1.21	1.21	1.21	1.21	1.21	1.21	
推土机 59kW	台时	0.53	0.53	0.53	0.53	0.53	0.53	
自卸汽车 8t	台时	8.47	10.03	11.60	13.16	16.03	18.73	2.33
10t	台时	7.82	9.15	10.47	11.80	14.22	16.54	1.96
12t	台时	7.11	8.28	9.44	10.61	12.72	14.74	1.72
15t	台时	5.91	6.83	7.77	8.69	10.41	11.99	1.36
定 额 编 号		01439	01440	01441	01442	01443	01444	01445

一——26 装载机挖运土

适用范围:露天作业。

工作内容:挖装、运输、卸除、空回。

(1) Ⅰ~Ⅱ类土

单位:100m³

项 目		单位	挖卸土	运 距(m)						
				50	100	200	300	400	500
人 工		工时	2.7	2.7	2.7	2.7	2.7	2.7	2.7
零星材料费		%	4	3	3	3	3	2	2
推 土 机 88kW		台时	0.32	0.32	0.32	0.32	0.32	0.32	0.32
装 载 机	1m³	台时	2.28	3.34	4.97	8.08	10.88	13.41	15.72
	2m³	台时	1.28	1.77	2.58	4.14	5.54	6.80	7.96
	3m³	台时	0.94	1.24	1.79	2.82	3.76	4.60	5.37
定 额 编 号			01446	01447	01448	01449	01450	01451	01452

(2) Ⅲ类土

单位：100m³

项　　目		单位	挖卸土	运　　距（m）					
				50	100	200	300	400	500
人　工		工时	3.0	3.0	3.0	3.0	3.0	3.0	3.0
零星材料费		%	4	3	3	3	3	2	2
推　土　机	88kW	台时	0.35	0.35	0.35	0.35	0.35	0.35	0.35
装　载　机	1m³	台时	2.50	3.67	5.46	8.88	11.95	14.74	17.27
	2m³	台时	1.41	1.94	2.84	4.55	6.08	7.48	8.74
	3m³	台时	1.04	1.37	1.97	3.10	4.13	5.06	5.90
定　额　编　号			01453	01454	01455	01456	01457	01458	01459

(3) IV类土

单位：100m³

项目	单位	挖卸土	运　　距（m）					
			50	100	200	300	400	500
人　工	工时	3.3	3.3	3.3	3.3	3.3	3.3	3.3
零星材料费	%	4	3	3	3	3	2	2
推土机 88kW	台时	0.38	0.38	0.38	0.38	0.38	0.38	0.38
装载机 1m³	台时	2.73	4.00	5.96	9.68	13.03	16.06	18.83
2m³	台时	1.54	2.12	3.10	4.96	6.63	8.15	9.53
3m³	台时	1.13	1.49	2.14	3.38	4.50	5.51	6.43
定额编号		01460	01461	01462	01463	01464	01465	01466

一—27　1m³装载机装土自卸汽车运输

适用范围：露天作业。

工作内容：挖装、运输、卸除、空回。

(1) I ~ II类土

单位：100m³

项　　目	单位	运　距（km）						每增运
		0~0.5	0.5~1	1~1.5	1.5~2	2~3	3~4	1km
人　工	工时	4.9	4.9	4.9	4.9	4.9	4.9	
零星材料费	%	4	3	3	3	3	2	
装载机 1m³	台时	2.55	2.55	2.55	2.55	2.55	2.55	
推土机 59kW	台时	1.19	1.19	1.19	1.19	1.19	1.19	
自卸汽车 3.5t	台时	13.26	16.70	19.29	21.27	25.84	30.52	4.63
5t	台时	9.53	11.73	13.37	14.67	17.49	20.48	2.93
8t	台时	7.28	8.74	9.87	10.72	12.69	14.67	1.97
10t	台时	7.22	8.57	9.53	10.32	12.02	13.82	1.75
12t	台时	6.77	7.95	8.86	9.53	11.11	12.69	1.58
15t	台时	5.81	6.77	7.45	7.95	9.20	10.38	1.24
定　额　编　号		01467	01468	01469	01470	01471	01472	01473

（2）Ⅲ类土

单位：100m³

项　　目	单位	运　　距（km）							每增运 1km
		0~0.5	0.5~1	1~1.5	1.5~2	2~3	3~4	
人　　工	工时	5.3	5.3	5.3	5.3	5.3	5.3	
零星材料费	%	4	3	3	3	3	2	
装 载 机　1m³	台时	2.80	2.80	2.80	2.80	2.80	2.80	
推 土 机　59kW	台时	1.31	1.31	1.31	1.31	1.31	1.31	
自卸汽车　3.5t	台时	14.57	18.35	21.20	23.37	28.39	33.54	5.08
5t	台时	10.48	12.89	14.69	16.12	19.22	22.50	3.22
8t	台时	8.00	9.61	10.85	11.78	13.95	16.12	2.17
10t	台时	7.94	9.42	10.48	11.34	13.20	15.19	1.92
12t	台时	7.44	8.74	9.73	10.48	12.21	13.95	1.74
15t	台时	6.39	7.44	8.18	8.74	10.10	11.41	1.36
定 额 编 号		01474	01475	01476	01477	01478	01479	01480

(3) IV类土

单位:100m³

项 目	单位	运 距(km)						每增运 1km
		0~0.5	0.5~1	1~1.5	1.5~2	2~3	3~4	
人 工	工时	5.8	5.8	5.8	5.8	5.8	5.8	
零星材料费	%	4	3	3	3	3	2	
装载机 1m³	台时	3.05	3.05	3.05	3.05	3.05	3.05	
推土机 59kW	台时	1.43	1.43	1.43	1.43	1.43	1.43	
自卸汽车 3.5t	台时	15.88	20.00	23.11	25.47	30.95	36.56	5.54
5t	台时	11.42	14.06	16.01	17.57	20.95	24.53	3.51
8t	台时	8.72	10.47	11.83	12.84	15.20	17.57	2.37
10t	台时	8.65	10.27	11.42	12.37	14.39	16.56	2.09
12t	台时	8.11	9.53	10.61	11.42	13.31	15.20	1.89
15t	台时	6.96	8.11	8.92	9.53	11.01	12.43	1.49
定 额 编 号		01481	01482	01483	01484	01485	01486	01487

一—28　1.5m³ 装载机装土自卸汽车运输

适用范围：露天作业。
工作内容：挖装、运输、铲除、空回。

(1) Ⅰ～Ⅱ类土

单位:100m³

项目	单位	运 距（km）						每增运 1km
		0～0.5	0.5～1	1～1.5	1.5～2	2～3	3～4	
人工	工时	3.7	3.7	3.7	3.7	3.7	3.7	
零星材料费	%	3	3	3	2	2	2	
装载机 1.5m³	台时	1.86	1.86	1.86	1.86	1.86	1.86	
推土机 59kW	台时	0.93	0.93	0.93	0.93	0.93	0.93	
自卸汽车 3.5t	台时	11.90	15.34	17.94	19.91	24.48	29.17	4.63
5t	台时	8.86	11.06	12.69	13.99	16.81	19.80	2.93
8t	台时	6.71	8.18	9.31	10.15	12.07	14.10	1.97
10t	台时	6.54	7.90	8.86	9.65	11.34	13.14	1.75
12t	台时	6.09	7.28	8.18	8.86	10.38	12.02	1.58
15t	台时	5.13	6.09	6.77	7.28	8.52	9.76	1.24
定额编号		01488	01489	01490	01491	01492	01493	01494

（2）Ⅲ类土

单位:100m³

项 目	单位	运 距（km）						每增运 1km
		0～0.5	0.5～1	1～1.5	1.5～2	2～3	3～4	
人 工	工时	4.1	4.1	4.1	4.1	4.1	4.1	
零星材料费	%	3	3	3	2	2	2	
装 载 机 1.5m³	台时	2.04	2.04	2.04	2.04	2.04	2.04	
推 土 机 59kW	台时	1.02	1.02	1.02	1.02	1.02	1.02	
自卸汽车 3.5t	台时	13.08	16.86	19.71	21.88	26.91	32.05	5.08
5t	台时	9.73	12.15	13.95	15.37	18.47	21.76	3.22
8t	台时	7.38	8.99	10.23	11.16	13.27	15.50	2.17
10t	台时	7.19	8.68	9.73	10.60	12.46	14.44	1.92
12t	台时	6.70	8.00	8.99	9.73	11.41	13.20	1.74
15t	台时	5.64	6.70	7.44	8.00	9.36	10.72	1.36
定 额 编 号		01495	01496	01497	01498	01499	01500	01501

(3) IV类土

单位:100m³

项 目	单位	运　距(km)						每增运 1km
		0~0.5	0.5~1	1~1.5	1.5~2	2~3	3~4	
人　工	工时	4.1	4.1	4.1	4.1	4.1	4.1	
零星材料费	%	3	3	3	2	2	2	
装 载 机 1.5m³	台时	2.23	2.23	2.23	2.23	2.23	2.23	
推 土 机 59kW	台时	1.11	1.11	1.11	1.11	1.11	1.11	
自卸汽车 3.5t	台时	14.26	18.38	21.49	23.85	29.33	34.94	5.54
5t	台时	10.61	13.24	15.20	16.76	20.14	23.72	3.51
8t	台时	8.04	9.80	11.15	12.16	14.46	16.89	2.37
10t	台时	7.84	9.46	10.61	11.55	13.58	15.74	2.09
12t	台时	7.30	8.72	9.80	10.61	12.43	14.39	1.89
15t	台时	6.15	7.30	8.11	8.72	10.20	11.69	1.49
定 额 编 号		01502	01503	01504	01505	01506	01507	01508

一—29 2m³ 装载机装土自卸汽车运输

适用范围：露天作业。

工作内容：挖装、运输、卸除、空回。

(1) Ⅰ～Ⅱ类土

单位：100m³

项　目		单位	运　距（km）						每增运 1km
			0~0.5	0.5~1	1~1.5	1.5~2	2~3	3~4	
人　工		工时	3.0	3.0	3.0	3.0	3.0	3.0	
零星材料费		%	3	3	3	3	2	2	
装载机	2m³	台时	1.43	1.43	1.43	1.43	1.43	1.43	
推土机	59kW	台时	0.73	0.73	0.73	0.73	0.73	0.73	
自卸汽车	5t	台时	8.07	10.27	11.90	13.20	16.08	19.01	2.93
	8t	台时	6.21	7.67	8.80	9.65	11.62	13.60	1.97
	10t	台时	6.15	7.45	8.46	9.25	10.94	12.75	1.75
	12t	台时	5.70	6.88	7.79	8.46	10.04	11.62	1.58
	15t	台时	4.80	5.70	6.37	6.94	8.12	9.36	1.24
	18t	台时	4.41	5.13	5.67	6.11	7.15	8.24	1.09
	20t	台时	4.06	4.72	5.22	5.62	6.58	7.58	1.00
定额编号			01509	01510	01511	01512	01513	01514	01515

（2）Ⅲ类土

单位:100m³

项目	单位	运　距（km）						每增运
		0～0.5	0.5～1	1～1.5	1.5～2	2～3	3～4	1km
人　工	工时	3.3	3.3	3.3	3.3	3.3	3.3	
零星材料费	%	3	3	3	3	2	2	
装载机 2m³	台时	1.58	1.58	1.58	1.58	1.58	1.58	
推土机 59kW	台时	0.80	0.80	0.80	0.80	0.80	0.80	
自卸汽车 5t	台时	8.87	11.28	13.08	14.51	17.67	20.89	3.22
8t	台时	6.82	8.43	9.67	10.60	12.77	14.94	2.17
10t	台时	6.76	8.18	9.30	10.17	12.03	14.01	1.92
12t	台时	6.26	7.56	8.56	9.30	11.03	12.77	1.74
15t	台时	5.27	6.26	7.01	7.63	8.93	10.29	1.36
18t	台时	4.85	5.64	6.23	6.71	7.86	9.06	1.20
20t	台时	4.46	5.18	5.74	6.17	7.23	8.33	1.10
定额编号		01516	01517	01518	01519	01520	01521	01522

（3）Ⅳ类土

单位：100m³

项　目	单位	运　距（km）						每增运 1km
		0~0.5	0.5~1	1~1.5	1.5~2	2~3	3~4	
人　工	工时	3.6	3.6	3.6	3.6	3.6	3.6	
零星材料费	%	3	3	3	3	2	2	
装载机 2m³	台时	1.72	1.72	1.72	1.72	1.72	1.72	
推土机 59kW	台时	0.87	0.87	0.87	0.87	0.87	0.87	
自卸汽车 5t	台时	9.66	12.30	14.26	15.81	19.26	22.77	3.51
8t	台时	7.43	9.19	10.54	11.55	13.92	16.28	2.37
10t	台时	7.37	8.92	10.14	11.08	13.11	15.27	2.09
12t	台时	6.82	8.24	9.33	10.14	12.03	13.92	1.89
15t	台时	5.74	6.82	7.64	8.31	9.73	11.22	1.49
18t	台时	5.28	6.14	6.80	7.31	8.56	9.87	1.31
20t	台时	4.86	5.65	6.25	6.73	7.88	9.08	1.20
定额编号		01523	01524	01525	01526	01527	01528	01529

一-30 河(渠)道堤防土料压实

工作内容:(1)拖拉机牵引羊脚碾碾压、人工平土、刨毛、洒水以及各项
辅助用工。
(2)履带拖拉机碾压、人工平土、刨毛、洒水以及各项辅助用
工。

单位:100m³ 实方

项 目	单位	拖拉机牵引羊脚碾 59kW(5~7t)	履带拖拉机压实 74kW
人 工	工时	22.8	22.8
零星材料费	%	13	13
拖 拉 机 59kW	台时	0.87	
拖 拉 机 74kW	台时		1.96
羊脚碾5~7t,拖拉机59kW	台时	0.87	
土料运输(自然方)	m³	118	118
定 额 编 号		01530	01531

一－31 蛙夯夯实土料

工作内容:平土、刨毛、洒水及辅助工作。

项　　目	单位	回填土夯实 （100m³压实方）	原土夯实 （100m²）
人　　工	工时	41.5	6.2
零星材料费	%	8	5
蛙式打夯机　2.8kW	台时	22.43	4.63
土料运输（自然方）	m³	118	
定　额　编　号		01532	01533

一-32 轮胎碾压实土料

适用范围:坝体土料,轮胎碾拖拉机牵引。

工作内容:推平、刨平、压实、削坡、洒水、补边夯、辅助工作。

单位:100m³ 实方

项 目	单位	土 料			
		坝 体		心墙、斜墙	
		干容重(t/m³)		墙宽(m)	
		1.7以下	1.7以上	10以下	10以上
人 工	工时	11.3	13.2	20.6	20.6
零星材料费	%	15	14	9	10
轮胎辗9~16t,拖拉机74kW	台时	1.34	1.72	5.22	4.33
推 土 机 74kW	台时	0.70	0.70	0.70	0.70
蛙式打夯机 2.8kW	台时	1.27	1.27	1.27	1.27
刨 毛 机	台时	0.70	0.70	0.70	0.70
土料运输(自然方)	m³	126	126	126	126
定 额 编 号		01534	01535	01536	01537

注:堤防及一般部位压实的土料运输(自然方)为118m³。

一-33 打夯机夯实土料

适用范围:坝体土料,1m³ 挖掘机改装打夯机。

工作内容:推平、刨平、压实、削坡、洒水、补边夯、辅助工作。

单位:100m³ 实方

项 目	单位	土 料			
		坝 体		心墙、斜墙	
		干容重(t/m³)		墙宽(m)	
		1.7 以下	1.7 以上	10 以下	10 以上
人 工	工时	12.8	15.0	23.4	23.4
零星材料费	%	5	4	4	4
打 夯 机 1.0m³	台时	1.77	1.92	3.25	2.73
推 土 机 74kW	台时	0.81	0.81	0.81	0.81
蛙式打夯机 2.8kW	台时	1.48	1.48	1.48	1.48
刨 毛 机	台时	0.81	0.81	0.81	0.81
土料运输(自然方)	m³	126	126	126	126
定 额 编 号		01538	01539	01540	01541

注:堤防及一般部位压实的土料运输(自然方)为118m³。

一-34 拖拉机压实土料

适用范围:坝体土料,拖拉机履带碾压。
工作内容:推平、创平、压实、削坡、洒水、补边夯、辅助工作。

单位:100m³ 实方

项 目	单位	土 料			
		坝 体		心墙、斜墙	
		干容重(t/m³)		墙宽(m)	
		1.7以下	1.7以上	10以下	10以上
人 工	工时	14.1	16.5	25.8	25.8
零星材料费	%	10	8	5	6
拖 拉 机 74kW	台时	3.48	4.47	8.53	6.62
推 土 机 74kW	台时	0.91	0.91	0.91	0.91
蛙式打夯机 2.8kW	台时	1.66	1.66	1.66	1.66
刨 毛 机	台时	0.91	0.91	0.91	0.91
土料运输(自然方)	m³	126	126	126	126
定 额 编 号		01542	01543	01544	01545

注:堤防及一般部位压实的土料运输(自然方)为118m³。

第二章

石方工程

说　明

一、本章包括一般石方、保护层石方、坡面沟槽、坑、基础平洞、斜井、竖井石方开挖和石渣运输等定额共 40 节 609 个子目。

二、本章定额计量单位,除注明外,均按自然方计。

三、各节石方开挖定额的工作内容,均包括钻孔、爆破、撬移、解小、翻渣、清面、修正断面、安全处理、挖排水沟坑等。并按各部位的不同要求,根据规范规定,考虑了保护层开挖等措施。使用定额时均不作调整。

四、一般石方开挖定额,适用于一般明挖石方工程;底宽超过 7m 的沟槽、上口大于 $160m^2$ 的石方坑挖工程;倾角小于或等于 $20°$,开挖厚度大于 5m(垂直于设计面的平均厚度)的坡面的石方开挖。

五、一般坡面石方开挖定额,适用于设计倾角大于 $20°$、垂直于设计面的平均厚度小于或等于 5m 的石方开挖工程。

六、保护层石方开挖定额,适用于设计规定不允许破坏岩层结构且单独计量的石方开挖工程。

七、沟槽石方开挖定额,适用于底宽小于或等于 7m,两侧垂直或有边坡的长条形石方开挖工程。如渠道、截水槽、排水沟、地槽等。

八、坑石方开挖定额,适用于上口面积小于或等于 $160m^2$,深度小于或等于上口短边长度或直径的石方开挖工程,如集水坑、墩基、柱基、机座、混凝土基坑等。

九、平洞石方开挖定额,适用于水平夹角小于或等于 $6°$ 的洞挖工程。

十、斜井石方开挖定额,适用于水平夹角为 $6°\sim75°$ 的洞挖工程。

十一、竖井石方开挖定额,适用于水平夹角大于 $75°$、上口面积大于 4m²、深度大于上口短边长度或直径的洞挖工程,如调压井、闸门井等。

十二、平洞、竖井、斜井、渠槽、坑石方开挖定额中的断面尺寸,是指设计开挖断面。

十三、石方开挖定额中所列"合金钻头",是指风钻(手持式、气腿式)所用的钻头;"钻头"是指液压履带钻或液压凿岩台车所用的钻头。

十四、炸药价格暂按 1 ~ 9kg 包装,代表型号规格为二级岩石乳化炸药计算。

十五、定额中的导电线指电雷管用的胶质导线和引接起爆器的导线。采用非电起爆系统时,可采用导爆管。

十六、洞挖定额中的通风机台时量,按一个工作面长 200m 以内计,超过 200m,按定额乘以表 2-1 系数计算:

表 2-1

隧洞长度(m)	≤200	200 ~ 600	600 ~ 1000	1000 ~ 1400
系数	1.00	1.23	1.63	2.17

十七、挖掘机或装载机装石渣、自卸汽车运输定额按露天作业计。如洞内作业、人工、机械定额乘以 1.25 系数。露天与洞内的区分,按挖掘机或装载机装车地点确定。

十八、斜、竖井石方开挖定额适用于风钻反导井施工,井深50m 以下。超过 50m 时,按表 2-2、表 2-3 增加爬罐定额:

表 2-2

斜井	断面面积	m²	≤10	10 ~ 30	30 ~ 50	50 ~ 100	>100
	爬罐	台时/100m³	92.01	57.50	46.00	32.19	23.00

表 2-3

竖井	断面面积	m²	≤20	20 ~ 50	50 ~ 100	100 ~ 200	>200
	爬罐	台时/100m³	38.36	30.65	15.36	10.73	6.17

二–1 一般石方开挖(风钻钻孔)

适用范围:一般明挖。

工作内容:钻孔、爆破、撬移、解小、翻渣、清面。

单位:100m³

项　　目	单位	岩　石　级　别			
		V ~ Ⅶ	Ⅷ ~ Ⅹ	Ⅺ ~ Ⅻ	ⅩⅢ ~ ⅩⅤ
人　　工	工时	93.6	118.3	149.0	195.6
合 金 钻 头	个	1.05	1.62	2.62	4.24
空 心 钢	kg	0.44	0.76	1.50	3.08
炸　　药	kg	26.16	32.45	42.02	50.68
雷　　管	个	29.77	37.90	44.81	60.56
导电线(导爆管)	m	122.57	153.47	192.61	239.99
其他材料费	%	6	6	6	6
风　钻　手持式	台时	4.55	10.29	15.60	26.55
修 钎 设 备	台时	0.14	0.29	0.51	0.79
载 重 汽 车 5t	台时	0.43	0.43	0.43	0.43
其他机械费	%	4	4	4	4
石 渣 运 输	m³	104	104	104	104
定 额 编 号		02001	02002	02003	02004

二–2 一般石方开挖(100型潜孔钻钻孔)

适用范围:潜孔钻钻孔,风钻配合。

工作内容:钻孔、爆破、撬移、解小、翻渣、清面。

(1)孔深≤6m

单位:100m³

项 目	单位	岩 石 级 别			
		V～Ⅶ	Ⅷ～Ⅹ	Ⅺ～Ⅻ	ⅩⅢ～ⅩⅤ
人 工	工时	48.0	64.7	84.0	98.0
合 金 钻 头	个	0.10	0.20	0.26	0.38
钻 头 100型	个	0.24	0.31	0.46	0.62
冲 击 器	套	0.02	0.03	0.04	0.06
空 心 钢	kg	0.21	0.28	0.36	0.43
钻 杆	kg	0.44	0.53	0.67	0.85
炸 药	kg	46.54	51.45	60.46	68.88
雷 管	个	17.51	19.57	22.66	25.75
导电线(导爆管)	m	53.87	59.12	70.66	78.59
其他材料费	%	4	4	4	4
风 钻 手持式	台时	1.85	2.57	3.22	4.36
潜 孔 钻 100型	台时	2.93	4.60	6.33	8.96
载 重 汽 车 5t	台时	0.45	0.45	0.45	0.45
其他机械费	%	3	3	3	3
石 渣 运 输	m³	104	104	104	104
定 额 编 号		02005	02006	02007	02008

（2）孔深 6~9m

单位:100m³

项 目	单位	岩 石 级 别			
		V~Ⅶ	Ⅷ~X	XI~Ⅻ	XⅢ~XV
人 工	工时	38.2	51.1	63.4	89.2
合金钻头	个	0.10	0.20	0.26	0.38
钻 头 100 型	个	0.20	0.30	0.41	0.56
冲 击 器	套	0.02	0.02	0.04	0.04
空 心 钢	kg	0.21	0.29	0.36	0.43
钻 杆	kg	0.40	0.55	0.65	0.79
炸 药	kg	42.27	50.15	56.45	62.76
雷 管	个	17.51	20.60	22.66	25.75
导电线（导爆管）	m	82.40	91.67	111.24	123.60
其他材料费	%	5	5	5	5
风 钻 手持式	台时	1.85	2.57	3.22	4.36
潜 孔 钻 100 型	台时	2.33	3.58	5.19	7.17
载 重 汽 车 5t	台时	0.45	0.45	0.45	0.45
其他机械费	%	3	3	3	3
石 渣 运 输	m³	103	103	103	103
定 额 编 号		02009	02010	02011	02012

(3)孔深＞9m

单位:100m³

项 目	单位	岩 石 级 别			
		V～Ⅶ	Ⅷ～Ⅹ	Ⅺ～Ⅻ	ⅩⅢ～ⅩⅤ
人 工	工时	32.6	43.7	56.6	78.2
合金钻头	个	0.10	0.20	0.26	0.38
钻 头 100型	个	0.16	0.26	0.35	0.46
冲击器	套	0.01	0.02	0.03	0.04
空心钢	kg	0.21	0.29	0.36	0.43
钻杆	kg	0.37	0.48	0.60	0.71
炸药	kg	38.47	45.61	51.54	57.10
雷管	个	14.42	17.51	20.60	21.63
导电线(导爆管)	m	99.91	119.48	143.17	152.44
其他材料费	%	5	5	5	5
风 钻 手持式	台时	1.85	2.57	3.22	4.36
潜孔钻 100型	台时	1.97	3.22	4.54	6.27
载重汽车 5t	台时	0.45	0.45	0.45	0.45
其他机械费	%	4	4	4	4
石渣运输	m³	102	102	102	102
定 额 编 号		02013	02014	02015	02016

二-3 一般石方开挖(150型潜孔钻钻孔)

适用范围:潜孔钻钻孔,风钻配合。

工作内容:钻孔、爆破、撬移、解小、翻渣、清面。

(1)孔深≤6m

单位:100m³

项　　　目	单位	岩　石　级　别			
		V～Ⅶ	Ⅷ～X	Ⅺ～Ⅻ	ⅩⅢ～ⅩⅤ
人　　工	工时	42.0	56.9	69.7	78.9
合 金 钻 头	个	0.11	0.19	0.26	0.36
钻　头 150 型	个	0.05	0.08	0.11	0.15
冲 击 器	套	0.01	0.01	0.01	0.02
空 心 钢	kg	0.21	0.29	0.36	0.43
钻　杆	kg	0.42	0.56	0.67	0.81
炸　药	kg	50.99	60.35	68.04	75.27
雷　管	个	13.39	14.42	16.48	19.57
导电线(导爆管)	m	27.81	31.93	36.05	39.14
其他材料费	%	6	6	6	6
风　钻 手持式	台时	1.79	2.48	3.12	4.22
潜 孔 钻 150 型	台时	1.54	2.47	3.62	5.01
载重汽车 5t	台时	0.43	0.43	0.43	0.43
其他机械费	%	3	3	3	3
石渣运输	m³	104	104	104	104
定　额　编　号		02017	02018	02019	02020

（2）孔深 6~9m

项　　目	单位	岩　石　级　别			
		V ~ Ⅶ	Ⅷ ~ X	Ⅺ ~ Ⅻ	ⅩⅢ ~ XV
人　　工	工时	35.0	47.8	56.6	70.0
合 金 钻 头	个	0.11	0.19	0.26	0.36
钻　头 150 型	个	0.04	0.07	0.09	0.13
冲　击　器	套	0.01	0.01	0.01	0.02
空　心　钢	kg	0.21	0.29	0.36	0.43
钻　　杆	kg	0.38	0.50	0.62	0.74
炸　　药	kg	46.54	54.88	61.83	68.78
雷　　管	个	13.39	15.45	17.51	19.57
导电线(导爆管)	m	74.16	88.58	99.91	113.30
其他材料费	%	6	6	6	6
风　钻　手持式	台时	1.79	2.48	3.12	4.22
潜 孔 钻 150 型	台时	1.16	2.00	2.93	4.16
载 重 汽 车 5t	台时	0.43	0.43	0.43	0.43
其他机械费	%	3	3	3	3
石 渣 运 输	m³	103	103	103	103
定　额　编　号		02021	02022	02023	02024

(3)孔深 >9m

项 目	单位	岩 石 级 别			
		V ~ Ⅶ	Ⅷ ~ Ⅹ	Ⅺ ~ Ⅻ	ⅩⅢ ~ ⅩⅤ
人 工	工时	31.0	40.6	47.1	60.6
合 金 钻 头	个	0.11	0.19	0.26	0.36
钻 头 150 型	个	0.04	0.06	0.08	0.11
冲 击 器	套	0.01	0.01	0.01	0.01
空 心 钢	kg	0.21	0.29	0.36	0.43
钻 杆	kg	0.35	0.45	0.56	0.67
炸 药	kg	42.36	50.15	56.36	62.67
雷 管	个	12.36	13.39	14.42	17.51
导电线(导爆管)	m	91.67	121.54	145.23	167.89
其他材料费	%	6	6	6	6
风 钻 手持式	台时	1.79	2.48	3.12	4.22
潜 孔 钻 150 型	台时	1.08	1.85	2.47	3.70
载 重 汽 车 5t	台时	0.43	0.43	0.43	0.43
其他机械费	%	4	4	4	4
石 渣 运 输	m³	102	102	102	102
定 额 编 号		02025	02026	02027	02028

二-4 坡面一般石方开挖(风钻钻孔)

适用范围:设计开挖面倾角20°~40°,平均厚度5m以下,无保护层。

工作内容:钻孔、爆破、撬移、解小、翻渣、清面。

单位:100m³

项 目	单位	岩 石 级 别			
		V~Ⅶ	Ⅷ~Ⅹ	Ⅺ~Ⅻ	ⅩⅢ~ⅩⅤ
人 工	工时	166.2	207.9	245.8	285.3
合金钻头	个	1.05	1.62	2.81	4.24
空 心 钢	kg	0.49	0.85	1.85	3.42
炸 药	kg	27.19	33.78	44.50	52.74
雷 管	个	30.80	37.90	50.26	60.56
导电线(导爆管)	m	113.30	153.47	200.85	239.99
其他材料费	%	3	3	3	3
风 钻 手持式	台时	4.40	9.99	16.43	28.40
修钎设备	台时	0.13	0.29	0.52	0.81
载重汽车 5t	台时	0.39	0.39	0.39	0.39
其他机械费	%	4	4	4	4
石渣运输	m³	108	108	108	108
定 额 编 号		02029	02030	02031	02032

注:1.倾角小于或等于20°和厚度大于5m时按一般石方开挖计,倾角大于40°时风
钻台时乘以1.25系数。

2.有保护层要求的另按保护层定额计。

二－5 坡面保护层石方开挖(风钻钻孔)

适用范围:设计倾角20°~40°。

工作内容:钻孔、爆破、撬移、解小、翻渣、清面、修断面。

单位:100m³

项 目	单位	岩 石 级 别			
		V~Ⅶ	Ⅷ~X	XI~Ⅻ	XⅢ~XV
人 工	工时	373.3	470.1	563.4	772.7
合 金 钻 头	个	3.29	5.72	8.18	11.85
空 心 钢	kg	1.23	2.55	4.34	7.68
炸 药	kg	47.69	62.21	73.13	86.42
雷 管	个	330.63	406.85	470.71	551.05
导电线(导爆管)	m	506.76	627.27	725.12	849.75
其他材料费	%	2	2	2	2
风 钻 手持式	台时	12.04	22.13	42.66	70.51
修钎设备	台时	0.34	0.72	1.24	1.82
载重汽车 5t	台时	0.41	0.41	0.41	0.41
其他机械费	%	2	2	2	2
石 渣 运 输	m³	106	106	106	106
定 额 编 号		02033	02034	02035	02036

注:坡面大于40°时,风钻台时乘以1.25系数。

二 –6 底部保护层石方开挖(风钻钻孔)

适用范围:设计倾角 20°以下。

工作内容:钻孔、爆破、撬移、解小、翻渣、清面、修断面。

单位:100m³

项　目	单位	岩　石　级　别			
		V ~ Ⅶ	Ⅷ ~ Ⅹ	Ⅺ ~ Ⅻ	ⅩⅢ ~ ⅩⅤ
人　工	工时	278.8	364.3	452.3	707.3
合 金 钻 头	个	3.76	6.50	9.20	13.39
空 心 钢	kg	1.26	2.60	4.32	7.79
炸　药	kg	51.40	66.74	77.97	92.08
雷　管	个	398.61	488.22	564.44	660.23
导电线(导爆管)	m	606.67	745.72	861.08	1008.37
其他材料费	%	1	2	2	1
风　钻　手持式	台时	12.35	25.53	43.02	71.54
修钎设备	台时	0.34	0.72	1.24	2.98
载重汽车 5t	台时	0.41	0.41	0.41	0.41
其他机械费	%	3	2	1	1
石渣运输	m³	106	106	106	106
定　额　编　号		02037	02038	02039	02040

二－7 沟槽石方开挖(风钻钻孔)

工作内容:钻孔、爆破、撬移、解小、翻渣、清面、修断面。

(1)底宽≤0.5m

单位:100m³

项　目	单位	岩 石 级 别			
		V ~ Ⅶ	Ⅷ ~ Ⅹ	Ⅺ ~ Ⅻ	ⅩⅢ ~ ⅩⅤ
人　工	工时	1502.4	2026.1	2613.7	3486.9
合金钻头	个	24.10	42.54	62.32	89.51
空心钢	kg	7.86	16.69	28.74	50.78
炸　药	kg	223.51	288.40	342.99	400.67
雷　管	个	263.47	340.72	404.28	471.74
导电线(导爆管)	m	395.21	510.98	606.36	708.64
其他材料费	%	1	1	1	1
风　钻　手持式	台时	79.87	160.07	247.13	434.71
修钎设备	台时	2.23	4.73	8.06	12.69
载重汽车 5t	台时	0.41	0.41	0.41	0.41
其他机械费	%	1	1	1	1
石渣运输	m³	116	116	116	116
定 额 编 号		02041	02042	02043	02044

(2)底宽 0.5~1m

单位:100m³

项　　目	单位	岩石级别			
		V~Ⅶ	Ⅷ~X	Ⅺ~Ⅻ	ⅩⅢ~ⅩⅤ
人　　工	工时	903.7	1218.7	1572.1	2097.4
合 金 钻 头	个	11.23	20.19	29.25	41.92
空 心 钢	kg	3.66	7.92	13.49	23.69
炸　　药	kg	208.06	273.98	322.39	375.95
雷　　管	个	94.35	123.81	145.33	170.36
导电线(导爆管)	m	141.42	185.81	218.05	255.54
其他材料费	%	1	1	1	1
风 钻 手持式	台时	55.24	96.28	148.65	235.33
修 钎 设 备	台时	1.03	2.23	3.77	6.45
载 重 汽 车 5t	台时	0.41	0.41	0.41	0.41
其他机械费	%	1	1	1	1
石 渣 运 输	m³	113	113	113	113
定 额 编 号		02045	02046	02047	02048

（3）底宽 1～2m

单位:100m³

项　目	单位	岩 石 级 别			
		V～VII	VIII～X	XI～XII	XIII～XV
人　　工	工时	543.6	719.9	923.1	1185.7
合 金 钻 头	个	5.77	10.20	14.63	20.81
空 心 钢	kg	2.18	4.54	7.76	13.60
炸　药	kg	119.48	152.44	178.19	207.03
雷　管	个	293.55	375.95	438.78	508.82
导电线（导爆管）	m	413.03	530.45	620.06	716.88
其他材料费	%	1	1	1	1
风 钻 手持式	台时	34.58	56.33	81.92	150.96
修 钎 设 备	台时	0.62	1.27	2.20	3.84
载 重 汽 车 5t	台时	0.41	0.41	0.41	0.41
其他机械费	%	1.00	1.00	1.00	1.00
石 渣 运 输	m³	110	110	110	110
定 额 编 号		02049	02050	02051	02052

(4) 底宽 2~4m

项　　目	单位	岩　石　级　别			
		V ~ Ⅶ	Ⅷ ~ X	Ⅺ ~ Ⅻ	ⅩⅢ ~ ⅩⅤ
人　　工	工时	292.5	390.6	492.7	653.2
合 金 钻 头	个	2.96	5.25	7.59	10.92
空 心 钢	kg	1.11	2.37	4.04	7.18
炸　　药	kg	60.87	79.31	93.01	108.15
雷　　管	个	107.12	135.96	159.65	186.43
导电线(导爆管)	m	267.80	349.17	412.00	481.01
其他材料费	%	1	1	1	1
风 钻 手持式	台时	17.46	31.15	42.72	77.27
修 钎 设 备	台时	0.31	0.69	1.13	2.02
载 重 汽 车 5t	台时	0.41	0.41	0.41	0.41
其他机械费	%	1.00	1.00	1.00	1.00
石 渣 运 输	m³	106	106	106	106
定 额 编 号		02053	02054	02055	02056

（5）底宽 4~7m

项　　目	单位	岩　石　级　别			
		V~Ⅶ	Ⅷ~Ⅹ	Ⅺ~Ⅻ	ⅩⅢ~ⅩⅤ
人　　工	工时	192.2	260.0	330.3	447.9
合金钻头	个	1.95	3.44	5.02	7.00
空 心 钢	kg	0.93	1.99	3.39	5.91
炸　　药	kg	48.10	62.21	73.44	84.25
雷　　管	个	53.05	69.22	81.16	96.31
导电线（导爆管）	m	193.64	251.32	296.64	339.90
其他材料费	%	1	1	1	1
风　钻　手持式	台时	12.21	17.16	27.87	58.33
修钎设备	台时	0.27	0.55	0.96	1.68
载重汽车 5t	台时	0.41	0.41	0.41	0.41
其他机械费	%	1.00	1.00	1.00	1.00
石渣运输	m³	105	105	105	105
定 额 编 号		02057	02058	02059	02060

二-8 坑石方开挖(风钻钻孔)

工作内容:钻孔、爆破、撬移、解小、翻渣、清面、修断面。

(1)上口断面面积≤2m²

单位:100m³

项 目	单位	岩 石 级 别			
		V~Ⅶ	Ⅷ~Ⅹ	Ⅺ~Ⅻ	ⅩⅢ~ⅩⅤ
人 工	工时	1656.4	2208.6	2867.8	3881.5
合金钻头	个	12.98	21.94	33.17	48.20
空 心 钢	kg	5.62	11.33	20.19	36.36
炸 药	kg	241.02	297.67	365.65	431.57
雷 管	个	70.97	87.76	107.53	127.21
导电线(导爆管)	m	106.40	125.25	153.68	181.69
其他材料费	%	1	1	1	1
风 钻 手持式	台时	59.29	109.79	181.16	274.48
修钎设备	台时	1.58	3.23	5.66	9.20
载重汽车 5t	台时	0.41	0.41	0.41	0.41
其他机械费	%	1	1	1	1
石渣运输	m³	122	122	122	122
定 额 编 号		02061	02062	02063	02064

(2) 上口断面面积 2～4m²

单位:100m³

项 目	单位	岩 石 级 别			
		V ～ Ⅶ	Ⅷ ～ X	Ⅺ ～ Ⅻ	Ⅻ ～ XV
人 工	工时	1198.7	1670.7	2105.2	2839.4
合 金 钻 头	个	9.25	17.41	26.47	38.42
空 心 钢	kg	3.96	9.07	16.07	28.94
炸 药	kg	170.98	235.87	290.46	342.99
雷 管	个	420.24	582.98	713.79	844.60
导电线(导爆管)	m	71.48	99.09	121.33	143.58
其他材料费	%	1	1	1	1
风 钻 手持式	台时	39.58	90.74	151.24	234.68
修 钎 设 备	台时	1.08	2.02	4.27	7.76
载 重 汽 车 5t	台时	0.39	0.39	0.39	0.39
其他机械费	%	1	1	1	1
石 渣 运 输	m³	116	116	116	116
定 额 编 号		02065	02066	02067	02068

(3)上口断面面积 4~6m²

单位:100m³

项 目	单位	岩 石 级 别			
		V ~ Ⅶ	Ⅷ ~ X	Ⅺ ~ Ⅻ	ⅩⅢ ~ ⅩⅤ
人 工	工时	901.4	1256.0	1603.2	1839.6
合金钻头	个	6.30	13.29	19.98	29.05
空 心 钢	kg	2.72	6.89	12.15	21.84
炸 药	kg	129.78	198.79	244.11	287.37
雷 管	个	264.71	406.85	498.52	588.13
导电线(导爆管)	m	47.69	73.23	89.82	105.88
其他材料费	%	1	1	1	1
风 钻 手持式	台时	28.60	72.46	127.91	225.62
修钎设备	台时	0.75	1.96	3.43	6.14
载重汽车 5t	台时	0.41	0.41	0.41	0.41
其他机械费	%	1	1	1	1
石渣运输	m³	112	112	112	112
定 额 编 号		02069	02070	02071	02072

(4)上口断面面积 6～9m²

单位:100m³

项 目	单位	岩 石 级 别			
		Ⅴ～Ⅶ	Ⅷ～Ⅹ	Ⅺ～Ⅻ	ⅩⅢ～ⅩⅤ
人 工	工时	727.7	1004.8	1285.5	1721.4
合金钻头	个	5.89	10.51	15.86	23.07
空 心 钢	kg	2.55	5.49	9.70	17.51
炸 药	kg	121.54	158.62	193.64	229.69
雷 管	个	230.72	300.76	367.71	435.69
导电线(导爆管)	m	437.75	570.62	698.34	828.12
其他材料费	%	1	1	1	1
风 钻 手持式	台时	26.90	57.64	102.11	184.45
修钎设备	台时	0.69	1.30	2.71	4.94
载重汽车 5t	台时	0.41	0.41	0.41	0.41
其他机械费	%	1	1	1	1
石渣运输	m³	110	110	110	110
定 额 编 号		02073	02074	02075	02076

（5）上口断面面积 $9 \sim 12 \mathrm{m}^2$

单位：$100 \mathrm{m}^3$

项　　目	单位	岩　石　级　别			
		V ~ Ⅶ	Ⅷ ~ X	Ⅺ ~ Ⅻ	ⅩⅢ ~ ⅩⅤ
人　　工	工时	588.8	820.1	1049.1	1329.9
合 金 钻 头	个	4.13	8.72	13.18	19.16
空 心 钢	kg	1.78	4.53	8.03	14.42
炸　　药	kg	91.67	141.11	173.04	202.91
雷　　管	个	160.68	249.26	304.88	359.47
导电线(导爆管)	m	305.91	471.74	578.86	681.86
其他材料费	%	1	1	1	1
风　钻　手持式	台时	18.72	47.65	84.54	150.96
修 钎 设 备	台时	0.51	1.06	2.26	4.05
载 重 汽 车　5t	台时	0.41	0.41	0.41	0.41
其他机械费	%	1	1	1	1
石 渣 运 输	m^3	108	108	108	108
定　额　编　号		02077	02078	02079	02080

(6)上口断面面积 12～20m²

项　目	单位	岩　石　级　别			
		V～Ⅶ	Ⅷ～X	Ⅺ～Ⅻ	ⅩⅢ～ⅩⅤ
人　工	工时	520.6	713.4	899.0	1189.0
合金钻头	个	3.15	6.90	10.27	15.04
空心钢	kg	1.36	3.62	6.26	11.33
炸药	kg	70.04	111.24	134.93	160.68
雷管	个	114.33	184.37	220.42	264.71
导电线(导爆管)	m	229.69	367.71	440.84	530.45
其他材料费	%	1	1	1	1
风钻 手持式	台时	14.33	37.77	65.88	119.67
修钎设备	台时	0.38	1.03	1.78	3.23
载重汽车 5t	台时	0.41	0.41	0.41	0.41
其他机械费	%	1	1	1	1
石渣运输	m³	105	105	105	105
定额编号		02081	02082	02083	02084

（7）上口断面面积 20～50m^2

单位:100m^3

项　　目	单位	岩石级别			
		Ⅴ～Ⅶ	Ⅷ～Ⅹ	Ⅺ～Ⅻ	ⅩⅢ～ⅩⅤ
人　　工	工时	366.9	507.5	648.9	870.0
合金钻头	个	2.91	5.37	8.71	12.57
空心钢	kg	1.24	3.12	5.48	9.37
炸　药	kg	65.30	95.58	116.39	146.26
雷　管	个	85.49	119.48	149.35	172.01
导电线(导爆管)	m	189.52	272.95	341.96	393.46
其他材料费	%	1	1	1	1
风　钻　手持式	台时	12.24	30.96	55.45	98.81
修钎设备	台时	0.34	0.82	1.48	2.64
载重汽车 5t	台时	0.41	0.41	0.41	0.41
其他机械费	%	1	1	1	1
石渣运输	m^3	104	104	104	104
定额编号		02085	02086	02087	02088

(8)上口断面面积 50~100m²

项　　　目	单位	岩　石　级　别			
		V~Ⅶ	Ⅷ~X	Ⅺ~Ⅻ	Ⅷ~XV
人　　　工	工时	274.3	387.8	503.4	687.9
合 金 钻 头	个	2.13	4.58	6.90	10.01
空 心 钢	kg	1.00	2.58	4.55	8.13
炸　　　药	kg	51.40	78.59	98.57	115.36
雷　　　管	个	55.62	87.55	108.15	126.69
导电线(导爆管)	m	145.23	227.63	278.10	327.54
其他材料费	%	1	1	1	1
风 钻 手持式	台时	10.49	27.06	47.87	85.64
修 钎 设 备	台时	0.27	0.72	1.30	2.30
载 重 汽 车 5t	台时	0.41	0.41	0.41	0.41
其他机械费	%	1	1	1	1
石 渣 运 输	m³	103	103	103	103
定 额 编 号		02089	02090	02091	02092

(9)上口断面面积 100~200m²

单位:100m³

项 目	单位	岩 石 级 别			
		V~Ⅶ	Ⅷ~Ⅹ	Ⅺ~Ⅻ	ⅩⅢ~ⅩⅤ
人 工	工时	230.5	332.5	435.9	602.5
合金钻头	个	1.97	4.13	6.39	9.27
空 心 钢	kg	0.93	2.42	4.26	7.61
炸 药	kg	48.10	75.81	92.39	108.15
雷 管	个	47.38	74.16	92.70	108.15
导电线(导爆管)	m	131.84	208.06	253.38	299.73
其他材料费	%	1	1	1	1
风 钻 手持式	台时	9.16	23.83	42.10	74.62
修钎设备	台时	0.27	0.65	1.20	2.16
载重汽车 5t	台时	0.41	0.41	0.41	0.41
其他机械费	%	1	1	1	1
石渣运输	m³	103	103	103	103
定 额 编 号		02093	02094	02095	02096

二 - 9 基础石方开挖(风钻钻孔)

工作内容:钻孔、爆破、撬移、解小、翻渣、清面、修断面。

(1)开挖深度≤2m

单位:100m³

项 目	单位	岩 石 级 别			
		V ~ Ⅶ	Ⅷ ~ X	Ⅺ ~ Ⅻ	ⅩⅢ ~ ⅩⅤ
人 工	工时	328.6	416.8	516.5	661.9
合 金 钻 头	个	3.41	5.61	8.02	11.29
炸 药	kg	54.28	69.62	81.42	93.22
雷 管	个	311.52	390.58	450.76	509.76
导电线(导爆管)	m	462.56	581.74	671.42	759.92
其他材料费	%	7	7	7	7
风 钻 手持式	台时	11.81	20.07	31.76	51.91
修 钎 设 备	台时	0.30	0.50	0.79	1.30
载重汽车 5t	台时	0.24	0.40	0.64	1.04
其他机械费	%	10	10	10	10
石 渣 运 输	m³	110	110	110	110
定 额 编 号		02097	02098	02099	02100

（2）开挖深度 3m

项　目	单位	岩　石　级　别			
		V ~ Ⅶ	Ⅷ ~ Ⅹ	ⅩⅠ ~ Ⅻ	ⅩⅢ ~ ⅩⅤ
人　工	工时	266.0	335.6	415.0	531.3
合金钻头	个	2.70	4.46	6.44	9.10
炸　药	kg	47.20	60.18	71.98	82.60
雷　管	个	219.48	274.94	317.42	359.90
导电线（导爆管）	m	336.30	424.80	490.88	556.96
其他材料费	%	8	8	8	8
风　钻　手持式	台时	9.58	16.42	26.13	42.91
修钎设备	台时	0.29	0.49	0.78	1.29
载重汽车　5t	台时	0.19	0.33	0.52	0.86
其他机械费	%	10	10	10	10
石渣运输	m³	107	107	107	107
定　额　编　号		02101	02102	02103	02104

（3）开挖深度 4m

单位:100m³

项　目	单位	岩　石　级　别			
		V ~ Ⅶ	Ⅷ ~ X	Ⅺ ~ Ⅻ	ⅩⅢ ~ ⅩⅤ
人　工	工时	235.3	295.8	364.6	466.3
合金钻头	个	2.36	3.91	5.64	7.87
炸　药	kg	43.66	56.64	66.08	76.70
雷　管	个	172.28	217.12	251.34	285.56
导电线(导爆管)	m	273.76	345.74	401.20	455.48
其他材料费	%	9	9	9	9
风　钻　手持式	台时	8.48	14.62	23.33	38.42
修钎设备	台时	0.25	0.44	0.70	1.15
载重汽车 5t	台时	0.17	0.29	0.47	0.77
其他机械费	%	10	10	10	10
石渣运输	m³	105	105	105	105
定　额　编　号		02105	02106	02107	02108

（4）开挖深度 5m

单位:100m³

项 目	单位	岩 石 级 别			
		V ~ Ⅶ	Ⅷ ~ X	Ⅺ ~ Ⅻ	ⅩⅢ ~ XV
人 工	工时	216.9	272.0	334.9	427.8
合 金 钻 头	个	2.15	3.56	5.14	7.32
炸 药	kg	41.30	53.10	63.72	73.16
雷 管	个	145.14	149.86	172.28	194.70
导电线(导爆管)	m	174.64	218.30	251.34	284.38
其他材料费	%	10	10	10	10
风 钻 手持式	台时	7.83	13.54	21.66	35.75
修 钎 设 备	台时	0.23	0.41	0.65	1.07
载重汽车 5t	台时	0.16	0.27	0.43	0.71
其他机械费	%	10	10	10	10
石 渣 运 输	m³	104	104	104	104
定 额 编 号		02109	02110	02111	02112

（5）开挖深度6m

项　目	单位	岩　石　级　别			
		Ⅴ~Ⅶ	Ⅷ~Ⅹ	Ⅺ~Ⅻ	ⅩⅢ~ⅩⅤ
人　　工	工时	208.4	260.6	320.6	409.4
合金钻头	个	2.04	3.42	4.94	6.99
炸　　药	kg	40.12	53.10	62.54	71.98
雷　　管	个	130.98	129.80	149.86	168.74
导电线(导爆管)	m	151.04	188.80	218.30	246.62
其他材料费	%	11	11	11	11
风　钻　手持式	台时	7.51	13.04	20.90	34.55
修钎设备	台时	0.23	0.39	0.63	1.04
载重汽车　5t	台时	0.15	0.26	0.42	0.69
其他机械费	%	10	10	10	10
石渣运输	m³	104	104	104	104
定　额　编　号		02113	02114	02115	02116

二-10 基础石方开挖(潜孔钻钻孔)

工作内容:钻孔、爆破、撬移、解小、翻渣、清面、修断面。

(1)开挖深度7.5m

单位:100m³

项 目	单位	岩 石 级 别			
		V ~ Ⅶ	Ⅷ ~ Ⅹ	Ⅺ ~ Ⅻ	ⅩⅢ ~ XV
人 工	工时	127.0	161.6	200.4	255.6
合金钻头	个	1.23	2.07	2.95	4.15
潜孔钻钻头 100型	个	0.11	0.17	0.22	0.32
冲击器	套	0.01	0.01	0.02	0.02
炸 药	kg	51.92	63.72	71.98	82.60
雷 管	个	105.02	110.92	127.44	143.96
导电线(导爆管)	m	212.40	167.56	193.52	219.48
其他材料费	%	15	15	15	15
风 钻 手持式	台时	4.61	7.74	11.89	18.85
潜 孔 钻 100型	台时	1.75	2.59	3.67	5.24
修钎设备	台时	0.09	0.15	0.24	0.38
载重汽车 5t	台时	0.18	0.31	0.48	0.75
其他机械费	%	10	10	10	10
石渣运输	m³	103	103	103	103
定 额 编 号		02117	02118	02119	02120

(2)开挖深度10m

项　　目	单位	岩　石　级　别			
		Ⅴ~Ⅶ	Ⅷ~Ⅹ	Ⅺ~Ⅻ	ⅩⅢ~ⅩⅤ
人　　工	工时	108.3	137.5	169.9	215.6
合金钻头	个	1.01	1.63	2.35	3.32
潜孔钻钻头 100型	个	0.12	0.19	0.26	0.37
冲击器	套	0.01	0.01	0.02	0.02
炸　　药	kg	53.10	63.72	73.16	82.60
雷　　管	个	84.96	87.32	100.30	113.28
导电线(导爆管)	m	186.44	135.70	155.76	177.00
其他材料费	%	16	16	16	16
风　钻　手持式	台时	3.92	6.50	9.89	15.40
潜孔钻 100型	台时	2.05	3.02	4.28	6.11
修钎设备	台时	0.08	0.13	0.20	0.31
载重汽车 5t	台时	0.16	0.26	0.40	0.62
其他机械费	%	10	10	10	10
石渣运输	m³	103	103	103	103
定　额　编　号		02121	02122	02123	02124

（3）开挖深度 15m

单位:100m³

项 目	单位	岩 石 级 别			
		V ~ Ⅶ	Ⅷ ~ Ⅹ	Ⅺ ~ Ⅻ	ⅩⅢ ~ ⅩⅤ
人 工	工时	81.5	104.4	129.5	164.4
合金钻头	个	0.74	1.25	1.76	2.49
潜孔钻钻头 100型	个	0.12	0.19	0.26	0.37
冲击器	套	0.01	0.01	0.02	0.04
炸 药	kg	50.74	60.18	68.44	76.70
雷 管	个	66.08	64.90	74.34	83.78
导电线(导爆管)	m	171.10	102.66	119.18	134.52
其他材料费	%	17	17	17	17
风 钻 手持式	台时	3.25	5.28	7.88	11.98
潜孔钻 100型	台时	2.08	3.08	4.37	6.26
修钎设备	台时	0.06	0.11	0.16	0.24
载重汽车 5t	台时	0.13	0.21	0.32	0.48
其他机械费	%	10	10	10	10
石渣运输	m³	102	102	102	102
定 额 编 号		02125	02126	02127	02128

（4）开挖深度20m

单位：100m³

项　目	单位	岩　石　级　别			
		Ⅴ~Ⅶ	Ⅷ~Ⅹ	Ⅺ~Ⅻ	ⅩⅢ~ⅩⅤ
人　工	工时	71.9	91.9	114.0	144.1
合金钻头	个	0.61	1.03	1.48	2.09
潜孔钻钻头 100型	个	0.13	0.20	0.28	0.39
冲击器	套	0.01	0.02	0.02	0.04
炸药	kg	50.74	60.18	68.44	76.70
雷管	个	56.64	53.10	61.36	69.62
导电线（导爆管）	m	160.48	87.32	100.30	113.28
其他材料费	%	18	18	18	18
风　钻　手持式	台时	2.90	4.70	6.88	10.29
潜孔钻 100型	台时	2.12	3.18	4.53	6.54
修钎设备	台时	0.06	0.09	0.14	0.21
载重汽车 5t	台时	0.12	0.19	0.28	0.41
其他机械费	%	10	10	10	10
石渣运输	m³	102	102	102	102
定额编号		02129	02130	02131	02132

（5）开挖深度 30m

项　　目	单位	岩　石　级　别			
		V～Ⅶ	Ⅷ～X	Ⅺ～Ⅻ	ⅩⅢ～XV
人　　工	工时	62.0	79.5	98.3	123.3
合金钻头	个	0.51	0.83	1.18	1.66
潜孔钻钻头　100 型	个	0.15	0.21	0.30	0.41
冲　击　器	套	0.01	0.02	0.04	0.05
炸　　药	kg	50.74	60.18	68.44	76.70
雷　　管	个	47.20	41.30	47.20	54.28
导电线(导爆管)	m	147.50	70.80	81.42	92.04
其他材料费	%	19	19	19	19
风　钻　手持式	台时	2.57	4.10	5.88	8.57
潜孔钻　100 型	台时	2.25	3.38	4.82	6.93
修钎设备	台时	0.05	0.08	0.12	0.17
载重汽车　5t	台时	0.10	0.16	0.24	0.34
其他机械费	%	10	10	10	10
石渣运输	m³	102	102	102	102
定　额　编　号		02133	02134	02135	02136

二－11 平洞石方开挖（风钻钻孔）

适用范围：水平夹角为6°以下的洞挖工程。

工作内容：钻孔、爆破、安全处理、翻渣、清面、修整及爆破材料加工等。

（1）开挖断面面积≤5m²

单位：100m³

项　　目	单位	岩石级别			
		Ⅴ~Ⅶ	Ⅷ~Ⅹ	Ⅺ~Ⅻ	ⅫⅠ~ⅩⅤ
人　　工	工时	690.4	1093.8	1464.4	2086.2
合金钻头	个	4.70	9.03	13.45	19.69
空　心　钢	kg	2.53	5.90	9.90	17.69
炸　　药	kg	129.25	184.58	227.04	271.37
雷　　管	个	168.19	240.24	295.46	353.21
导电线（导爆管）	m	513.37	806.74	894.74	1056.11
其他材料费	%	1	1	1	1
风　钻　气腿式	台时	48.09	111.81	187.87	335.44
轴流通风机　14kW	台时	28.61	42.56	57.81	70.47
修钎设备	台时	0.55	1.28	2.16	4.03
载重汽车　5t	台时	0.44	0.44	0.44	0.44
其他机械费	%	1	1	1	1
石渣运输	m³	136	136	136	136
定额编号		02137	02138	02139	02140

（2）开挖断面面积 5～10m²

单位:100m³

项　　目	单位	岩　石　级　别			
		V～Ⅶ	Ⅷ～Ⅹ	Ⅺ～Ⅻ	ⅩⅢ～ⅩⅤ
人　　工	工时	598.9	948.4	1270.1	1809.0
合金钻头	个	4.27	8.21	12.23	17.89
空心钢	kg	2.37	5.50	9.24	16.50
炸　药	kg	115.06	164.34	202.07	241.56
雷管	个	149.16	213.07	262.13	313.28
导电线(导爆管)	m	468.05	668.58	815.65	962.83
其他材料费	%	1	1	1	1
风　钻 气腿式	台时	40.12	93.31	156.79	247.00
轴流通风机 14kW	台时	25.91	38.34	50.07	64.02
修钎设备	台时	0.51	1.17	1.98	3.52
载重汽车 5t	台时	0.44	0.44	0.44	0.44
其他机械费	%	1	1	1	1
石渣运输	m³	125	125	125	125
定额编号		02141	02142	02143	02144

(3) 开挖断面面积 10~20m²

单位:100m³

项　　目	单位	岩　石　级　别			
		Ⅴ~Ⅶ	Ⅷ~Ⅹ	Ⅺ~Ⅻ	ⅩⅢ~ⅩⅤ
人　　工	工时	492.5	767.8	1012.8	1418.0
合金钻头	个	3.75	7.22	10.75	15.73
空　心　钢	kg	2.13	4.95	8.32	14.36
炸　　药	kg	94.83	135.47	166.62	197.78
雷　　管	个	122.71	175.29	215.60	255.92
导电线(导爆管)	m	396.00	550.00	665.50	781.00
其他材料费	%	1	1	1	1
风　钻　气腿式	台时	32.83	76.36	102.66	155.02
风　钻　手持式	台时	5.54	12.93	21.72	37.51
轴流通风机　37kW	台时	24.98	34.94	44.56	53.47
修钎设备	台时	0.48	1.06	1.80	2.93
载重汽车　5t	台时	0.44	0.44	0.44	0.44
其他机械费	%	1	1	1	1
石渣运输	m³	118	118	118	118
定　额　编　号		02145	02146	02147	02148

（4）开挖断面面积 20～30m²

单位:100m³

项 目	单位	岩 石 级 别			
		V～Ⅶ	Ⅷ～X	Ⅺ～Ⅻ	ⅩⅢ～ⅩⅤ
人 工	工时	397.3	600.9	792.2	1108.6
合 金 钻 头	个	3.21	6.17	9.20	13.45
空 心 钢	kg	1.89	4.30	7.10	12.25
炸 药	kg	77.22	108.79	132.77	158.84
雷 管	个	100.32	141.24	172.37	206.25
导电线（导爆管）	m	342.10	450.12	535.59	621.06
其他材料费	%	1	1	1	1
风 钻 气腿式	台时	21.25	48.37	79.81	137.85
风 钻 手持式	台时	5.45	12.36	20.40	35.22
轴流通风机 37kW	台时	20.99	27.20	34.00	40.34
修 钎 设 备	台时	0.40	0.92	1.50	2.60
载 重 汽 车 5t	台时	0.44	0.44	0.44	0.44
其他机械费	%	1	1	1	1
石 渣 运 输	m³	117	117	117	117
定 额 编 号		02149	02150	02151	02152

（5）开挖断面面积 30～50m²

单位:100m³

项　　目	单位	岩　石　级　别			
		V～Ⅶ	Ⅷ～Ⅹ	Ⅺ～Ⅻ	ⅩⅢ～ⅩⅤ
人　　工	工时	365.8	530.5	693.9	962.5
合金钻头	个	3.09	5.94	8.86	12.95
空心钢	kg	1.77	4.02	6.63	11.45
炸　　药	kg	73.98	102.82	125.39	148.07
雷　　管	个	96.01	133.38	162.76	191.48
导电线(导爆管)	m	331.56	436.21	519.05	601.99
其他材料费	%	1	1	1	1
风　钻　气腿式	台时	19.42	44.12	72.81	119.49
风　钻　手持式	台时	5.11	11.57	19.10	32.98
轴流通风机　55kW	台时	18.77	25.36	30.85	36.01
修钎设备	台时	0.38	0.82	1.37	2.33
载重汽车　5t	台时	0.41	0.41	0.41	0.41
其他机械费	%	1	1	1	1
石渣运输	m³	112	112	112	112
定　额　编　号		02153	02154	02155	02156

二－12 平洞石方开挖(二臂液压凿岩台车)

适用范围:平洞二臂凿岩机钻孔。

工作内容:钻孔、爆破、安全处理、翻渣、清面、修整。

(1)开挖断面面积≤30m²

单位:100m³

项　目	单位	岩　石　级　别			
		V ~ Ⅶ	Ⅷ ~ Ⅹ	Ⅺ ~ Ⅻ	ⅩⅢ ~ ⅩⅤ
人　工	工时	247.9	319.9	386.9	469.0
钻　头　Φ45mm	个	0.60	0.72	0.85	0.97
钻　头　Φ102mm	个	0.01	0.01	0.01	0.02
炸　药	kg	158.12	180.54	204.14	224.20
非电毫秒雷管	个	121.54	139.24	158.12	173.46
导　爆　管	m	817.74	934.56	1059.64	1161.12
其他材料费	%	28	28	28	28
凿岩台车　二臂	台时	3.81	4.60	5.60	6.65
平　台　车	台时	1.81	2.06	2.36	2.57
轴流通风机　37kW	台时	24.89	29.87	35.85	43.03
其他机械费	%	3	3	3	3
石渣运输	m³	117	117	117	117
定　额　编　号		02157	02158	02159	02160

(2)开挖断面面积60m²

单位:100m³

项 目	单位	岩 石 级 别			
		V ~ Ⅶ	Ⅷ ~ X	Ⅺ ~ Ⅻ	ⅩⅢ ~ XV
人 工	工时	173.0	224.0	270.9	327.5
钻 头 Φ45mm	个	0.43	0.52	0.62	0.69
钻 头 Φ102mm	个	0.01	0.01	0.01	0.01
炸 药	kg	113.30	129.78	147.29	160.68
非电毫秒雷管	个	87.55	99.91	113.30	123.60
导 爆 管	m	597.40	683.92	775.59	848.72
其他材料费	%	28	28	28	28
凿 岩 台 车 二臂	台时	3.13	3.77	4.62	5.47
平 台 车	台时	1.86	2.12	2.42	2.65
轴流通风机 55kW	台时	18.49	22.21	26.64	31.96
其他机械费	%	3	3	3	3
石 渣 运 输	m³	113	113	113	113
定 额 编 号		02161	02162	02163	02164

二–13 6°~45°斜井石方开挖——反导井(风钻钻孔)

适用范围:反导井施工,井深50m以内。

工作内容:钻孔、爆破、安全处理、翻渣、清面、修整。

(1)开挖断面面积≤5m²

单位:100m³

项　　目	单位	岩 石 级 别			
		V ~ Ⅶ	Ⅷ ~ Ⅹ	Ⅺ ~ Ⅻ	ⅩⅢ ~ ⅩⅤ
人　工	工时	1059.5	1621.2	2268.0	2702.7
合 金 钻 头	个	8.23	16.21	24.11	36.12
空 心 钢	kg	4.14	9.06	16.38	30.24
炸　药	kg	212.83	280.93	342.65	429.91
雷　管	个	387.31	511.17	623.48	782.21
导电线(导爆管)	m	442.64	765.71	982.52	1199.44
其他材料费	%	1	1	1	1
风 钻 气腿式	台时	30.82	85.26	160.54	218.27
风 钻 手持式	台时	11.18	30.49	49.54	78.08
轴流通风机 14kW	台时	20.74	30.78	42.50	54.16
修钎设备	台时	0.92	1.98	2.93	4.84
载 重 汽 车 5t	台时	0.44	0.44	0.44	0.44
其他机械费	%	1	1	1	1
石渣运输	m³	136	136	136	136
定 额 编 号		02165	02166	02167	02168

（2）开挖断面面积 5~10m²

单位:100m³

项 目	单位	岩 石 级 别			
		V~Ⅶ	Ⅷ~Ⅹ	Ⅺ~Ⅻ	ⅩⅢ~ⅩⅤ
人　工	工时	879.3	1318.9	1655.5	2179.7
合金钻头	个	7.50	14.32	21.30	29.51
空心钢	kg	4.00	8.57	15.42	30.48
炸　药	kg	194.54	252.89	305.42	379.34
雷　管	个	327.69	426.03	514.47	638.99
导电线(导爆管)	m	426.36	733.37	937.97	1142.68
其他材料费	%	1	1	1	1
风　钻　气腿式	台时	27.22	73.21	134.94	183.93
风　钻　手持式	台时	9.71	26.09	44.45	65.55
轴流通风机　14kW	台时	18.98	29.31	37.37	46.76
修钎设备	台时	0.81	1.72	3.11	4.18
载重汽车　5t	台时	0.44	0.44	0.44	0.44
其他机械费	%	1	1	1	1
石渣运输	m³	125	125	125	125
定 额 编 号		02169	02170	02171	02172

（3）开挖断面面积 10～20m²

项　　目	单位	岩　石　级　别			
		V～Ⅶ	Ⅷ～Ⅹ	Ⅺ～Ⅻ	ⅩⅢ～ⅩⅤ
人　　工	工时	660.7	977.5	1237.3	1592.5
合 金 钻 头	个	6.06	11.27	16.67	24.67
空 心 钢	kg	3.10	6.47	11.59	21.10
炸　　药	kg	162.38	207.85	248.44	306.90
雷　　管	个	237.95	304.55	364.06	449.73
导电线(导爆管)	m	403.08	689.32	878.76	1068.20
其他材料费	%	1	1	1	1
风　钻　气腿式	台时	20.61	54.59	99.47	134.46
风　钻　手持式	台时	7.41	19.64	33.95	48.36
轴流通风机 28kW	台时	13.51	28.18	50.47	67.82
修 钎 设 备	台时	0.65	1.38	2.47	3.34
载 重 汽 车 5t	台时	0.44	0.44	0.44	0.44
其他机械费	%	1	1	1	1
石 渣 运 输	m³	118	118	118	118
定 额 编 号		02173	02174	02175	02176

(4) 开挖断面面积 20 ~ 30m²

单位:100m³

项　　　目	单位	岩　石　级　别			
		V ~ Ⅶ	Ⅷ ~ X	Ⅺ ~ Ⅻ	ⅩⅢ ~ XV
人　　工	工时	531.4	775.8	1051.7	1243.5
合金钻头	个	5.13	9.30	13.71	20.09
空 心 钢	kg	2.59	5.31	9.41	16.99
炸　药	kg	137.65	173.44	207.85	251.90
雷　管	个	173.86	219.09	262.58	318.17
导电线(导爆管)	m	370.93	630.46	801.15	971.74
其他材料费	%	1	1	1	1
风　钻　气腿式	台时	16.08	41.87	71.06	101.04
风　钻　手持式	台时	5.74	14.96	26.58	36.09
轴流通风机　28kW	台时	13.72	18.66	23.75	29.63
修钎设备	台时	0.58	1.16	2.07	2.80
载重汽车　5t	台时	0.44	0.44	0.44	0.44
其他机械费	%	1	1	1	1
石渣运输	m³	117	117	117	117
定　额　编　号		02177	02178	02179	02180

（5）开挖断面面积 30～50m²

单位:100m³

项　　目	单位	岩　石　级　别			
		Ⅴ～Ⅶ	Ⅷ～Ⅹ	Ⅺ～Ⅻ	ⅩⅢ～ⅩⅤ
人　　工	工时	477.0	681.2	804.3	1077.1
合 金 钻 头	个	5.07	8.87	13.08	19.01
空 心 钢	kg	2.51	5.02	8.84	15.85
炸　　药	kg	128.41	159.23	190.04	227.29
雷　　管	个	156.85	194.46	232.17	277.62
导电线(导爆管)	m	332.01	557.86	707.19	856.63
其他材料费	%	1	1	1	1
风　钻　气腿式	台时	14.68	37.78	62.61	89.19
风　钻　手持式	台时	5.34	13.72	24.33	32.39
轴流通风机 55kW	台时	12.85	16.56	20.19	25.85
修 钎 设 备	台时	0.54	1.09	1.92	2.58
载 重 汽 车 5t	台时	0.44	0.44	0.44	0.44
其他机械费	%	1	1	1	1
石 渣 运 输	m³	112	112	112	112
定 额 编 号		02181	02182	02183	02184

二-14 45°~75°斜井石方开挖——反导井(风钻钻孔)

适用范围:反导井施工,井深50m以内。

工作内容:钻孔、爆破、安全处理、翻渣、清面、修整及爆破材料加工等。

(1)开挖断面面积≤5m²

单位:100m³

项目	单位	岩石级别			
		V~Ⅶ	Ⅷ~Ⅹ	Ⅺ~Ⅻ	ⅩⅢ~ⅩⅤ
人　工	工时	1281.9	1961.3	2743.1	3268.5
合金钻头	个	8.23	16.21	24.11	36.12
空　心　钢	kg	4.14	9.06	16.38	30.24
炸　药	kg	212.83	280.93	342.65	429.91
雷　管	个	387.31	511.17	623.48	782.21
导电线(导爆管)	m	442.64	765.71	982.52	1199.44
其他材料费	%	1	1	1	1
风　钻　气腿式	台时	35.70	97.44	181.64	247.86
风　钻　手持式	台时	12.75	34.85	64.97	89.22
轴流通风机　14kW	台时	20.74	30.78	42.50	54.16
修钎设备	台时	0.92	1.98	2.93	4.84
载重汽车　5t	台时	0.88	0.88	0.88	0.88
其他机械费	%	1	1	1	1
石渣运输	m³	136	136	136	136
定　额　编　号		02185	02186	02187	02188

（2）开挖断面面积 5～10m²

单位:100m³

项　　目	单位	岩　石　级　别			
		V～Ⅶ	Ⅷ～X	Ⅺ～Ⅻ	ⅩⅢ～ⅩⅤ
人　　工	工时	1063.4	1595.1	2232.6	2636.7
合金钻头	个	7.50	14.32	21.30	29.51
空心钢	kg	4.00	8.57	15.42	30.48
炸　　药	kg	194.54	252.89	305.42	379.34
雷　　管	个	327.69	426.03	514.47	638.99
导电线(导爆管)	m	426.36	733.37	937.97	1142.68
其他材料费	%	1	1	1	1
风　钻　气腿式	台时	31.09	83.63	154.20	210.18
风　钻　手持式	台时	11.10	29.83	54.96	74.93
轴流通风机 14kW	台时	18.98	29.31	37.37	46.76
修钎设备	台时	0.81	1.72	3.11	4.18
载重汽车 5t	台时	0.88	0.88	0.88	0.88
其他机械费	%	1	1	1	1
石渣运输	m³	125	125	125	125
定　额　编　号		02189	02190	02191	02192

（3）开挖断面面积 $10 \sim 20 m^2$

项　目	单位	岩石级别			
		V ~ Ⅶ	Ⅷ ~ Ⅹ	Ⅺ ~ Ⅻ	ⅩⅢ ~ ⅩⅤ
人　工	工时	799.2	1182.6	1630.4	1926.2
合金钻头	个	6.06	11.27	16.67	24.67
空心钢	kg	3.10	6.47	11.59	21.10
炸　药	kg	162.38	207.85	248.44	306.90
雷　管	个	237.95	304.55	364.06	449.73
导电线(导爆管)	m	403.08	689.32	878.76	1068.20
其他材料费	%	1	1	1	1
风　钻　气腿式	台时	23.53	62.35	113.68	153.67
风　钻　手持式	台时	8.46	22.44	40.88	55.26
轴流通风机　37kW	台时	13.51	28.18	50.47	67.82
修钎设备	台时	0.65	1.38	2.47	3.34
载重汽车　5t	台时	0.87	0.87	0.87	0.87
其他机械费	%	1	1	1	1
石渣运输	m³	118	118	118	118
定额编号		02193	02194	02195	02196

（4）开挖断面面积 20～30m²

单位:100m³

项　　目	单位	岩　石　级　别			
		V～VII	VIII～X	XI～XII	XIII～XV
人　　工	工时	642.6	938.4	1272.5	1503.9
合金钻头	个	5.13	9.30	13.71	20.09
空 心 钢	kg	2.59	5.31	9.41	16.99
炸　　药	kg	137.65	173.44	207.85	251.90
雷　　管	个	173.86	219.09	262.58	318.17
导电线(导爆管)	m	370.93	630.46	801.15	971.74
其他材料费	%	1	1	1	1
风　钻　气腿式	台时	18.34	47.84	86.14	115.46
风　钻　手持式	台时	6.54	17.10	30.75	41.25
轴流通风机　37kW	台时	13.72	18.66	23.75	29.63
修钎设备	台时	0.58	1.16	2.07	2.80
载重汽车　5t	台时	0.87	0.87	0.87	0.87
其他机械费	%	1	1	1	1
石渣运输	m³	117	117	117	117
定 额 编 号		02197	02198	02199	02200

（5）开挖断面面积 30~50m²

单位:100m³

项　　目	单位	岩　石　级　别			
		V ~ Ⅶ	Ⅷ ~ Ⅹ	Ⅺ ~ Ⅻ	ⅩⅢ ~ ⅩⅤ
人　　工	工时	576.5	824.8	1073.0	1303.3
合金钻头	个	5.07	8.87	13.08	19.01
空心钢	kg	2.51	5.02	8.84	15.85
炸　　药	kg	128.41	159.23	190.04	227.29
雷　　管	个	156.85	194.46	232.17	277.62
导电线(导爆管)	m	332.01	557.86	707.19	856.63
其他材料费	%	1	1	1	1
风　钻　气腿式	台时	16.77	43.13	76.55	101.91
风　钻　手持式	台时	6.10	15.65	24.54	37.00
轴流通风机　55kW	台时	12.85	16.56	20.19	25.85
修钎设备	台时	0.54	1.09	1.92	2.58
载重汽车　5t	台时	0.87	0.87	0.87	0.87
其他机械费	%	1	1	1	1
石渣运输	m³	112	112	112	112
定额编号		02201	02202	02203	02204

二-15 6°~45°斜井石方开挖——正导井(风钻钻孔)

适用范围：正导井施工,井深50m以内。

工作内容：钻孔、爆破、安全处理、翻渣、清面、修整及爆破材料加工等。

(1)开挖断面面积≤5m²

单位:100m³

项　目	单位	岩　石　级　别			
		Ⅴ~Ⅶ	Ⅷ~Ⅹ	Ⅺ~Ⅻ	ⅩⅢ~ⅩⅤ
人　工	工时	794.8	1216.3	1700.7	2026.4
合金钻头	个	8.23	16.21	24.11	36.12
空心钢	kg	4.14	9.06	16.38	30.24
炸　药	kg	212.83	280.93	342.65	429.91
雷　管	个	387.31	511.17	623.48	782.21
导电线(导爆管)	m	442.64	765.71	982.52	1199.44
其他材料费	%	1	1	1	1
风　钻　手持式	台时	67.27	182.77	340.77	467.99
轴流通风机　14kW	台时	20.74	30.78	42.50	54.16
修钎设备	台时	1.83	3.96	5.86	9.67
载重汽车　5t	台时	1.47	1.47	1.47	1.47
其他机械费	%	1	1	1	1
石渣运输	m³	136	136	136	136
定　额　编　号		02205	02206	02207	02208

（2）开挖断面面积 5～10m²

单位：100m³

项 目	单位	岩 石 级 别			
		V～Ⅶ	Ⅷ～Ⅹ	Ⅺ～Ⅻ	ⅩⅢ～ⅩⅤ
人　　工	工时	670.6	1005.6	1407.2	1661.6
合金钻头	个	7.50	14.32	21.30	31.71
空心钢	kg	4.00	8.57	15.42	28.28
炸　　药	kg	194.54	252.89	305.42	379.34
雷　　管	个	327.69	426.03	514.47	638.99
导电线（导爆管）	m	426.36	733.37	937.97	1142.68
其他材料费	%	1	1	1	1
风钻　手持式	台时	58.33	156.75	274.37	393.90
轴流通风机　14kW	台时	18.98	29.31	37.37	46.76
修钎设备	台时	1.61	3.44	6.23	8.35
载重汽车　5t	台时	1.47	1.47	1.47	1.47
其他机械费	%	1	1	1	1
石渣运输	m³	125	125	125	125
定　额　编　号		02209	02210	02211	02212

（3）开挖断面面积 10~20m²

项　　目	单位	岩　石　级　别			
		V~Ⅶ	Ⅷ~X	XI~Ⅻ	XⅢ~XV
人　　工	工时	511.9	757.9	1006.1	1234.2
合 金 钻 头	个	6.06	11.27	16.67	24.67
空 心 钢	kg	3.10	6.47	11.59	21.10
炸　　药	kg	162.38	207.85	248.44	306.90
雷　　管	个	237.95	304.55	364.06	449.73
导电线(导爆管)	m	403.08	689.32	878.76	1068.20
其他材料费	%	1	1	1	1
风 钻 手持式	台时	44.22	117.20	199.04	288.80
轴流通风机 37kW	台时	13.51	28.18	50.47	67.82
修 钎 设 备	台时	1.31	2.76	4.94	6.68
载 重 汽 车 5t	台时	1.45	1.45	1.45	1.45
其他机械费	%	1	1	1	1
石 渣 运 输	m³	118	118	118	118
定 额 编 号		02213	02214	02215	02216

（4）开挖断面面积 20～30m²

项　　目	单位	岩　石　级　别			
		V～Ⅶ	Ⅷ～Ⅹ	Ⅺ～Ⅻ	ⅩⅢ～ⅩⅤ
人　　工	工时	418.4	610.9	773.3	979.0
合金钻头	个	5.13	9.30	13.71	20.09
空心钢	kg	2.59	5.31	9.41	16.99
炸　药	kg	137.65	173.44	207.85	251.90
雷　管	个	173.86	219.09	262.58	318.17
导电线(导爆管)	m	370.93	630.46	801.15	971.74
其他材料费	%	1	1	1	1
风　钻　手持式	台时	34.42	89.76	161.57	216.55
轴流通风机 37kW	台时	13.72	18.66	23.75	29.63
修钎设备	台时	1.16	2.32	4.14	5.59
载重汽车 5t	台时	1.45	1.45	1.45	1.45
其他机械费	%	1	1	1	1
石渣运输	m³	117	117	117	117
定　额　编　号		02217	02218	02219	02220

(5)开挖断面面积 30~50m²

单位:100m³

项 目	单位	岩 石 级 别			
		V~Ⅶ	Ⅷ~Ⅹ	Ⅺ~Ⅻ	ⅩⅢ~ⅩⅤ
人 工	工时	405.2	579.2	734.7	915.6
合金钻头	个	5.07	8.87	13.08	19.01
空 心 钢	kg	2.51	5.02	8.84	15.85
炸 药	kg	128.41	159.23	190.04	227.29
雷 管	个	156.85	194.46	232.17	277.62
导电线(导爆管)	m	332.01	557.86	707.19	856.63
其他材料费	%	1	1	1	1
风 钻 手持式	台时	31.66	81.33	130.71	192.07
轴流通风机 55kW	台时	12.85	16.56	20.19	25.85
修钎设备	台时	1.09	2.18	3.85	5.16
载重汽车 5t	台时	1.45	1.45	1.45	1.45
其他机械费	%	1	1	1	1
石渣运输	m³	112	112	112	112
定 额 编 号		02221	02222	02223	02224

二-16 45°~75°斜井石方开挖——正导井(风钻钻孔)

适用范围:正导井施工,井深50m以内。

工作内容:钻孔、爆破、安全处理、翻渣、清面、修整及爆破材料加工等。

(1)开挖断面面积≤5m²

单位:100m³

项 目	单位	岩 石 级 别			
		V~Ⅶ	Ⅷ~Ⅹ	Ⅺ~Ⅻ	ⅩⅢ~ⅩⅤ
人 工	工时	1025.5	1568.9	2069.4	2615.1
合金钻头	个	8.23	16.21	24.11	36.12
空 心 钢	kg	4.14	9.06	16.38	30.24
炸 药	kg	212.83	280.93	342.65	429.91
雷 管	个	387.31	511.17	623.48	782.21
导电线(导爆管)	m	442.64	765.71	982.52	1199.44
其他材料费	%	1	1	1	1
风 钻 手持式	台时	45.90	125.32	211.06	320.85
轴流通风机 14kW	台时	20.74	30.78	42.50	54.16
修钎设备	台时	0.92	1.98	2.93	4.84
载重汽车 5t	台时	0.88	0.88	0.88	0.88
其他机械费	%	1	1	1	1
石渣运输	m³	136	136	136	136
定 额 编 号		02225	02226	02227	02228

（2）开挖断面面积 5～10m²

单位:100m³

项　目	单位	岩　石　级　别			
		V～Ⅶ	Ⅷ～X	Ⅺ～Ⅻ	ⅩⅢ～ⅩⅤ
人　工	工时	864.5	1296.8	1724.5	2144.5
合金钻头	个	7.50	14.32	21.30	31.71
空心钢	kg	4.00	8.57	15.42	28.28
炸　药	kg	194.54	252.89	305.42	379.34
雷　管	个	327.69	426.03	514.47	638.99
导电线(导爆管)	m	426.36	733.37	937.97	1142.68
其他材料费	%	1	1	1	1
风　钻　手持式	台时	39.97	107.46	184.68	270.07
轴流通风机 14kW	台时	18.98	29.31	37.37	46.76
修钎设备	台时	0.81	1.72	3.11	4.18
载重汽车 5t	台时	0.88	0.88	0.88	0.88
其他机械费	%	1	1	1	1
石渣运输	m³	125	125	125	125
定　额　编　号		02229	02230	02231	02232

(3) 开挖断面面积 10 ~ 20m²

单位:100m³

项 目	单位	岩 石 级 别			
		V ~ Ⅶ	Ⅷ ~ Ⅹ	Ⅺ ~ Ⅻ	ⅩⅢ ~ ⅩⅤ
人 工	工时	660.4	977.5	1237.3	1592.3
合 金 钻 头	个	6.06	11.27	16.67	24.67
空 心 钢	kg	3.10	6.47	11.59	21.10
炸 药	kg	162.38	207.85	248.44	306.90
雷 管	个	237.95	304.55	364.06	449.73
导电线(导爆管)	m	403.08	689.32	878.76	1068.20
其他材料费	%	1	1	1	1
风 钻 手持式	台时	30.33	80.34	135.07	197.98
轴流通风机 37kW	台时	13.51	28.18	50.47	67.82
修 钎 设 备	台时	0.65	1.38	2.47	3.34
载 重 汽 车 5t	台时	0.87	0.87	0.87	0.87
其他机械费	%	1	1	1	1
石 渣 运 输	m³	118	118	118	118
定 额 编 号		02233	02234	02235	02236

（4）开挖断面面积 20~30m²

单位:100m³

项 目	单位	岩 石 级 别			
		V ~ Ⅶ	Ⅷ ~ X	Ⅺ ~ Ⅻ	ⅩⅢ ~ ⅩⅤ
人 工	工时	539.8	788.0	1005.3	1262.9
合金钻头	个	5.13	9.30	13.71	20.09
空 心 钢	kg	2.59	5.31	9.41	16.99
炸 药	kg	137.65	173.44	207.85	251.90
雷 管	个	173.86	219.09	262.58	318.17
导电线(导爆管)	m	370.93	630.46	801.15	971.74
其他材料费	%	1	1	1	1
风 钻 手持式	台时	23.57	61.52	110.76	148.49
轴流通风机 37kW	台时	13.72	18.66	23.75	29.63
修钎设备	台时	0.58	1.16	2.07	2.80
载重汽车 5t	台时	1.00	1.00	1.00	1.00
其他机械费	%	1	1	1	1
石渣运输	m³	117	117	117	117
定 额 编 号		02237	02238	02239	02240

(5) 开挖断面面积 30~50m²

项　目	单位	岩　石　级　别			
		V~Ⅶ	Ⅷ~X	Ⅺ~Ⅻ	XⅢ~XV
人　工	工时	522.8	747.8	928.0	1181.7
合金钻头	个	5.07	8.87	13.08	19.01
空心钢	kg	2.51	5.02	8.84	15.85
炸　药	kg	128.41	159.23	190.04	227.29
雷　管	个	156.85	194.46	232.17	277.62
导电线(导爆管)	m	332.01	557.86	707.19	856.63
其他材料费	%	1	1	1	1
风　钻　手持式	台时	21.70	55.73	94.55	131.67
轴流通风机　55kW	台时	12.85	16.56	20.19	25.85
修钎设备	台时	0.54	1.09	1.92	2.58
载重汽车　5t	台时	0.87	0.87	0.87	0.87
其他机械费	%	1	1	1	1
石渣运输	m³	112	112	112	112
定　额　编　号		02241	02242	02243	02244

二-17 竖井石方开挖——反导井(风钻钻孔)

适用范围:吊罐反导井施工,井深 50m 以内,斜度 75°以上。

工作内容:钻孔、爆破、安全处理、翻渣、清面、修整。

(1)开挖断面面积≤5m²

单位:100m³

项 目	单位	岩 石 级 别			
		V ~ Ⅶ	Ⅷ ~ Ⅹ	Ⅺ ~ Ⅻ	ⅩⅢ ~ ⅩⅤ
人 工	工时	851.7	1388.8	1962.1	2436.6
合金钻头	个	8.13	14.56	21.64	31.97
空 心 钢	kg	3.94	8.36	14.23	25.94
炸 药	kg	228.13	296.57	351.32	422.04
雷 管	个	285.34	371.03	439.45	527.89
导电线(导爆管)	m	417.89	668.58	856.68	1061.50
其他材料费	%	1	1	1	1
风 钻 气腿式	台时	58.66	172.45	285.81	431.08
轴流通风机 14kW	台时	41.92	60.46	79.51	100.18
修钎设备	台时	0.92	1.76	2.86	3.92
载重汽车 5t	台时	0.73	0.73	0.73	0.73
其他机械费	%	1	1	1	1
石渣运输	m³	136	136	136	136
定 额 编 号		02245	02246	02247	02248

注:井深超过 50m 时,增加爬罐定额,见本章说明,下同。

(2)开挖断面面积 5～10m²

单位:100m³

项 目	单位	岩 石 级 别			
		V～Ⅶ	Ⅷ～Ⅹ	ⅩⅠ～ⅩⅡ	ⅩⅢ～ⅩⅤ
人　工	工时	799.5	1271.7	1778.1	2206.7
合金钻头	个	7.68	13.59	20.19	29.71
空 心 钢	kg	3.82	7.95	13.56	24.61
炸　药	kg	211.12	274.46	325.13	390.58
雷　管	个	265.10	344.52	408.21	501.38
导电线(导爆管)	m	411.18	657.80	842.82	1044.34
其他材料费	%	1	1	1	1
风　钻　气腿式	台时	51.58	149.59	263.82	373.97
轴流通风机　14kW	台时	38.91	55.40	70.79	88.38
修钎设备	台时	0.84	1.65	2.56	3.66
载重汽车　5t	台时	0.73	0.73	0.73	0.73
其他机械费	%	1	1	1	1
石渣运输	m³	125	125	125	125
定　额　编　号		02249	02250	02251	02252

（3）开挖断面面积 10 ~ 20m²

单位:100m³

项 目	单位	岩 石 级 别			
		V ~ Ⅶ	Ⅷ ~ X	Ⅺ ~ Ⅻ	ⅩⅢ ~ ⅩⅤ
人 工	工时	665.8	1031.8	1450.0	1771.3
合 金 钻 头	个	6.90	12.08	17.94	26.29
空 心 钢	kg	3.42	6.98	11.94	21.55
炸 药	kg	184.55	239.91	284.20	341.41
雷 管	个	231.41	300.84	356.32	428.04
导电线(导爆管)	m	400.79	641.14	821.53	1017.84
其他材料费	%	1	1	1	1
风 钻 气腿式	台时	40.78	116.59	209.14	291.53
轴流通风机 37kW	台时	33.69	46.69	58.31	72.40
修钎设备	台时	0.76	1.45	2.40	3.23
载重汽车 5t	台时	0.73	0.73	0.73	0.73
其他机械费	%	1	1	1	1
石 渣 运 输	m³	118	118	118	118
定 额 编 号		02253	02254	02255	02256

（4）开挖断面面积 20～30m²

单位:100m³

项　　目	单位	岩　石　级　别			
		V～Ⅶ	Ⅷ～Ⅹ	Ⅺ～Ⅻ	ⅩⅢ～ⅩⅤ
人　　工	工时	566.7	861.2	1163.1	1450.8
合金钻头	个	5.80	10.09	15.03	20.72
空心钢	kg	2.98	5.95	10.24	18.37
炸　　药	kg	151.66	197.16	233.57	280.58
雷　　管	个	191.08	248.41	294.30	353.60
导电线(导爆管)	m	387.39	619.77	794.17	983.94
其他材料费	%	1	1	1	1
风　钻　气腿式	台时	12.07	34.16	61.00	85.14
风　钻　手持式	台时	9.54	23.70	42.70	60.43
轴流通风机　37kW	台时	28.39	38.85	48.29	57.73
修钎设备	台时	0.65	1.23	1.89	2.76
载重汽车　5t	台时	0.66	0.66	0.66	0.66
其他机械费	%	1	1	1	1
石渣运输	m³	117	117	117	117
定　额　编　号		02257	02258	02259	02260

（5）开挖断面面积 30~50m²

单位:100m³

项　　目	单位	岩　石　级　别			
		V ~ Ⅶ	Ⅷ ~ X	Ⅺ ~ Ⅻ	ⅩⅢ ~ XV
人　　　工	工时	409.6	606.3	804.3	1008.4
合 金 钻 头	个	4.75	8.18	12.02	17.54
空 心 钢	kg	2.43	4.76	8.22	14.66
炸　　药	kg	114.83	149.29	176.85	212.45
雷　　管	个	145.95	189.66	224.76	269.88
导电线(导爆管)	m	360.68	577.05	739.35	916.04
其他材料费	%	1	1	1	1
风　钻　气腿式	台时	10.72	29.89	52.28	74.51
风　钻　手持式	台时	9.15	22.35	40.08	56.95
轴流通风机 55kW	台时	26.94	34.49	41.76	51.12
修 钎 设 备	台时	0.51	0.94	1.52	2.14
载 重 汽 车 5t	台时	0.66	0.66	0.66	0.66
其他机械费	%	1	1	1	1
石 渣 运 输	m³	112	112	112	112
定　额　编　号		02261	02262	02263	02264

二 – 18 竖井石方开挖——正导井(风钻钻孔)

适用范围:正导井施工,井深50m以内,斜度75°以上。

工作内容:钻孔、爆破、安全处理、翻渣、清面、修整。

(1)开挖断面面积≤5m²

单位:100m³

项 目	单位	岩 石 级 别			
		V ~ Ⅶ	Ⅷ ~ X	XI ~ Ⅻ	XⅢ ~ XV
人 工	工时	511.4	833.3	1158.8	1461.7
合金钻头	个	8.13	14.56	21.64	31.97
空 心 钢	kg	3.94	8.36	14.23	25.94
炸 药	kg	228.13	296.57	351.32	422.04
雷 管	个	285.34	371.03	439.45	527.89
导电线(导爆管)	m	417.89	668.58	856.68	1061.50
其他材料费	%	1	1	1	1
风 钻 手持式	台时	59.93	155.17	263.82	394.85
轴流通风机 14kW	台时	41.92	60.46	79.51	100.18
修钎设备	台时	0.92	1.76	2.86	3.92
载重汽车 5t	台时	0.88	0.88	0.88	0.88
其他机械费	%	1	1	1	1
石渣运输	m³	136	136	136	136
定 额 编 号		02265	02266	02267	02268

注:井深超过50m时,增加爬罐定额,见本章说明,下同。

（2）开挖断面面积 5～10m²

单位:100m³

项　目	单位	岩　石　级　别			
		V～Ⅶ	Ⅷ～Ⅹ	Ⅺ～Ⅻ	ⅩⅢ～ⅩⅤ
人　工	工时	488.1	775.6	1073.0	1346.5
合金钻头	个	7.68	13.59	20.19	29.71
空心钢	kg	3.82	7.95	13.56	24.61
炸药	kg	211.12	274.46	325.13	390.58
雷管	个	265.10	344.52	408.21	501.38
导电线(导爆管)	m	411.18	657.80	842.82	1044.34
其他材料费	%	1	1	1	1
风钻　手持式	台时	52.81	134.64	237.44	343.14
轴流通风机　14kW	台时	38.91	55.40	70.79	88.38
修钎设备	台时	0.84	1.65	2.56	3.66
载重汽车　5t	台时	0.88	0.88	0.88	0.88
其他机械费	%	1	1	1	1
石渣运输	m³	125	125	125	125
定　额　编　号		02269	02270	02271	02272

(3)开挖断面面积 10～20m²

项　　目	单位	岩 石 级 别			
		V ～ Ⅶ	Ⅷ ～ X	Ⅺ ～ Ⅻ	ⅩⅢ ～ ⅩⅤ
人　　工	工时	440.5	682.4	928.0	1171.1
合 金 钻 头	个	6.90	12.08	17.94	26.29
空 心 钢	kg	3.42	6.98	11.94	21.55
炸　　药	kg	184.55	239.91	284.20	341.41
雷　　管	个	231.41	300.84	356.32	428.04
导电线(导爆管)	m	400.79	641.14	821.53	1017.84
其他材料费	%	1	1	1	1
风 钻 手持式	台时	41.83	104.96	187.35	268.05
轴流通风机 37kW	台时	33.69	46.69	58.31	72.40
修 钎 设 备	台时	0.76	1.45	2.40	3.23
载 重 汽 车 5t	台时	0.87	0.87	0.87	0.87
其他机械费	%	1	1	1	1
石 渣 运 输	m³	118	118	118	118
定 额 编 号		02273	02274	02275	02276

（4）开挖断面面积 20～30m²

项　目	单位	岩石级别			
		V～Ⅶ	Ⅷ～Ⅹ	Ⅺ～Ⅻ	ⅩⅢ～ⅩⅤ
人　工	工时	374.3	569.2	754.8	958.3
合金钻头	个	5.80	10.09	15.03	20.72
空心钢	kg	2.98	5.95	10.24	18.37
炸　药	kg	151.66	197.16	233.57	280.58
雷　管	个	191.08	248.41	294.30	353.60
导电线(导爆管)	m	387.39	619.77	794.17	983.94
其他材料费	%	1	1	1	1
风　钻　手持式	台时	21.00	52.11	91.50	132.76
轴流通风机　37kW	台时	28.39	38.85	48.29	57.73
修钎设备	台时	0.65	1.23	1.89	2.76
载重汽车　5t	台时	0.87	0.87	0.87	0.87
其他机械费	%	1	1	1	1
石渣运输	m³	117	117	117	117
定　额　编　号		02277	02278	02279	02280

(5)开挖断面面积 30~50m²

项　　目	单位	岩 石 级 别			
		V~Ⅶ	Ⅷ~Ⅹ	Ⅺ~Ⅻ	ⅩⅢ~ⅩⅤ
人　　工	工时	279.0	412.7	550.6	685.5
合 金 钻 头	个	4.75	8.18	12.02	17.54
空 心 钢	kg	2.43	4.76	8.22	14.66
炸　　药	kg	114.83	149.29	176.85	212.45
雷　　管	个	145.95	189.66	224.76	269.88
导电线(导爆管)	m	360.68	577.05	739.35	916.04
其他材料费	%	1	1	1	1
风　钻　手持式	台时	19.26	47.01	82.78	119.86
轴流通风机　55kW	台时	26.94	34.49	41.76	51.12
修 钎 设 备	台时	0.51	0.94	1.52	2.14
载 重 汽 车　5t	台时	0.87	0.87	0.87	0.87
其他机械费	%	1	1	1	1
石 渣 运 输	m³	112	112	112	112
定　额　编　号		02281	02282	02283	02284

二-19 竖井石方开挖——反导井(100型导井潜孔钻钻孔)

适用范围:潜孔钻打反导井,一次成孔,分段爆破,风钻扩大,井深40m以内。

工作内容:钻孔、爆破、安全处理、翻渣、清面、修整。

(1)开挖断面面积≤10m²

单位:100m³

项 目	单位	岩 石 级 别			
		V ~ Ⅶ	Ⅷ ~ Ⅹ	Ⅺ ~ Ⅻ	ⅩⅢ ~ ⅩⅤ
人 工	工时	595.7	827.8	1060.5	1396.0
钻 头 100型	个	0.38	0.62	0.87	1.22
冲 击 器	套	1.03	1.35	1.65	1.99
钻 杆	kg	0.03	0.06	0.08	0.11
合 金 钻 头	个	2.05	3.38	4.90	7.14
空 心 钢	kg	0.91	1.81	2.85	5.08
炸 药	kg	206.89	254.47	304.13	357.88
雷 管	个	84.98	104.08	124.94	146.98
导电线(导爆管)	m	407.16	631.18	806.18	969.13
其他材料费	%	1	1	1	1
潜 孔 钻 100型	台时	10.59	19.93	30.91	46.17
风 钻 手持式	台时	7.58	18.17	32.99	59.67
轴流通风机 14kW	台时	39.25	55.93	74.45	93.39
修钎设备	台时	0.41	0.89	1.37	2.47
载重汽车 5t	台时	0.41	0.82	0.82	0.82
其他机械费	%	1	1	1	1
石渣运输	m³	125	125	125	125
定 额 编 号		02285	02286	02287	02288

（2）开挖断面面积 10~20m²

项　　目	单位	岩　石　级　别			
		V~Ⅶ	Ⅷ~Ⅹ	Ⅺ~Ⅻ	ⅩⅢ~ⅩⅤ
人　　工	工时	494.6	687.1	861.7	1013.4
钻　头　100型	个	0.29	0.46	0.66	0.92
冲　击　器	套	0.77	1.02	1.25	1.50
钻　杆	kg	0.02	0.04	0.06	0.08
合金钻头	个	2.48	4.09	5.92	8.62
空　心　钢	kg	1.22	2.42	3.80	6.78
炸　药	kg	178.15	219.13	261.89	308.21
雷　管	个	92.39	113.61	135.75	159.75
导电线(导爆管)	m	390.89	605.85	773.94	930.30
其他材料费	%	1	1	1	1
潜孔钻　100型	台时	7.91	14.88	21.96	34.47
风　钻　手持式	台时	9.17	22.07	40.02	79.05
轴流通风机　37kW	台时	32.53	44.33	56.68	69.58
修钎设备	台时	0.48	1.03	1.58	2.81
载重汽车　5t	台时	0.41	0.82	0.82	0.82
其他机械费	%	1	1	1	1
石渣运输	m³	118	118	118	118
定　额　编　号		02289	02290	02291	02292

(3)开挖断面面积 20~30m²

单位:100m³

项 目	单位	岩 石 级 别			
		V~Ⅶ	Ⅷ~X	Ⅺ~Ⅻ	ⅩⅢ~XV
人 工	工时	409.0	710.9	861.7	1048.4
钻 头 100型	个	0.21	0.34	0.48	0.68
冲 击 器	套	0.58	0.76	0.93	1.11
钻 杆	kg	0.02	0.03	0.04	0.06
合 金 钻 头	个	2.84	4.70	6.80	9.90
空 心 钢	kg	1.46	2.93	4.59	8.19
炸 药	kg	155.17	190.85	228.09	268.44
雷 管	个	98.16	120.72	144.20	169.74
导电线(导爆管)	m	274.91	585.66	748.19	899.29
其他材料费	%	1	1	1	1
潜 孔 钻 100型	台时	5.87	11.03	17.13	21.52
风 钻 手持式	台时	10.43	25.03	45.34	89.70
轴流通风机 37kW	台时	26.69	35.13	43.37	53.94
修钎设备	台时	0.55	1.17	1.78	3.23
载 重 汽 车 5t	台时	0.41	0.82	0.82	0.82
其他机械费	%	1	1	1	1
石 渣 运 输	m³	117	117	117	117
定 额 编 号		02293	02294	02295	02296

（4）开挖断面面积 30～50m²

项　　目	单位	岩　石　级　别			
		V～VII	VIII～X	XI～XII	XIII～XV
人　　工	工时	324.0	450.4	563.0	664.7
钻　头　100型	个	0.13	0.22	0.30	0.42
冲　击　器	套	0.35	0.46	0.57	0.68
钻　杆	kg	0.01	0.02	0.03	0.04
合金钻头	个	3.15	5.20	7.53	10.97
空　心　钢	kg	1.69	3.38	5.31	9.46
炸　药	kg	128.89	158.54	189.48	222.98
雷　管	个	102.59	126.28	150.90	177.57
导电线(导爆管)	m	351.85	544.25	696.59	837.29
其他材料费	%	1	1	1	1
潜　孔　钻　100型	台时	3.57	6.75	9.88	13.12
风　钻　手持式	台时	11.64	28.00	50.72	100.30
轴流通风机 55kW	台时	20.11	25.73	32.59	38.15
修钎设备	台时	0.62	1.30	1.99	3.56
载重汽车 5t	台时	0.41	0.82	0.82	0.82
其他机械费	%	1	1	1	1
石渣运输	m³	112	112	112	112
定　额　编　号		02297	02298	02299	02300

二 - 20 预裂爆破(风钻钻孔)

适用范围:露天作业。

工作内容:钻孔、装药、爆破。

(1)孔深≤1m

单位:100m³

项 目	单位	岩 石 级 别			
		Ⅴ ~ Ⅶ	Ⅷ ~ Ⅹ	Ⅺ ~ Ⅻ	ⅩⅢ ~ ⅩⅤ
人 工	工时	152.3	213.2	284.2	371.9
合金钻头	个	4.58	7.08	9.46	12.62
空 心 钢	kg	1.75	2.85	4.22	6.61
炸 药	kg	47.69	70.76	82.71	93.01
雷 管	个	11.85	13.39	14.42	15.66
导 电 线	m	46.97	51.40	54.69	58.30
其他材料费	%	8	8	8	8
风 钻 手持式	台时	28.46	46.37	68.69	93.11
修钎设备	台时	0.72	1.16	1.73	2.74
载重汽车 5t	台时	1.44	1.44	1.44	1.44
其他机械费	%	2	2	2	2
石渣运输	m³	102	102	102	102
定 额 编 号		02301	02302	02303	02304

注:洞内作业其人工、风钻、修钎设备定额乘以下系数:断面面积≤20m² 为1.64,断面面积>20m² 为1.43,其他材料费、其他机械费均乘系数1.43,其余不变。

(2)孔深 1~2m

项 目	单位	岩 石 级 别			
		V~Ⅶ	Ⅷ~X	Ⅺ~Ⅻ	ⅩⅢ~XV
人 工	工时	156.6	224.8	305.2	422.0
合 金 钻 头	个	4.41	6.80	9.07	12.12
空 心 钢	kg	1.95	3.22	4.84	7.64
炸 药	kg	59.64	88.48	103.31	116.29
雷 管	个	5.67	6.39	6.90	7.52
导 电 线	m	34.20	37.80	40.38	43.16
其他材料费	%	8	8	8	8
风 钻 手持式	台时	31.64	52.51	78.73	124.46
修 钎 设 备	台时	0.79	1.37	2.02	2.89
载 重 汽 车 5t	台时	1.44	1.44	1.44	1.44
其他机械费	%	2	2	2	2
石 渣 运 输	m³	102	102	102	102
定 额 编 号		02305	02306	02307	02308

(3)孔深2~3m

单位:100m³

项 目	单位	岩 石 级 别			
		V ~ Ⅶ	Ⅷ ~ X	Ⅺ ~ Ⅻ	ⅩⅢ ~ ⅩⅤ
人 工	工时	161.0	239.3	332.8	457.5
合 金 钻 头	个	4.24	6.54	8.73	11.66
空 心 钢	kg	2.18	3.69	5.58	8.91
炸 药	kg	62.83	93.22	108.87	122.57
雷 管	个	3.71	4.12	4.43	4.84
导 电 线	m	29.36	32.55	34.92	37.49
其他材料费	%	8	8	8	8
风 钻 手持式	台时	35.47	60.02	90.87	130.02
修 钎 设 备	台时	0.94	1.52	2.31	3.68
载 重 汽 车 5t	台时	1.44	1.44	1.44	1.44
其他机械费	%	2	2	2	2
石 渣 运 输	m³	102	102	102	102
定 额 编 号		02309	02310	02311	02312

·142·

(4)孔深 3~4m

单位:100m³

项　　目	单位	岩 石 级 别			
		V ~ VII	VIII ~ X	XI ~ XII	XIII ~ XV
人　　工	工时	168.2	260.3	370.5	510.4
合 金 钻 头	个	4.02	6.20	8.28	11.05
空 心 钢	kg	2.49	4.30	6.56	10.55
炸　　药	kg	63.86	94.66	110.62	124.42
雷　　管	个	2.58	2.88	3.19	3.40
导 电 线	m	26.27	29.15	31.31	33.68
其他材料费	%	8	8	8	8
风 钻 手持式	台时	40.59	69.85	106.83	150.03
修 钎 设 备	台时	1.01	1.81	2.74	4.41
载 重 汽 车 5t	台时	1.44	1.44	1.44	1.44
其他机械费	%	2	2	2	2
石 渣 运 输	m³	102	102	102	102
定 额 编 号		02313	02314	02315	02316

二-21 预裂爆破(100型潜孔钻钻孔)

工作内容:钻孔、爆破、清理。

(1)孔深≤9m

单位:100m³

项 目	单位	岩 石 级 别			
		V ~ Ⅶ	Ⅷ ~ Ⅹ	Ⅺ ~ Ⅻ	ⅩⅢ ~ ⅩⅤ
人 工	工时	158.5	186.4	234.3	275.3
钻 头 100 型	个	1.08	1.44	1.74	2.12
冲 击 器	套	0.11	0.14	0.18	0.22
钻 杆	kg	2.11	2.37	2.53	2.75
炸 药	kg	33.17	36.46	38.63	40.89
雷 管	个	23.69	27.81	30.59	33.37
导 电 线	m	229.38	269.86	296.85	323.83
其他材料费	%	8	8	8	8
潜 孔 钻 100 型	台时	30.86	41.12	49.73	60.45
载 重 汽 车 5t	台时	1.32	1.32	1.32	1.32
其他机械费	%	2	2	2	2
石 渣 运 输	m³	102	102	102	102
定 额 编 号		02317	02318	02319	02320

(2)孔深 > 9m

单位:100m³

项 目	单位	岩 石 级 别			
		V ～ Ⅶ	Ⅷ ～ Ⅹ	ⅩⅠ ～ Ⅻ	ⅩⅢ ～ ⅩⅤ
人 工	工时	183.9	216.3	271.6	319.4
钻 头 100 型	个	1.08	1.44	1.74	2.12
冲 击 器	套	0.11	0.14	0.18	0.22
钻 杆	kg	2.11	2.37	2.53	2.75
炸 药	kg	36.15	39.76	42.13	44.50
雷 管	个	15.76	18.54	20.39	22.25
导 电 线	m	235.56	277.07	304.78	332.48
其他材料费	%	8	8	8	8
潜 孔 钻 100 型	台时	33.28	44.40	53.70	65.27
载 重 汽 车 5t	台时	1.30	1.30	1.30	1.30
其他机械费	%	2	2	2	2
石 渣 运 输	m³	102	102	102	102
定 额 编 号		02321	02322	02323	02324

二－22 风镐开凿风化岩

适用范围:适用手提式风镐将风化岩石撬松移动,不用爆破。

单位:100m³

项 目	单位	岩 石 级 别			
		V	VI	VII	VIII
人 工	工时	194.3	257.4	349.5	498.8
钢 钎	kg	2.58	2.95	3.63	4.25
其他材料费	%	2	2	2	2
风 镐	台时	48.62	64.89	88.43	126.62
定 额 编 号		02325	02326	02327	02328

二 – 23 液压岩石破碎机破碎岩石

工作内容:装拆合金钎头,破碎岩石、机械移动。

单位:100m³

项　　　目	单位	岩　石　级　别			
		V ~ Ⅶ	Ⅷ ~ X	Ⅺ ~ Ⅻ	ⅩⅢ ~ ⅩⅤ
人　　工	工时	15.5	15.5	15.5	15.5
合金钎头　Φ135~Φ160	个	0.05	0.13	0.20	0.26
其他材料费	%	8	8	8	8
液压岩石破碎机　HB20G	台时	33.86	56.41	63.86	71.31
HB30G	台时	30.88	45.17	50.79	56.41
HB40G	台时	17.81	27.09	32.37	37.65
其他机械费	%	2	2	2	2
定　额　编　号		02329	02330	02331	02332

二 – 24　人工翻扬渠槽石渣

工作内容:人工用锨(锹)直接翻扬至上口侧 1 m 以外。

单位:100m³

项　　　目		单位	岩　石　级　别			
			V ~ Ⅶ	Ⅷ ~ Ⅹ	Ⅺ ~ Ⅻ	ⅩⅢ ~ ⅩⅤ
底宽 ≤0.5m	挖深0.50m　　人工	工时	213.0	251.5	348.9	386.3
	零星材料费	%	3	3	2	2
	定　额　编　号		02333	02334	02335	02336
	挖深1.00m　　人工	工时	325.7	379.5	549.5	608.3
	零星材料费	%	3	2	2	1
	定　额　编　号		02337	02338	02339	02340
底宽 0.5 ~ 1.0m	挖深1.00m　　人工	工时	252.2	293.8	337.8	366.6
	零星材料费	%	3	2	2	2
	定　额　编　号		02341	02342	02343	02344
	挖深2.00m　　人工	工时	313.6	372.8	425.5	471.0
	零星材料费	%	2	2	2	1
	定　额　编　号		02345	02346	02347	02348
底宽 1.0 ~ 2.0m	挖深1.00m　　人工	工时	239.7	279.3	321.0	355.4
	零星材料费	%	3	2	2	1
	定　额　编　号		02349	02350	02351	02352
	挖深2.00m　　人工	工时	298.0	354.4	404.4	446.4
	零星材料费	%	2	2	2	1
	定　额　编　号		02353	02354	02355	02356
底宽 2.0 ~ 3.0m	挖深1.00m　　人工	工时	233.5	272.0	312.6	346.0
	零星材料费	%	3	2	2	2
	定　额　编　号		02357	02358	02359	02360
	挖深2.00m　　人工	工时	290.3	345.1	393.8	435.9
	零星材料费	%	2	2	2	2
	定　额　编　号		02361	02362	02363	02364

注:1. 渠、槽挖深指平均深度。

　　2. 如需装车运输不适用本定额。

二-25 人工挑抬运石渣

工作内容：撬移、解小、清渣、装筐、挑抬运、卸除、空回、平场等。

单位：100m³

岩石级别	项 目	单位	运 距（m）									
			20	30	40	50	60	70	80	90	100
V~Ⅷ	人 工	工时	436.9	488.1	534.5	576.9	619.3	661.7	703.3	742.5	783.3
	零星材料费	%	3	2	2	2	2	2	2	1	1
	定额编号		02365	02366	02367	02368	02369	02370	02371	02372	02373
Ⅸ~Ⅹ	人 工	工时	494.5	532.1	578.5	626.5	672.9	719.3	766.5	806.5	851.3
	零星材料费	%	2	2	2	2	2	2	1	1	1
	定额编号		02374	02375	02376	02377	02378	02379	02380	02381	02382
Ⅺ~Ⅻ	人 工	工时	499.3	559.3	609.7	658.5	708.9	756.1	804.1	848.1	895.3
	零星材料费	%	2	2	2	2	2	2	1	1	1
	定额编号		02383	02384	02385	02386	02387	02388	02389	02390	02391
ⅩⅢ~ⅩⅤ	人 工	工时	523.3	586.5	639.3	690.5	741.7	792.1	840.9	888.9	937.7
	零星材料费	%	2	2	2	2	1	1	1	1	1
	定额编号		02392	02393	02394	02395	02396	02397	02398	02399	02400

二—26 人工装渣胶轮车运输

工作内容：撬移、解小、清渣、运卸、空回、平场等。

单位：100m³

岩石级别	项目	单位	运距(m)					
			50	70	90	110	130	150
V~Ⅷ	人工	工时	394.2	414.7	435.2	455.7	476.1	496.6
	零星材料费	%	2	2	2	2	2	2
	胶轮架子车	台时	118.27	140.32	162.38	184.43	206.49	228.54
	定额编号		02401	02402	02403	02404	02405	02406
Ⅸ~Ⅹ	人工	工时	421.8	443.6	465.4	487.2	509.0	530.8
	零星材料费	%	2	2	2	2	2	2
	胶轮架子车	台时	129.05	152.15	175.24	198.34	221.43	244.53
	定额编号		02407	02408	02409	02410	02411	02412
Ⅺ~Ⅻ	人工	工时	451.1	474.4	497.8	521.1	544.5	567.8
	零星材料费	%	2	2	2	2	2	2
	胶轮架子车	台时	135.41	160.66	185.92	211.17	236.42	261.67
	定额编号		02413	02414	02415	02416	02417	02418
ⅩⅢ~ⅩⅤ	人工	工时	484.4	508.8	533.2	557.6	582.0	606.3
	零星材料费	%	2	2	2	2	2	2
	胶轮架子车	台时	145.72	172.91	200.11	227.31	254.51	281.70
	定额编号		02419	02420	02421	02422	02423	02424

注：洞内施工人工、机械定额乘1.25系数。

二—27 人工装渣轻轨斗车运输

工作内容：撬移、解小、扒渣、清底、10m 以内装车、运渣、卸渣、空回、卸渣场平场、搬道岔等。

单位：100m³

岩石级别	项目	单位	运距(m) 50	70	90	110	130	150
V~Ⅷ	人工	工时	364.1	368.5	372.9	377.3	381.7	386.1
	零星材料费	%	3	3	3	3	3	3
	V型斗车 0.6m³	台时	35.25	37.11	38.98	40.84	42.70	44.57
	定额编号		02425	02426	02427	02428	02429	02430
Ⅸ~X	人工	工时	386.1	390.6	395.2	399.7	404.3	408.8
	零星材料费	%	3	3	3	3	3	3
	V型斗车 0.6m³	台时	37.34	39.32	41.30	43.28	45.26	47.24
	定额编号		02431	02432	02433	02434	02435	02436
Ⅺ~Ⅻ	人工	工时	408.8	413.7	418.6	423.5	428.3	433.2
	零星材料费	%	3	3	3	3	3	3
	V型斗车 0.6m³	台时	39.58	41.68	43.77	45.87	47.96	50.06
	定额编号		02437	02438	02439	02440	02441	02442
XIII~XV	人工	工时	446.2	451.3	456.3	461.3	466.4	471.4
	零星材料费	%	3	3	3	3	3	3
	V型斗车 0.6m³	台时	42.62	44.91	47.21	49.51	51.80	54.10
	定额编号		02443	02444	02445	02446	02447	02448

注：洞内施工人工、机械定额乘 1.25 系数。

二－28 人工装渣卷扬机牵引斗车运输

适用范围:斜坡道。

工作内容:人工装卸、卷扬机牵引斗车运输、空回。

(1)坡度≤10°

单位:100m³

项　目		单位	露　天					洞　内				
			斜距100m			每增运20m		斜距100m				每增运20m
			岩　石　级　别					岩　石　级　别				
			V～Ⅷ	Ⅸ～Ⅹ	Ⅺ～Ⅻ	ⅩⅢ～ⅩⅤ		V～Ⅷ	Ⅸ～Ⅹ	Ⅺ～Ⅻ	ⅩⅢ～ⅩⅤ	
人　工		工时	308.0	328.8	352.8	376.0		384.0	410.4	440.1	478.5	
零星材料费		%	3	3	3	3		2	2	2	2	
卷扬机	22kW	台时	6.52	6.52	6.52	6.52	0.76	8.14	8.14	8.14	8.14	0.96
	37kW	台时	4.35	4.35	4.35	4.35	0.51	5.41	5.41	5.41	5.41	0.66
斗　车	0.6m³	台时	78.07	78.07	78.07	78.07	9.46	97.59	97.59	97.59	97.59	11.83
定　额　编　号			02449	02450	02451	02452	02453	02454	02455	02456	02457	02458

注:不包括水平运输,下同。

（2）坡度 10°~20°

单位:100m³

项目	单位	露天 斜距100m 岩石级别				每增运 20m	洞内 斜距100m 岩石级别				每增运 20m
		V~VIII	IX~X	XI~XII	XIII~XV		V~VIII	IX~X	XI~XII	XIII~XV	
人工	工时	316.8	336.8	362.4	389.6		395.2	421.6	452.1	486.5	
零星材料费	%	3	3	3	3		2	2	2	2	
卷扬机 22kW	台时	7.89	7.89	7.89	7.89	0.91	9.86	9.86	9.86	9.86	1.16
37kW	台时	5.31	5.31	5.31	5.31	0.66	6.62	6.62	6.62	6.62	0.81
斗车 0.6m³	台时	95.41	95.41	95.41	95.41	11.68	119.28	119.28	119.28	119.28	14.61
定额编号		02459	02460	02461	02462	02463	02464	02465	02466	02467	02468

（3）坡度 20°~30°

单位:100m³

项　目	单位	露　天 斜距100m 岩石级别				每增运20m	洞　内 斜距100m 岩石级别				每增运20m
		V~VIII	IX~X	XI~XII	XIII~XV		V~VIII	IX~X	XI~XII	XIII~XV	
人　工	工时	324.0	344.8	368.0	396.0		404.0	430.5	459.3	494.5	
零星材料费	%	3	3	3	3		2	2	2	2	
卷扬机 22kW	台时	9.00	9.00	9.00	9.00	1.11	11.28	11.28	11.28	11.28	1.37
37kW	台时	6.02	6.02	6.02	6.02	0.71	7.53	7.53	7.53	7.53	0.91
斗车 0.6m³	台时	108.41	108.41	108.41	108.41	13.10	135.51	135.51	135.51	135.51	16.38
定额编号		02469	02470	02471	02472	02473	02474	02475	02476	02477	02478

（4）坡度 30°～45°

单位:100m³

项　目	单位	露　天					洞　内				
		斜距100m				每增运20m	斜距100m				每增运20m
		岩　石　级　别					岩　石　级　别				
		V～Ⅷ	Ⅸ～Ⅹ	Ⅺ～Ⅻ	ⅩⅢ～ⅩⅤ		V～Ⅷ	Ⅸ～Ⅹ	Ⅺ～Ⅻ	ⅩⅢ～ⅩⅤ	
人　工	工时	333.6	354.4	376.0	408.0		416.8	442.5	469.7	509.7	
零星材料费	%	3	3	3	3		2	2	2	2	
卷扬机 22kW	台时	10.57	10.57	10.57	10.57	1.26	13.20	13.20	13.20	13.20	1.57
37kW	台时	7.03	7.03	7.03	7.03	0.86	8.80	8.80	8.80	8.80	1.06
斗车 0.6m³	台时	126.46	126.46	126.46	126.46	15.27	158.06	158.06	158.06	158.06	19.11
定额编号		02479	02480	02481	02482	02483	02484	02485	02486	02487	02488

注:本定额不包括水平运输。

· 155 ·

二—29　人工装渣卷扬机牵引双胶轮车运输

适用范围：斜坡道。

工作内容：挂钩、运送、搬钩、清扫坡道。

(1) 坡度≤10°

单位：100m³

项　目	单位	露　天 斜距100m 岩石级别				每增运 20m	洞　内 斜距100m 岩石级别				每增运 20m
		V~VIII	IX~X	XI~XII	XIII~XV		V~VIII	IX~X	XI~XII	XIII~XV	
人　工	工时	190.4	201.6	213.6	232.0	19.2	218.4	231.2	245.6	266.4	25.6
零星材料费	%	4	4	4	4		4	4	4	4	
卷扬机 11kW	台时	9.91	9.91	9.91	9.91	2.02	11.38	11.38	11.38	11.38	2.33
卷扬机 22kW	台时	4.96	4.96	4.96	4.96	1.01	5.71	5.71	5.71	5.71	1.16
双胶轮车	台时	59.46	59.46	59.46	59.46	12.13	68.36	68.36	68.36	68.36	13.96
定额编号		02489	02490	02491	02492	02493	02494	02495	02496	02497	02498

注：本定额不包括水平运输，下同。

(2) 坡度 10°~20°

单位:100m³

项目	单位	露天					洞内				
		斜距100m				每增运20m	斜距100m				每增运20m
		岩石级别					岩石级别				
		V~Ⅷ	Ⅸ~Ⅹ	Ⅺ~Ⅻ	ⅩⅢ~ⅩⅤ		V~Ⅷ	Ⅸ~Ⅹ	Ⅺ~Ⅻ	ⅩⅢ~ⅩⅤ	
人 工	工时	218.4	231.2	245.6	266.4	25.6	251.2	265.6	282.4	306.4	29.3
零星材料费	%	4	4	4	4		4	4	4	4	
卷扬机 11kW	台时	11.93	11.93	11.93	11.93	2.93	13.70	13.70	13.70	13.70	3.39
22kW	台时	5.97	5.97	5.97	5.97	1.47	6.88	6.88	6.88	6.88	1.67
双胶轮车	台时	71.34	71.34	71.34	71.34	14.66	82.06	82.06	82.06	82.06	16.89
定额编号		02499	02500	02501	02502	02503	02504	02505	02506	02507	02508

(3)坡度20°~30°

单位：100m³

项目	单位	露天 斜距100m				每增运20m	洞内 斜距100m				每增运20m
		岩石级别					岩石级别				
		V~Ⅷ	Ⅸ~Ⅹ	Ⅺ~Ⅻ	ⅩⅢ~ⅩⅤ		V~Ⅷ	Ⅸ~Ⅹ	Ⅺ~Ⅻ	ⅩⅢ~ⅩⅤ	
人工	工时	251.2	265.6	282.4	306.4	29.3	288.8	304.8	324.8	352.0	33.8
零星材料费	%	4	4	4	4		4	4	4	4	
卷扬机 11kW	台时	14.31	14.31	14.31	14.31	3.54	16.43	16.43	16.43	16.43	4.10
22kW	台时	7.18	7.18	7.18	7.18	1.77	8.24	8.24	8.24	8.24	2.02
双胶轮车	台时	85.60	85.60	85.60	85.60	17.60	98.44	98.44	98.44	98.44	20.22
定额编号		02509	02510	02511	02512	02513	02514	02515	02516	02517	02518

(4) 坡度 30°~45°

单位:100m³

项目	单位	露天					洞内				
		斜距100m				每增运20m	斜距100m				每增运20m
		岩石级别					岩石级别				
		V~VIII	IX~X	XI~XII	XIII~XV		V~VIII	IX~X	XI~XII	XIII~XV	
人 工	工时	288.8	304.8	324.8	352.0	33.8	332.0	350.4	372.8	404.8	39.3
零星材料费	%	4	4	4	4		4	4	4	4	
卷扬机 11kW	台时	17.19	17.19	17.19	17.19	4.25	19.77	19.77	19.77	19.77	4.90
22kW	台时	8.60	8.60	8.60	8.60	2.12	9.91	9.91	9.91	9.91	2.43
双胶轮车	台时	102.74	102.74	102.74	102.74	21.14	118.16	118.16	118.16	118.16	24.32
定额编号		02519	02520	02521	02522	02523	02524	02525	02526	02527	02528

二 –30 人工装渣卷扬机牵引吊斗运输

适用范围:洞内作业。

工作内容:撬移、解小、装斗、起吊、卸石于井口。

单位:100m³

项 目	单位	运距50m 以内		
		V ~ Ⅶ	Ⅷ ~ X	Ⅺ ~ XV
人 工	工时	556.8	607.0	668.2
零星材料费	%	6	6	6
卷 扬 机 5t	台时	26.26	26.26	26.26
吊 斗 0.6m³	台时	87.19	87.19	87.19
1.0m³	台时	52.52	52.52	52.52
定 额 编 号		02529	02530	02531

二－31　人工装渣手扶拖拉机运输

工作内容:装、运、卸、空回。

单位:100m³

项　　目	单位	运　　距(m)							
		50	100	150	200	300	400
人　　工	工时	373.2	373.2	373.2	373.2	373.2	373.2
零星材料费	%	1	1	1	1	1	1
手扶拖拉机　11kW	台时	80.25	83.14	86.03	88.71	93.91	98.88
定　额　编　号		02532	02533	02534	02535	02536	02537

二－32　人工装渣拖拉机运输

工作内容：装、运、卸、空回。

单位：100m³

项　　目	单位	运　　距（km）						每增运 1km
		0.5	1.0	2.0	3.0	4.0	
人　　工	工时	336.3	336.3	336.3	336.3	336.3	
零星材料费	%	1	1	1	1	1	
拖拉机 20kW	台时	76.54	83.59	99.85	111.87	123.31	11.44
26kW	台时	59.11	63.88	74.79	82.69	90.31	7.63
37kW	台时	48.47	52.02	60.12	66.16	71.83	5.67
定额编号		02538	02539	02540	02541	02542	02543

二－33　人工装渣机动翻斗车运输

工作内容：装、运、卸、空回。

单位：100m³

项　　目	单位	运　　距(m)							
		50	100	150	200	300	400
人　　工	工时	251.6	251.6	251.6	251.6	251.6	251.6
零星材料费	%	2	2	2	2	2	2
机动翻斗车　1t	台时	73.34	79.36	84.78	90.00	95.02	99.83
定　额　编　号		02544	02545	02546	02547	02548	02549

二-34 人工装渣载重汽车运输

工作内容:装、运、卸、空回。

单位:100m³

项　目	单位	0.5	运　距(km) 1.0	2.0	3.0	4.0	每增运 1km
人　工	工时	392.4	392.4	392.4	392.4	392.4	
零星材料费	%	1	1	1	1	1	
载重汽车 2.0t	台时	74.10	80.25	94.28	104.52	114.45	9.33
2.5t	台时	65.96	70.87	82.14	90.34	98.21	7.60
定　额　编　号		02550	02551	02552	02553	02554	02555

二-35 装岩机装渣人工推轻轨斗车运输

单位:100m³

工作内容:撬移、解小、扒渣、装车、运卸、空回、平场、搬道岔等。

项目	单位	露天			洞内					
					开挖断面面积≤20m²			开挖断面面积>20m²		
		运距(m)								
		50	100	每增运50m	50	100	每增运50m	50	100	每增运50m
人工	工时	143.1	156.9	8.7	199.4	219.9	20.4	166.3	183.3	17.0
零星材料费	%	3	3		3	3		3	3	
装岩机 0.2m³	台时	12.51	12.51		20.25	20.25		18.43	18.43	
V型斗车 0.6m³	台时	36.78	44.14	7.36	77.36	94.58	17.22	64.47	78.80	14.33
定额编号		02556	02557	02558	02559	02560	02561	02562	02563	02564

二－36 装岩机装渣蓄电池车牵引斗车运输

适用范围:洞内作业。

工作内容:撬移、解小、扒渣、清底、10m 以内装车、运渣、卸渣、空回、卸渣场平场、搬道岔等。

单位:100m³

项　　目	单位	断面面积≤20m²		断面面积＞20m²	
		运　　距(km)			
		≤1.5	1.5~4.0	≤1.5	1.5~4.0
人　　工	工时	315.3	392.9	249.3	311.7
零星材料费	%	1	1	1	1
装　岩　机　0.2m³	台时	30.03	30.03	21.48	21.48
蓄电池车　8t	台时	30.03	60.07	21.48	42.96
V 型斗车　0.6m³	台时	300.34	450.51	214.79	323.09
定　额　编　号		02565	02566	02567	02568

二－37 推土机推运石渣

适用范围：露天作业。
工作内容：推运、推集、空回。

单位：100m³

项　目	单位	推运距离（km）									每增运 20m
		20	30	40	50	60	70	80	90	100	
人　工	工时	10.4	10.4	10.4	10.4	10.4	10.4	10.4	10.4	10.4	
零星材料费	%	8	8	8	8	8	8	6	6	6	
推土机 74kW	台时	3.98	5.19	6.40	7.48	8.36	9.71	10.92	11.87	13.21	2.16
88kW	台时	3.84	4.99	6.20	7.28	8.16	9.44	10.45	11.39	12.74	1.96
103kW	台时	3.57	4.65	5.66	6.67	7.42	8.76	9.84	10.18	11.80	1.75
118kW	台时	3.37	4.52	5.33	6.20	7.15	8.09	9.30	9.98	10.85	1.62
定额编号		02569	02570	02571	02572	02573	02574	02575	02576	02577	02578

二 - 38 挖掘机挖甩石渣

适用范围:反铲挖掘机挖石渣。

工作内容:挖装、堆放于坑、槽1m之外。

单位:100m³

项　　目	单位	
人　　工	工时	12.4
零星材料费	%	3
挖　掘　机　1m³	台时	2.08
定　额　编　号		02579

二 - 39　挖掘机装渣自卸汽车运输

适用范围:露天作业。

工作内容:挖装、运输、自卸、空回。

(1)1m³ 挖掘机

单位:100m³

项　　　目	单位	运　距(km)					每增运 1km
		0.5	1.0	2.0	3.0	4.0	
人　　工	工时	11.7	11.7	11.7	11.7	11.7	
零星材料费	%	2	2	2	2	2	
挖掘机 1m³	台时	3.13	3.13	3.13	3.13	3.13	
推土机 59kW	台时	1.99	1.99	1.99	1.99	1.99	
自卸汽车 3.5t	台时	18.39	23.09	28.00	35.53	41.95	6.32
5t	台时	13.95	17.29	20.69	25.86	30.25	4.34
8t	台时	10.24	12.33	14.52	17.87	20.59	2.77
10t	台时	9.67	11.34	13.17	15.83	18.03	2.25
定 额 编 号		02580	02581	02582	02583	02584	02585

(2)1.2m³ 挖掘机

单位:100m³

项 目	单位	运 距(km)						每增运 1km
		0.5	1.0	2.0	3.0	4.0		
人 工	工时	10.4	10.4	10.4	10.4	10.4	
零星材料费	%	2	2	2	2	2	
挖 掘 机 1.2m³	台时	2.63	2.63	2.63	2.63	2.63	
推 土 机 59kW	台时	1.67	1.67	1.67	1.67	1.67	
自卸汽车 3.5t	台时	17.29	22.00	28.32	34.48	40.86	6.32
5t	台时	13.53	16.77	21.11	25.29	29.73	4.34
8t	台时	9.72	11.76	14.52	17.24	20.06	2.77
10t	台时	9.14	10.82	13.06	15.15	17.50	2.25
12t	台时	7.89	9.30	11.08	12.91	14.73	1.83
定 额 编 号		02586	02587	02588	02589	02590	02591

(3)2m³ 挖掘机

单位:100m³

项 目	单位	运 距（km） 0.5	1.0	2.0	3.0	4.0	每增运 1km
人 工	工时	6.4	6.4	6.4	6.4	6.4	
零星材料费	%	2	2	2	2	2	
挖 掘 机 2m³	台时	1.99	1.99	1.99	1.99	1.99	
推 土 机 74kW	台时	0.99	0.99	0.99	0.99	0.99	
自卸汽车 3.5t	台时	15.36	20.06	26.33	32.50	38.92	6.32
5t	台时	11.60	14.84	19.17	23.41	27.80	4.34
8t	台时	8.73	10.76	13.53	16.25	19.07	2.77
10t	台时	8.10	9.77	11.96	14.16	16.46	2.25
12t	台时	6.95	8.31	10.14	11.91	13.74	1.83
15t	台时	5.99	7.10	8.57	10.04	11.57	1.52
定 额 编 号		02592	02593	02594	02595	02596	02597

二—40 装载机装渣自卸汽车运输

适用范围：露天作业。

工作内容：挖装、运输、自卸、空回。

(1)1m³装载机

单位：100m³

项　目	单位	运　距(km)						每增运 1km
		0.5	1.0	2.0	3.0	4.0		
人　工	工时	12.3	12.3	12.3	12.3	12.3		
零星材料费	%	2	2	2	2	2		
装载机 1m³	台时	4.18	4.18	4.18	4.18	4.18		5.97
推土机 59kW	台时	2.05	2.05	2.05	2.05	2.05		
自卸汽车 3.5t	台时	20.98	25.91	31.06	38.95	45.68		5.97
5t	台时	15.88	19.28	22.79	28.21	32.87		4.09
8t	台时	12.00	14.19	16.49	19.94	22.90		2.61
10t	台时	11.45	13.20	15.06	17.80	20.21		2.12
12t	台时	10.13	11.56	13.09	15.34	17.31		1.73
15t	台时	8.87	9.97	10.79	11.56	13.04		1.48
定　额　编　号		02598	02599	02600	02601	02602		02603

(2)2m³ 装载机

单位:100m³

项 目		单位	运 距(km)					每增运 1km
			0.5	1.0	2.0	3.0	4.0	
人 工		工时	7.0	7.0	7.0	7.0	7.0	
零星材料费		%	2	2	2	2	2	
装 载 机	2m³	台时	2.29	2.29	2.29	2.29	2.29	
推 土 机	74kW	台时	1.16	1.16	1.16	1.16	1.16	
自 卸 汽 车	3.5t	台时	17.48	22.46	27.66	35.63	42.43	6.02
	5t	台时	13.66	17.04	19.14	26.11	30.76	4.13
	8t	台时	9.90	12.12	14.38	17.87	20.86	2.64
	10t	台时	9.29	11.01	12.89	15.71	18.09	2.14
	12t	台时	8.02	9.46	11.01	13.28	15.27	1.74
	15t	台时	7.25	8.46	9.79	10.94	12.59	1.49
定 额 编 号			02604	02605	02606	02607	02608	02609

第三章

混凝土工程

说　明

一、本章包括现浇混凝土、预制混凝土、混凝土拌和、运输,钢筋制安等定额共 73 节 285 个子目。

二、混凝土的计量单位除注明者外,均为建筑物或构筑物的成品实体方。

三、定额中的模板已综合考虑了平面、曲面等模板的摊销量,使用定额时不作调整。

四、定额中的模板材料均按预算消耗量计算,包括制作、安装、拆除、维修的消耗、损耗,并考虑了周转和回收。

五、材料定额中的"混凝土"一项,是指完成单位产品所需的混凝土成品量,其中包括干缩、运输、浇筑和超填等损耗的消耗量。混凝土半成品的单价,为配制混凝土所需水泥、骨料、水、掺合料及其外加剂等的费用之和。各项材料的用量定额按试验资料计算;无试验资料时,可按本定额附录中的混凝土材料配合比表列示量取用。

六、混凝土拌制

1.混凝土拌制定额均以半成品方为计量单位,不包括干缩、运输、浇筑和超填等损耗的消耗量在内。

2.混凝土拌制费用,根据设计选定的搅拌机械类型按相应定额计算综合单价。

七、混凝土运输

1.现浇混凝土运输,指混凝土自搅拌楼或搅拌机出料口至浇筑现场工作面的全部水平和垂直运输。

2.预制混凝土构件运输,指预制场至安装场之间的运输。预制混凝土构件在预制场和安装现场的运输,包括在预制及安装定额内。

3.混凝土运输定额均以半成品方为计量单位,不包括干缩、运输、浇筑和超填等损耗的消耗量在内。

4.混凝土和预制混凝土构件运输,应根据设计选定的运输方式、设备型号规格,按本章运输定额计算。

八、混凝土浇筑

1.混凝土浇筑定额中包括浇筑和工作面运输所需全部人工、材料和机械的数量及费用。

2.地下工程混凝土浇筑施工照明用电,已计入浇筑定额的其他材料费中。

3.平洞、竖井、地下厂房、渠道等混凝土衬砌定额中所列示的开挖断面和衬砌厚度按设计尺寸选取。设计厚度不符时,可用插入法计算。

4.混凝土构件预制及安装定额,包括预制及安装过程中所需人工、材料、机械的数量和费用。若预制混凝土构件单位重量超过定额中起重机械起重量时,可用相应起重量机械替换,台时数不作调整。

九、预制混凝土定额中的模板材料为单位混凝土成品方的摊销量,已考虑周转。

十、混凝土拌制及浇筑定额中,不包括骨料预冷、加冰、通水等温控所需人工、材料、机械的数量和费用。

十一、平洞衬砌定额,适用于水平夹角小于和等于6°单独作业的平洞。如开挖、衬砌平行作业时,按平洞定额的人工和机械定额乘1.1系数;水平夹角大于6°时按斜井衬砌计。

十二、如设计采用耐磨混凝土、钢纤维混凝土、硅粉混凝土、铁矿石混凝土、高强混凝土、膨胀混凝土等特种混凝土时,其材料配合比采用试验资料计算。

十三、钢筋制作安装

钢筋的制作安装定额综合了不同部位、型号及规格,其钢筋定额消耗量已包括钢筋制作与安装过程中的加工损耗、搭接损耗及施工架立筋附加量。

三 –1　重力坝

适用范围:重力坝、拱形重力坝。

单位:100m³

项　　目	单位	数量
人　　工	工时	413.8
板 枋 材	m³	0.21
组合钢模板	kg	110.07
铁件及预埋铁件	kg	81.40
电 焊 条	kg	1.43
预制混凝土柱	m³	0.15
混 凝 土	m³	105
水	m³	91.80
其他材料费	%	1
载重汽车 5t	台时	1.79
汽车起重机 8t	台时	4.17
电 焊 机 16～30kW	台时	3.49
振 捣 器 变频4.5kW	台时	6.08
离 心 水 泵 单级双吸20～55kW	台时	6.39
风 水 枪	台时	12.78
其他机械费	%	8
混凝土拌制	m³	105
混凝土运输	m³	105
定额编号		03001

三 - 2 重力拱坝

适用范围:重力拱坝。

单位:100m³

项　目	单位	数量
人　工	工时	426.0
板 枋 材	m³	0.24
组合钢模板	kg	112.73
铁件及预埋铁件	kg	82.17
电 焊 条	kg	1.53
预制混凝土柱	m³	0.16
混 凝 土	m³	105
水	m³	91.80
其他材料费	%	1
载 重 汽 车　5t	台时	1.70
汽车起重机　8t	台时	4.17
电 焊 机　16~30kW	台时	3.58
振 捣 器　变频4.5kW	台时	6.80
离 心 水 泵　单级双吸20~55kW	台时	6.39
风 水 枪	台时	12.78
其他机械费	%	8
混凝土拌制	m³	105
混凝土运输	m³	105
定 额 编 号		03002

三-3 毛石混凝土坝

适用范围:毛石混凝土坝。

工作内容:凿毛、冲洗、清理、混凝土拌制、浇筑、铺放毛石、振捣、养护等。

单位:100m³

项 目	单位	数量
人 工	工时	590.6
组合钢模板	kg	109.53
铁件及预埋铁件	kg	81.00
电 焊 条	kg	1.42
水	kg	77.00
混 凝 土	m³	82.00
毛 石	m³	32.00
砂 浆	m³	3.00
其他材料费	%	1
载重汽车 5t	台时	1.74
汽车起重机 8t	台时	4.05
电 焊 机 16~30kW	台时	3.66
振 捣 器 变频4.5kW	台时	6.56
风 水 枪	台时	10.18
其他机械费	%	6
混凝土拌制	m³	82
混凝土运输	m³	82
定额编号		03003

三 – 4　堆石坝面板

适用范围:混凝土面板堆石坝,滑模施工。

工作内容:钢滑模安装、滑升、拆除等。

单位:100m³

项　　目	单位	数量
人　　工	工时	1251.3
板　枋　材	m³	0.19
组合钢模板	kg	288.59
铁件及预埋铁件	kg	24.45
电　焊　条	kg	0.49
预制混凝土柱	m³	0.05
混　凝　土	m³	104
水	m³	91.80
其他材料费	%	1
载重汽车　5t	台时	2.13
汽车起重机　8t	台时	8.52
电　焊　机　16~30kW	台时	1.11
振　捣　器　插入式2.2kW	台时	60.65
离心水泵　7kW	台时	15.84
其他机械费	%	6
混凝土拌制	m³	104
混凝土运输	m³	104
定额编号		03004

三—5 地面厂房

适用范围：河床式、坝后式、引水式地面厂房。

单位：100m³

项目	单位	厂房机组段 上部	厂房机组段 下部 机组段宽（m） 30 以下	厂房机组段 下部 机组段宽（m） 30 以上	河床式厂房进出口 上部	河床式厂房进出口 下部
人工	工时	1694.6	616.4	699.5	675.8	343.0
板枋材	m³	1.57	0.79	0.85	0.67	0.23
组合钢模板	kg	613.22	168.68	182.18	367.50	125.60
铁件及预埋铁件	kg	1115.97	616.38	665.69	655.23	203.34
电焊条	kg	8.26	2.61	2.81	5.65	1.42
预制混凝土柱	m³	1.62	0.76	0.82	1.03	0.34
混凝土	m³	106	106	106	106	106
水	m³	103.00	103.00	103.00	103.00	103.00
其他材料费	%	2	1	1	2	1
载重汽车 5t	台时	5.83	2.28	2.44	2.36	0.87
汽车起重机 8t	台时	37.41	15.39	16.55	23.01	7.78
电焊机 16~30kW	台时	59.22	5.79	6.27	14.22	4.34
振捣器 插入式2.2kW	台时	90.63	44.69	44.69	56.03	44.69
离心水泵 单级双吸20~55kW	台时	16.55	16.55	16.55	8.28	8.28
风水枪	台时				16.55	16.55
其他机械费	%	12	7	7	8	12
混凝土拌制	m³	106	106	106	106	106
混凝土运输	m³	106	106	106	106	106
定额编号		03005	03006	03007	03008	03009

三 − 6　厂房网架

单位:t

项　　目	单位	数量
人　　工	工时	627.9
型　　钢	kg	0.12
镀锌螺栓	kg	22.29
钢　　管	t	0.77
铁　　件	kg	0.37
铁　　丝	kg	9.70
电　焊　条	kg	63.64
油　　漆	kg	25.42
钢　　球	t	0.12
其他材料费	%	2
载重汽车　4t	台时	0.69
平板挂车　20t	台时	0.04
汽车拖车头　20t	台时	0.04
履带起重机　油动25t	台时	0.80
汽车起重机　5t	台时	0.92
汽车起重机　8t	台时	0.28
汽车起重机　16t	台时	0.03
灰浆搅拌机	台时	2.31
电焊机　50kVA	台时	13.63
其他机械费	%	2
定额编号		03010

三 -7 泵 站

工作内容:模板制作、安装、拆除、修理、运输。混凝土生熟料运输、拌和、
浇筑、抹面、清理、凿毛、养护等。

单位:100m³

项　目	单位	下部	中部	上部
人　工	工时	1542.5	1711.6	2399.6
板枋材	m³	0.03	1.25	0.98
组合钢模板	kg	21.25	97.61	523.99
铁件及预埋铁件	kg	68.58	646.60	1621.76
电焊条	kg	1.21	5.86	31.01
预制混凝土柱	m³	0.06	0.88	1.77
混凝土	m³	108.0	108.0	104.0
水	m³	101.00	101.00	101.00
其他材料费	%	2	2	2
搅拌机 0.4m³	台时	24.96	27.51	31.43
振捣器 插入式2.2kW	台时	23.51	45.48	71.29
V型斗车 0.6m³	台时	143.10	143.10	143.10
胶轮车	台时	128.11	147.18	140.03
电焊机 16~30kW	台时	1.70	7.92	21.38
载重汽车 5t	台时	0.21	0.98	5.28
汽车起重机 5t	台时	0.09	0.51	2.64
风水枪	台时	12.89	6.44	3.10
其他机械费	%	15	10	10
混凝土运输	m³	108	108	104
定额编号		03011	03012	03013

三 – 8 水闸闸墩

适用范围:水闸、坝及溢洪道闸墩。

(1)整墩

单位:100m³

项　目	单位	墩厚(m)				
		1.2	1.4	1.6	1.8	2.0
人　工	工时	1758.1	1667.5	1576.9	1431.9	1323.1
板 枋 材	m³	0.67	0.61	0.54	0.44	0.37
组合钢模板	kg	342.83	309.08	275.33	225.36	188.03
铁件及预埋铁件	kg	359.28	323.38	287.47	236.15	195.19
电 焊 条	kg	6.17	5.65	5.13	4.98	4.82
预制混凝土柱	m³	0.67	0.62	0.56	0.54	0.52
混 凝 土	m³	105	105	105	105	105
水	m³	91.80	91.80	91.80	91.80	91.80
其他材料费	%	2	2	2	2	2
载重汽车 5t	台时	3.96	3.96	3.96	3.96	3.96
汽车起重机 8t	台时	7.48	7.48	7.48	7.48	7.48
电焊机 16~30kW	台时	14.44	13.20	11.95	11.61	11.26
振捣器 插入式2.2kW	台时	30.44	30.44	30.44	30.44	30.44
离心水泵 单级7kW	台时	19.35	19.35	19.35	19.35	19.35
风 水 枪	台时	15.48	15.48	15.48	15.48	15.48
其他机械费	%	13	13	13	13	13
混凝土拌制	m³	105	105	105	105	105
混凝土运输	m³	105	105	105	105	105
定额编号		03014	03015	03016	03017	03018

（2）半墩

项 目	单位	墩厚（m）			
		0.8	1.0	1.2	1.4
人 工	工时	1803.4	1658.4	1495.3	1368.4
板 枋 材	m³	0.69	0.60	0.49	0.40
组合钢模板	kg	359.51	305.38	219.77	205.69
铁件及预埋铁件	kg	369.55	308.08	256.65	205.45
电 焊 条	kg	6.62	5.71	5.56	5.51
预制混凝土柱	m³	0.72	0.61	0.58	0.56
混 凝 土	m³	105	105	105	105
水	m³	91.80	91.80	91.80	91.80
其他材料费	%	2	2	2	2
载 重 汽 车 5t	台时	3.96	3.96	3.96	3.96
汽车起重机 8t	台时	7.48	7.48	7.48	7.48
电 焊 机 16~30kW	台时	15.48	13.15	12.38	12.04
振 捣 器 插入式2.2kW	台时	40.58	40.58	40.58	40.58
离 心 水 泵 单级7kW	台时	19.35	19.35	19.35	19.35
风 水 枪	台时	15.48	15.48	15.48	15.48
其他机械费	%	6	14	14	14
混凝土拌制	m³	105	105	105	105
混凝土运输	m³	105	105	105	105
定 额 编 号		03019	03020	03021	03022

三 - 9 水闸胸墙

适用范围:水闸胸墙。

单位:100m³

项　目	单位	板梁式	板式
人　工	工时	1189.5	1145.2
板　枋　材	m³	1.52	1.25
组合钢模板	kg	407.29	357.11
铁件及预埋铁件	kg	282.85	248.04
电　焊　条	kg	4.88	4.28
预制混凝土柱	m³	0.54	0.47
混　凝　土	m³	106	106
水	m³	103.00	103.00
其他材料费	%	2	2
载重汽车　5t	台时	4.38	3.85
汽车起重机　5t	台时	0.44	0.35
振　捣　器　插入式2.2kW	台时	62.36	62.36
电　焊　机　16~30kW	台时	11.47	10.07
离心水泵　单级7~17kW	台时	19.71	19.71
风　水　枪	台时	15.77	15.77
其他机械费	%	19	19
混凝土拌制	m³	106	106
混凝土运输	m³	106	106
定　额　编　号		03023	03024

三－10 挡土墙、岸墙和翼墙

适用范围:水闸、中小型船闸、溢洪道及一般挡土墙、岸墙和翼墙。

单位:100m³

项　　目	单位	重力式	悬臂式	扶垛式	空箱式 墙高(m) 10以下	空箱式 墙高(m) 10以上	连底式岸墙直墙部分
人　　工	工时	896.2	995.2	996.7	1023.3	1009.2	916.1
板 枋 材	m³	0.27	0.60	0.63	0.75	0.71	0.38
组合钢模板	kg	56.50	129.59	136.25	119.63	112.99	73.10
铁件及预埋铁件	kg	33.33	76.29	80.21	70.42	66.51	43.03
电 焊 条	kg	0.68	1.56	1.64	1.43	1.36	0.88
预制混凝土柱	m³	0.07	0.15	0.16	0.14	0.13	0.09
混 凝 土	m³	106	106	106	106	106	106
水	m³	103.00	103.00	103.00	103.00	103.00	103.00
其他材料费	%	1	1	1	1	1	1
载重汽车　5t	台时	1.05	2.45	2.54	2.28	2.10	1.40
汽车起重机　5t	台时	0.09	0.18	0.18	0.09	0.09	0.09
电 焊 机　16~30kW	台时	1.58	3.68	3.85	3.42	3.24	2.10
振 捣 器　插入式2.2kW	台时	62.36	62.36	62.36	62.36	62.36	62.36
离 心 水 泵　单级7~17kW	台时	16.29	16.29	16.29	16.29	16.29	16.29
风 水 枪	台时	19.60	19.60	19.60	19.60	19.60	19.60
其他机械费	%	3	3	3	3	3	3
混凝土拌制	m³	106	106	106	106	106	106
混凝土运输	m³	106	106	106	106	106	106
定 额 编 号		03025	03026	03027	03028	03029	03030

三 – 11 水闸底板、垫层、护坦、消力坎

适用范围:底板、垫层、护坦、消力坎、趾板、梯步。

工作内容:模板制作、安装、拆除、凿毛、清洗、浇筑、养护等。

单位:100m³

项 目	单位	底板 浇筑仓面面积(m²) 400 以下	底板 浇筑仓面面积(m²) 400 以上	垫层	护坦	消力坎
人 工	工时	864.6	795.0	1526.0	477.6	1158.4
板 枋 材	m³	0.52	0.32	0.03	0.02	0.94
组合钢模板	kg	98.48	62.64	6.65	6.26	121.24
铁件及预埋铁件	kg	60.54	38.52	3.90	4.35	123.98
电 焊 条	kg	1.18	0.75	0.08	0.07	1.45
预制混凝土柱	m³	0.12	0.07	0.01	0.01	0.13
混 凝 土	m³	106	106	106	106	106
水	m³	103.00	103.00	103.00	103.00	103.00
其他材料费	%	1	1	1	1	1
载重汽车 5t	台时	0.17	0.09	0.09	0.09	2.78
汽车起重机 5t	台时	0.09	0.09	0.17	0.09	1.91
振捣器 插入式2.2kW	台时			46.34	46.34	31.24
振捣器 变频4.5kW	台时	15.62	15.62			
电焊机 16~30kW	台时	2.86	1.82	0.17	0.17	3.47
离心水泵 单级7~17kW	台时				19.53	24.30
离心水泵 单级双吸20~55kW	台时	13.89	13.89	16.14		
风 水 枪	台时	16.66	16.66	19.42	11.72	29.11
其他机械费	%	3	2	1	2	5
混凝土拌制	m³	106	106	106	106	106
混凝土运输	m³	106	106	106	106	106
定额编号		03031	03032	03033	03034	03035

三 –12 工作桥、公路桥

适用范围:闸、坝及溢洪道的工作桥、公路桥。

工作内容:模板制作、安装、拆除、凿毛、清洗、浇筑、养护等。

单位:100m³

项 目	单位	工作桥 板梁式	公路桥 板式	公路桥 简支梁式
人 工	工时	1094.0	851.2	991.1
板 枋 材	m³	3.50	1.03	1.78
组合钢模板	kg	958.70	176.12	305.72
铁 件	kg	104.07	4.38	7.26
预埋铁件	kg	561.73		
电 焊 条	kg	11.48	2.11	3.67
预制混凝土柱	m³	1.26	0.22	0.37
混 凝 土	m³	106	106	106
水	m³	103.00	103.00	103.00
其他材料费	%	3	2	2
载重汽车 5t	台时	10.15	3.27	5.59
载重汽车 10t	台时	1.29	0.26	0.52
汽车起重机 5t	台时	0.95	0.17	0.34
履带起重机 10t	台时	7.57	4.38	7.57
振捣器 插入式2.2kW	台时	61.22	61.22	61.22
电焊机 16~30kW	台时	26.57	4.90	8.51
离心水泵 单级7~17kW	台时	19.35	15.99	15.99
风水枪	台时	15.48	25.66	25.66
其他机械费	%	10	10	10
混凝土拌制	m³	106	106	106
混凝土运输	m³	106	106	106
定额编号		03036	03037	03038

三-13 桥 墩

适用范围：闸、坝及溢洪道的工作桥、公路桥的桥墩。

单位：100m³

项　　　　目	单位	整墩				半墩		
		墩宽(m)						
		1.0	1.2	1.4	1.6	0.65	0.70	0.75
人　　　　工	工时	1154.6	1122.8	1040.4	1018.6	1086.6	1214.4	1147.3
板 枋 材	m³	2.32	1.77	1.89	1.83	2.03	2.51	2.26
组合钢模板	kg	539.85	515.03	440.58	428.16	504.40	595.70	539.85
铁件及预埋铁件	kg	375.46	357.68	305.97	297.44	336.13	413.71	374.92
电 焊 条	kg	6.47	6.17	5.28	5.13	5.80	7.14	6.47
预制混凝土柱	m³	0.71	0.67	0.58	0.56	0.63	0.79	0.71
混 凝 土	m³	105	105	105	105	105	105	105
水	m³	102.00	102.00	102.00	102.00	102.00	102.00	102.00
其他材料费	%	1	1	1	1	1	1	1
载重汽车　5t	台时	5.76	5.50	4.73	4.56	5.16	6.36	5.76
载重汽车　10t	台时	0.77	0.69	0.60	0.60	0.69	0.86	0.77
汽车起重机　5t	台时	0.52	0.52	0.43	0.60	0.43	0.60	0.52
履带起重机　5t	台时	4.30	4.13	3.61	3.44	3.96	4.81	4.30
振 捣 器　插入式2.2kW	台时	61.22	61.22	61.22	61.22	61.22	61.22	61.22
电 焊 机　16~30kW	台时	15.13	14.44	12.30	11.95	13.58	16.68	15.13
离心水泵　单级7~17kW	台时	19.35	19.35	19.35	19.35	19.35	19.35	19.35
风 水 枪	台时	15.48	15.48	15.48	15.48	15.48	15.48	15.48
其他机械费	%	10	10	10	10	10	10	10
混凝土拌制	m³	105	105	105	105	105	105	105
混凝土运输	m³	105	105	105	105	105	105	105
定 额 编 号		03039	03040	03041	03042	03043	03044	03045

三－14 桥 梁

适用范围:现浇混凝土独立桥梁。

单位:100m³

项 目	单位	墩台基础	桥墩台身	帽梁	T形梁	工字梁	桥面板
人 工	工时	1241.6	2591.9	2830.2	4819.5	5018.8	3175.5
板 枋 材	m³	1.30	2.74	4.04	8.15	8.55	1.59
组 合 钢 模 板	kg	22.33	275.33	535.46	781.86	781.86	252.84
铁件及预埋铁件	kg	61.68	171.03	460.44	1107.69	1107.69	160.73
电 焊 条	kg	0.74	5.13	6.50	8.18	8.18	3.27
混 凝 土	m³	105	105	105	105	105	105
水	m³	622.13	91.80	102.00	102.00	102.00	102.00
其他材料费	%	1	1	1	1	1	1
振捣器 插入式2.2kW	台时	31.64	40.58	61.22	75.32	79.10	61.22
电焊机 16~30kW	台时	1.81	11.95	15.05	126.73	126.73	7.74
离心水泵 单级7~17kW	台时	8.60	19.35	15.99	15.99	15.99	15.99
风 水 枪	台时	6.88	15.48	6.88	13.76	13.76	25.66
其他机械费	%	3	4	8	10	10	6
混凝土拌制	m³	105	105	105	105	105	105
混凝土运输	m³	105	105	105	105	105	105
定额编号		03046	03047	03048	03049	03050	03051

三-15 闸门槽二期混凝土

适用范围:门槽现浇混凝土。

单位:100m³

项　　目	单位	数量
人　　工	工时	7071.9
板　枋　材	m³	26.98
铁件及预埋铁件	kg	1018.88
混　凝　土	m³	103
水	m³	103.00
其他材料费	%	1
载重汽车　5t	台时	33.66
汽车起重机　5t	台时	0.25
履带起重机　30t	台时	0.76
振　捣　器　插入式2.2kW	台时	152.95
风　水　枪	台时	27.00
其他机械费	%	9
混凝土拌制	m³	103
混凝土运输	m³	103
定　额　编　号		03052

三－16 溢流堰

适用范围:溢洪道的溢流堰。

单位:100m³

项 目	单位	数量
人　　工	工时	610.7
板　枋　材	m³	0.04
组合钢模板	kg	12.54
铁件及预埋铁件	kg	8.70
电　焊　条	kg	0.15
预制混凝土柱	m³	0.02
混　凝　土	m³	106
水	m³	103
其他材料费	%	1
载 重 汽 车　5t	台时	0.08
载 重 汽 车　10t	台时	0.08
汽 车 起 重 机　5t	台时	0.17
振 捣 器　插入式2.2kW	台时	60.07
电 焊 机　16~30kW	台时	0.34
离 心 水 泵　单级7~17kW	台时	18.98
风　水　枪	台时	15.19
其他机械费	%	2
混凝土拌制	m³	106
混凝土运输	m³	106
定 额 编 号		03053

三 - 17 溢流面

适用范围:溢流坝段的溢流面。

工作内容:钢滑模安装、滑升、拆除浇筑、凿毛、清洗、抹面、养护等。

单位:100m³

项　　目	单位	数量
人　　工	工时	589.4
板 枋 材	m³	0.15
滑　　模	kg	311.06
组合钢模板	kg	48.43
铁件及预埋铁件	kg	49.54
电 焊 条	kg	0.58
预制混凝土柱	m³	0.08
混 凝 土	m³	106
水	m³	103
其他材料费	%	1
载 重 汽 车　5t	台时	2.02
载 重 汽 车　10t	台时	0.08
汽车起重机　5t	台时	0.08
履带起重机　30t	台时	1.94
振 捣 器　插入式2.2kW	台时	31.72
电 焊 机　16~30kW	台时	1.35
油压滑升设备	台时	8.44
风 水 枪	台时	13.09
其他机械费	%	2
混凝土拌制	m³	106
混凝土运输	m³	106
定 额 编 号		03054

三 - 18 导水墙

适用范围:坝体上的导水墙。

工作内容:浇筑、凿毛、清洗、抹面等。

单位:100m³

项　　目	单位	数量
人　　工	工时	1201.5
板　枋　材	m³	0.58
组合钢模板	kg	456.83
铁件及预埋铁件	kg	265.63
电　焊　条	kg	5.51
预制混凝土柱	m³	0.55
混　凝　土	m³	107
水	m³	104
其他材料费	%	1
载　重　汽　车　5t	台时	3.50
载　重　汽　车　10t	台时	0.61
汽车起重机　5t	台时	0.44
履带起重机　30t	台时	10.95
振　捣　器　插入式2.2kW	台时	40.78
电　焊　机　16~30kW	台时	13.23
离心水泵　单级7~17kW	台时	6.13
风　水　枪	台时	9.74
其他机械费	%	5
混凝土拌制	m³	107
混凝土运输	m³	107
定额编号		03055

三-19 进水塔

适用范围:输水道及闸坝、泄水隧洞的进水塔。

单位:100m³

项 目	单位	操纵室 平台塔架	墩 墙 喇叭口	闸井	扶梯
人 工	工时	1615.9	1109.3	885.4	2302.8
板 枋 材	m³	4.53	0.32	0.40	1.86
组合钢模板	kg	229.30	46.51	63.15	342.28
铁件及预埋铁件	kg	135.30	27.45	37.22	201.91
电 焊 条	kg	2.75	0.56	0.76	4.11
预制混凝土柱	m³	0.00	0.05	0.07	0.04
混 凝 土	m³	106	106	106	106
水	m³	93	93	93	93
其他材料费	%	1	1	1	1
载重汽车 5t	台时	4.06	0.83	1.49	6.04
载重汽车 10t	台时	0.33	0.08	0.08	0.50
汽车起重机 5t	台时	0.25	0.08	0.08	0.33
履带起重机 10t	台时	10.93	2.15	2.98	16.39
振 捣 器 插入式2.2kW	台时	58.93	58.93	58.93	58.93
电 焊 机 16~30kW	台时	6.21	1.24	1.74	9.10
离 心 水 泵 单级7~17kW	台时	15.39	15.39	15.39	15.39
风 水 枪	台时	24.70	24.70	24.70	24.70
其他机械费	%	7	10	3	3
混凝土拌制	m³	106	106	106	106
混凝土运输	m³	106	106	106	106
定 额 编 号		03056	03057	03058	03059

三-20 截水墙及心墙

适用范围:坝体内截水墙、心墙,截渗槽。

单位:100m³

项 目	单位	截水墙	心墙
人 工	工时	1212.6	1277.2
板 枋 材	m³	0.35	0.47
组合钢模板	kg	53.68	70.46
铁件及预埋铁件	kg	31.67	41.56
电 焊 条	kg	0.64	0.84
预制混凝土柱	m³	0.06	0.08
混 凝 土	m³	107	107
水	m³	94	94
其他材料费	%	1	1
载重汽车 5t	台时	0.96	1.31
载重汽车 10t	台时	0.09	0.09
汽车起重机 5t	台时	0.09	0.09
履带起重机 10t	台时	1.31	1.75
振 捣 器 插入式 2.2kW	台时	46.77	46.77
电 焊 机 16~30kW	台时	1.49	16.29
离心水泵 单级7~17kW	台时	16.29	16.29
风 水 枪	台时	19.60	19.60
其他机械费	%	2	2
混凝土拌制	m³	107	107
混凝土运输	m³	107	107
定 额 编 号		03060	03061

三-21 斜 墙

适用范围:土坝、堆石坝的斜墙。

单位:100m³

项　　　目	单位	刚性	半刚性
人　　工	工时	1087.0	1145.2
板　枋　材	m³	0.10	0.19
组合钢模板	kg	23.49	40.27
铁件及预埋铁件	kg	13.85	23.75
电　焊　条	kg	0.28	0.48
预制混凝土柱	m³	0.03	0.05
混　凝　土	m³	107	107
水	m³	94	94
其他材料费	%	1	1
载重汽车　5t	台时	0.44	0.79
载重汽车　10t	台时	0.09	0.09
汽车起重机　5t	台时	0.09	0.09
履带起重机　10t	台时	0.61	1.05
振　捣　器　插入式2.2kW	台时	62.36	62.36
电　焊　机　16~30kW	台时	0.70	1.14
离心水泵　单级7~17kW	台时	16.29	16.29
风　水　枪	台时	26.14	26.14
其他机械费	%	1	2
混凝土拌制	m³	107	107
混凝土运输	m³	107	107
定　额　编　号		03062	03063

三–22 渡槽排架

适用范围:渡槽排架。

单位:100m³

项 目	单位	高度(m)		
		≤10	10～20	>20
人 工	工时	2830.2	3083.1	3360.4
板 枋 材	m³	1.34	2.63	4.14
原 木	m³	0.74	0.82	0.92
组合钢模板	kg	403.56	417.34	431.52
铁 件	kg	76.96	86.60	96.28
电 焊 条	kg	9.70	10.73	11.88
预制混凝土柱	m³	1.01	1.11	1.23
混 凝 土	m³	105	105	105
水	m³	103	103	103
其他材料费	%	2	2	2
振 捣 器 插入式2.2kW	台时	69.64	69.64	69.64
电 焊 机 16～30kW	台时	22.70	25.11	27.77
离 心 水 泵 单级7kW	台时	5.80	5.80	5.80
风 水 枪	台时	3.07	3.07	3.07
其他机械费	%	13	13	13
混凝土拌制	m³	105	105	105
混凝土运输	m³	105	105	105
定额编号		03064	03065	03066

三 - 23　渡槽槽身

适用范围:渡槽槽身。

单位:100m³

项　　目	单位	矩形		U形	
		跨度(m)			
		≤20	>20	≤20	>20
		厚度(cm)			
		≤12	>12	≤10	>10
人　　工	工时	6621.2	6087.8	8756.2	8047.9
板　枋　材	m³	5.46	5.05	5.92	5.47
原　　木	m³	0.96	0.84	0.93	0.81
组合钢模板	kg	1068.59	988.47	918.31	849.44
铁　　件	kg	144.15	103.46	131.22	94.50
电　焊　条	kg	17.45	12.22	23.58	16.51
预制混凝土柱	m³	1.81	1.27	2.44	1.72
混　凝　土	m³	103	103	103	103
水	m³	101	101	101	101
其他材料费	%	1	1	1	1
振捣器　插入式2.2kW	台时	60.75	67.50	70.87	70.87
电焊机　16~30kW	台时	40.84	28.60	55.18	38.64
离心水泵　单级7kW	台时	5.70	5.70	5.70	5.70
风　水　枪	台时	5.70	5.70	5.70	5.70
其他机械费	%	2	2	2	2
混凝土拌制	m³	103	103	103	103
混凝土运输	m³	103	103	103	103
定额编号		03067	03068	03069	03070

三 – 24　渡槽拱

适用范围:渡槽拱。

单位:100m³

项　目	单位	肋拱	板拱
人　工	工时	3240.4	2840.3
板枋材	m³	2.22	1.72
组合钢模板	kg	641.31	522.51
铁件及预埋铁件	kg	98.23	60.74
混　凝　土	m³	103	103
水	m³	101	101
其他材料费	%	3	3
载重汽车 5t	台时	2.28	1.86
卷扬机 5t	台时	38.90	31.47
搅拌机 0.4m³	台时	39.66	39.66
振捣器 插入式2.2kW	台时	74.25	74.25
风水枪	台时	4.22	4.22
其他机械费	%	10	10
混凝土拌制	m³	103	103
混凝土运输	m³	103	103
定额编号		03071	03072

注:本定额按满堂支架直接支撑模板情况拟定,满堂支架未包括在定额内。

三–25 护坡框格

适用范围:堤、坝、河岸块石护坡的混凝土框格。

单位:100m³

项　　目	单位	数量
人　　工	工时	1268.8
板　枋　材	m³	0.87
组合钢模板	kg	197.45
铁件及预埋铁件	kg	116.47
电　焊　条	kg	2.37
预制混凝土柱	m³	0.23
混　凝　土	m³	105
水	m³	92
其他材料费	%	1
载重汽车　5t	台时	3.70
载重汽车　10t	台时	0.34
汽车起重机　5t	台时	0.17
履带起重机　10t	台时	4.99
振　捣　器　插入式2.2kW	台时	61.22
电　焊　机　16~30kW	台时	5.59
离心水泵　单级7~17kW	台时	4.80
风　水　枪	台时	2.92
其他机械费	%	3
混凝土拌制	m³	105
混凝土运输	m³	105
定　额　编　号		03073

三－26 土工膜袋混凝土

适用范围:坡面防护。

工作内容:坡面清理平整,铺设膜袋,混凝土拌和及充灌。

单位:100m³

项 目	单位	陆上		水下	
		混凝土厚度(cm)			
		15	20	25	30
人 工	工时	794.4	655.2	780.8	720.7
混 凝 土	m³	105	105	106	106
土 工 膜 袋	m²	1402.50	1050.60	1071.00	714.00
其他材料费	%	1	1	2	2
搅 拌 机 0.4m³	台时	56.92	56.18	56.18	56.18
混凝土泵 30 m³/h	台时	28.46	28.09	28.09	28.09
胶 轮 车	台时	160.50	160.50	160.50	160.50
其他机械费	%	1	1	1	1
混凝土运输	m³	105	105	106	106
定 额 编 号		03074	03075	03076	03077

三－27 混凝土顶帽

适用范围:砌石压顶。

工作内容:模板制作、安装、拆除、凿毛、清洗、浇筑、养护等。

单位:100m³

项 目	单位	数量
人 工	工时	1372.1
板 枋 材	m³	0.02
组合钢模板	kg	178.27
铁件及预埋铁件	kg	293.52
电 焊 条	kg	6.18
混 凝 土	m³	105
水	m³	102
其他材料费	%	2
载重汽车 5t	台时	0.69
卷 扬 机 5t	台时	6.28
胶 轮 车	台时	142.73
搅 拌 机 0.4m³	台时	34.39
振 捣 器 插入式2.2kW	台时	10.32
电 焊 机 20~25kVA	台时	14.87
风 水 枪	台时	4.30
其他机械费	%	1
混凝土拌制	m³	105
混凝土运输	m³	105
定额编号		03078

三－28 平洞及斜井衬砌(钢模板)

适用范围:底拱拉模,边、顶拱钢模台车,机械浇捣,隧洞直段。

工作内容:混凝土拌制,仓面清洗,装拆混凝土导管,平仓振捣,钢筋维护,模板制作、安装、拆除、维护、养护及人工凿毛。

单位:100m³

项　　　目	单位	开挖断面面积(m²)					
		0～10	10～30		30～50		
		衬砌厚度(cm)					
		30～50	30～50	50～70	30～50	50～70	70～90
人　　　工	工时	2221.9	2023.2	1759.7	1927.7	1690.5	1573.0
板　　　材	m³	0.94	0.66	0.67	0.55	0.55	0.56
钢　　　模	kg	1041.6	1122.0	708.0	1155.6	738.0	534.0
拉　　　模	kg	200.4	217.2	136.8	223.2	142.8	1039.2
铁　　　件	kg	112.80	79.20	81.12	65.88	66.48	67.80
铁　　　钉	kg	9.48	6.66	6.82	5.54	5.59	5.70
混　凝　土	m³	149	147	137	145	137	132
水	m³	54	54	54	54	54	54
其他材料费	%	1	1	1	1	1	1
搅　拌　机　0.8m³	台时	37.53	32.20	26.20	31.76	26.20	21.91
振　捣　器　插入式2.2kW	台时	112.72	96.59	78.48	95.28	78.48	65.72
风　水　枪	台时	15.67	13.58	11.80	13.58	11.80	10.34
离 心 水 泵　单级1.1～7kW	台时	31.23	27.16	23.71	27.16	23.71	20.58
混凝土输送泵　30m³/h	台时	28.24	24.15	19.62	23.82	19.62	16.46
台车动力设备	台时	94.54	53.59	36.25	36.25	25.49	19.85
拉模动力设备	台时	31.23	27.16	23.71	27.16	23.71	20.58
V 型 斗 车　0.6m³	台时	144.35	142.41	132.73	140.48	132.73	127.88
胶　轮　车	台时	62.01	61.18	57.01	60.34	57.01	54.93
载 重 汽 车　5t	台时	1.63	1.11	1.04	0.98	0.92	0.89
汽车起重机　5t	台时	0.25	0.25	0.23	0.24	0.23	0.22
其他机械费	%	4	4	4	4	4	4
混凝土拌制	m³	149	147	137	145	137	132
混凝土运输	m³	149	147	137	145	137	132
定　额　编　号		03079	03080	03081	03082	03083	03084

三－29 竖井衬砌

(1)钢模施工

适用范围:竖井及调压井。

单位:100m³

项　　目	单位	开挖断面面积(m²)				
		0～20		20～50		
		衬砌厚度(cm)				
		30～50	50～70	30～50	50～70	70～90
人　　工	工时	1567.7	1293.7	1553.9	1305.3	1061.5
板　　材	m³	0.36	0.22	0.37	0.24	0.16
钢 模 板	kg	408.00	150.00	464.40	189.60	97.20
卡扣件及联杆型钢	kg	871.20	321.60	994.80	405.60	206.40
铁件及预埋铁件	kg	104.08	65.86	109.33	72.96	51.76
混 凝 土	m³	124	124	124	124	124
水	m³	54	54	54	54	54
其他材料费	%	1	1	1	1	1
离心水泵 单级1.1～7kW	台时	25.7	22.4	25.7	22.4	19.5
振 捣 器 插入式2.2kW	台时	92.6	74.3	90.1	74.3	62.2
风 水 枪	台时	12.8	11.2	12.8	11.2	9.8
卷 扬 机 5t	台时	254.4	166.5	126.4	82.0	61.3
其他机械费	%	2	2	2	2	2
混凝土拌制	m³	149	137	145	137	132
混凝土运输	m³	149	137	145	137·	132
定额编号		03085	03086	03087	03088	03089

(2)滑模施工

适用范围:竖井及调压井,滑模施工。

单位:100m³

项　　　目	单位	开挖断面面积(m²)				
		0～20		20～50		
		衬砌厚度(cm)				
		30～50	50～70	30～50	50～70	70～90
人　　　工	工时	1567.7	1293.7	1553.9	1305.3	1191.5
板　　　材	m³	0.36	0.22	0.37	0.24	0.16
铁　　　件	kg	41.76	25.32	44.40	28.56	18.96
铁　　　钉	kg	3.52	2.14	3.73	2.40	1.60
滑　　　模	kg	390.00	596.40	417.60	268.80	192.00
混　凝　土	m³	124	124	124	124	124
水	m³	54	54	54	54	54
其他材料费	%	1	1	1	1	1
离心水泵　单级1.1～7kW	台时	25.70	22.44	25.70	22.44	19.47
振捣器　插入式2.2kW	台时	92.64	74.26	90.15	74.26	62.18
风　水　枪	台时	12.85	11.17	12.85	11.17	9.78
滑模动力设备	台时	254.01	254.01	254.01	254.01	254.01
卷　扬　机　5t	台时	305.22	280.64	297.03	280.64	270.40
其他机械费	%	2	2	2	2	2
混凝土拌制	m³	149	137	145	137	132
混凝土运输	m³	149	137	145	137	132
定　额　编　号		03090	03091	03092	03093	03094

注:1. 本定额按溜筒下料拟定。如用其他方式,可增加混凝土垂直运输。

　　2. 斗车用于骨料配运,胶轮车用于水泥配运。

　　3. 有升管的竖井,滑模重量按定额增加一倍。

　　4. 滑模重量和滑模动力设备定额按深度不同乘以下表系数:

井深(m)	0～50	50～60	60～70	70～80	80～90	90～100
系数	1.40	1.17	1.00	0.88	0.78	0.70

三 – 30   箱式涵洞

适用范围:土坝、泄水闸及一般箱式排水洞。

单位:100m³

项　　目	单位	每孔净断面面积(m²)					
		2.0		4.0		6.5	
		覆土厚度(m)					
		≤6	>6	≤6	>6	≤6	>6
人　　工	工时	1334.4	1313.9	1326.4	1280.1	1334.4	1287.3
板枋材	m³	0.92	0.80	0.86	0.63	0.90	0.67
组合钢模板	kg	140.12	120.56	130.34	94.51	136.86	101.01
铁件及预埋铁件	kg	82.65	71.11	76.89	55.74	80.73	59.59
电焊条	kg	1.68	1.44	1.57	1.13	1.65	1.21
预制混凝土柱	m³	0.17	0.14	0.16	0.11	0.16	0.12
混凝土	m³	104	104	104	104	104	104
水	m³	91	91	91	91	91	91
其他材料费	%	1	1	1	1	1	1
载重汽车　5t	台时	2.62	2.19	2.36	1.77	2.53	1.86
载重汽车　10t	台时	0.25	0.17	0.17	0.17	0.25	0.17
汽车起重机　5t	台时	0.17	0.08	0.17	0.08	0.17	0.08
履带起重机　10t	台时	3.46	3.04	3.21	2.36	3.37	2.53
电焊机　16~30kW	台时	3.88	3.37	3.63	2.62	3.80	2.78
振捣器　插入式2.2kW	台时	60.07	60.07	60.07	60.07	60.07	60.07
离心水泵　单级7~17kW	台时	3.14	3.14	3.14	3.14	3.14	3.14
风水枪	台时	6.29	6.29	6.29	6.29	6.29	6.29
其他机械费	%	5	4	4	3	5	3
混凝土拌制	m³	104	104	104	104	104	104
混凝土运输	m³	104	104	104	104	104	104
定额编号		03095	03096	03097	03098	03099	03100

三–31 涵洞顶板、底板

适用范围:一般圬工涵洞的顶板、底板。

单位:100m³

项 目	单位	顶板				底板
		净跨(m)				
		2.0		3.0		
		覆土厚度(m)				
		≤5	>5	≤5	>5	
人　工	工时	1309.5	1249.9	1262.4	1243.7	1185.0
板 枋 材	m³	0.33	0.24	0.25	0.22	0.14
组合钢模板	kg	58.66	42.36	45.61	39.11	19.55
铁件及预埋铁件	kg	34.59	24.99	26.92	23.07	11.53
电 焊 条	kg	0.71	0.51	0.55	0.46	0.23
预制混凝土柱	m³	0.07	0.05	0.06	0.05	0.02
混 凝 土	m³	104	104	104	104	104
水	m³	91	91	91	91	91
其他材料费	%	1	1	1	1	1
载重汽车 5t	台时	1.10	0.76	0.84	0.76	0.34
载重汽车 10t	台时	0.08	0.08	0.08	0.08	0.08
汽车起重机 5t	台时	0.08	0.08	0.08	0.08	0.08
履带起重机 10t	台时	1.43	1.01	1.10	1.01	0.51
电 焊 机 16~30kW	台时	1.60	1.18	1.27	1.10	0.51
振 捣 器 插入式2.2kW	台时	60.07	60.07	60.07	60.07	60.07
离心水泵 单级7~17kW	台时	3.14	3.14	3.14	3.14	3.14
风 水 枪	台时	6.29	6.29	6.29	6.29	6.29
其他机械费	%	3	3	3	3	3
混凝土拌制	m³	104	104	104	104	104
混凝土运输	m³	104	104	104	104	104
定 额 编 号		03101	03102	03103	03104	03105

三－32 涵　管

适用范围:现浇各种线型涵管。

单位:100m³

项　目	单位	拱矢高度(m)			
		0~2	2~3	3~4	4~5
		拱墙厚度(m)			
		0.6~0.8	0.8~1.2	1.2~1.6	1.6~2.0
人　工	工时	2590.5	2170.0	1952.2	1826.0
板枋材	m³	1.13	0.76	0.57	0.44
组合钢模板	kg	94.51	61.92	45.61	35.84
铁件及预埋铁件	kg	55.74	36.53	26.92	21.14
电焊条	kg	1.13	0.75	0.55	0.43
预制混凝土柱	m³	0.11	0.07	0.05	0.04
混凝土	m³	104	104	104	104
水	m³	91	91	91	91
其他材料费	%	1	1	1	1
载重汽车 5t	台时	1.77	1.10	0.84	0.67
载重汽车 10t	台时	0.17	0.08	0.08	0.08
汽车起重机 5t	台时	0.08	0.08	0.08	0.08
履带起重机 10t	台时	2.36	1.52	1.10	0.93
电焊机 16~30kW	台时	2.62	1.77	1.27	1.01
振捣器 插入式2.2kW	台时	52.56	52.56	52.56	52.56
离心水泵 单级7~17kW	台时	3.14	3.14	3.14	3.14
风水枪	台时	6.29	6.29	6.29	6.29
其他机械费	%	3	3	3	3
混凝土拌制	m³	104	104	104	104
混凝土运输	m³	104	104	104	104
定额编号		03106	03107	03108	03109

三 - 33 预制混凝土构件

适用范围:工作桥梁、屋面板、矩形柱。

单位:100m³

项　　目	单位	梁	矩形板	空心板	柱
人　　工	工时	2774.5	2471.4	3247.5	1845.5
板 枋 材	m³	0.39	1.09	0.19	0.16
组合钢模板	kg	908.31	59.46	263.96	430.70
铁件及预埋铁件	kg	343.62	4.44	0.78	3242.81
电 焊 条	kg	9.28			4.40
混 凝 土	m³	103	108	108	107
水	m³	114	287	314	90
其他材料费	%	5	2	2	1
载重汽车 5t	台时	3.04	3.04	3.04	3.04
履带起重机 10t	台时	84.37	84.37	84.37	84.37
电 焊 机 16~30kW	台时	21.01			9.96
振 捣 器 插入式 2.2kW	台时	66.82			62.77
振 捣 器 平板式 2.2kW	台时		85.05	87.07	
其他机械费	%	2	2	2	2
混凝土拌制	m³	103	108	108	107
混凝土运输	m³	103	108	108	107
定 额 编 号		03110	03111	03112	03113

三 –34 预制混凝土护砌块

适用范围:渠道护坡、护底,路缘石。

单位:100m³

项目	单位	体积(m³)
人 工	工时	3861.8
板枋材	m³	0.16
组合钢模板	kg	550.62
铁 件	kg	11.21
混凝土	m³	103
水	m³	81
其他材料费	%	2
振捣器 平板式 2.2kW	台时	54.00
载重汽车 5t	台时	3.04
其他机械费	%	2
混凝土拌制	m³	103
混凝土运输	m³	103
定额编号		03114

三 –35 预制混凝土小型构件

工作内容:模板制作、安装、拆除、混凝土拌制、场内运输、浇筑、养护、堆放。

单位:100m³

项 目	单位	地沟盖板		扶手栏杆	拦板	桥缘石
		厚度(cm)				
		≤10	>10			
人 工	工时	3245.7	2491.0	3508.0	4229.2	6237.2
板 枋 材	m³	0.60	0.52	0.47	0.69	0.47
组合钢模板	kg	39.10	31.36	995.51	48.74	766.63
铁件及预埋铁件	kg	1.41	1.14	102.93	1.75	26.84
混 凝 土	m³	103	103	103	103	103
水	m³	269	269	137	269	137
其他材料费	%	2	2	2	2	2
振 捣 器 平板式2.2kW	台时	93.15	93.15	72.90	93.15	72.90
载 重 汽 车 5t	台时	3.04	3.04	3.04	3.04	3.04
其他机械费	%	2	2	2	2	2
混凝土拌制	m³	103	103	103	103	103
混凝土运输	m³	103	103	103	103	103
定额编号		03115	03116	03117	03118	03119

三－36 预制混凝土构件运输、安装

适用范围:各型预制混凝土构件。

工作内容:运输:装车、运输、卸车并按指定地点堆放等。

安装:构件吊装校正、铁件安装、焊接固定,填缝灌浆。

单位:100m³

项　　目	单位	构件运输	构件安装
人　　工	工时	145.0	378.8
板 枋 材	m³	0.11	0.69
原　　木	m³		0.68
铁 垫 块	kg		78.10
电 焊 条	kg		29.70
铁　　丝	kg	26.40	
钢 丝 绳	kg	3.03	
钢　　材	kg	8.80	
混凝土预制构件	m³		100.00
混　凝　土	m³		10.25
其他材料费	%	1	1
汽车起重机　15t	台时	18.82	16.49
汽车拖车头　20t	台时	28.22	
平板拖车　20t	台时	28.22	
电 焊 机	台时		40.57
其他机械费	%	1	1
混凝土拌制	m³		10.25
混凝土运输	m³		10.25
定额编号		03120	03121

三 –37 搅拌机拌制水泥砂浆

适用范围:各种水泥砂浆拌制。

工作内容:储料、配料、分料、搅拌、加水、出料、机械清洗。

项 目	单位	搅拌机出料(m³)	
		0.35	0.75
人 工	工时	320.25	199.5
零星材料费	%		
搅 拌 机	台时	18.24	6.62
胶 轮 车	台时	88.76	88.76
定额编号		03122	03123

三 –38 搅拌机拌制混凝土

工作内容:20m 以内配运水泥、骨料,投料、加水、加外加剂、搅拌、出料、清洗。

单位:100m³

项 目	单位	搅拌机(m³)	
		0.4	0.8
人 工	工时	365.7	271.9
零星材料费	%	2	2
混凝土搅拌机	台时	29.36	14.09
胶 轮 车	台时	135.86	135.86
定额编号		03124	03125

注:胶轮车斗容0.12m³ 左右,其他斗容近似的手推车,均适用本定额。

三 – 39 拌和站拌制混凝土

工作内容:配运料,拌和、出料。

单位:100m³

项 目	单位	生产能力（m³/h）		
		≤15	≤25	≤45
人 工	工时	24.72	24.72	24.72
零星材料费	%	5	5	5
混凝土拌和站　15m³/h	台时	15.12		
混凝土拌和站　25m³/h	台时		10.08	
混凝土拌和站　45m³/h	台时			4.20
定 额 编 号		03126	03127	03128

注:不包括拌和站的拆建。

三 – 40 人工运混凝土

工作内容:装、挑(抬)、运、卸、清洗。

单位:100m³

项 目	单位	露天		洞内	
		装运卸	每增运	装运卸	每增运
		50m	50m	50m	50m
人 工	工时	464.1	297.8	556.9	357.4
零星材料费	%	7		10	
定 额 编 号		03129	03130	03131	03132

三－41 胶轮车运混凝土

工作内容:装、运、卸、清洗。

单位:100m³

项　　目	单位	露天		洞内	
		装运卸 50m	每增运 50m	装运卸 50m	每增运 50m
人　　工	工时	95.6	36.3	143.4	54.4
零星材料费	%	16		16	
胶　轮　车	台时	91.5	34.7	137.2	52.1
定　额　编　号		03133	03134	03135	03136

三－42 人工推斗车运混凝土

工作内容:装、运、卸、清洗。

单位:100m³

项　　目	单位	露天		洞内	
		装运卸 100m	每增运 50m	装运卸 100m	每增运 50m
人　　工	工时	95.6	13.2	127.5	16.4
零星材料费	%	6		6	
V 型斗车 0.6m³	台时	45.36	7.45	60.49	9.72
定　额　编　号		03137	03138	03139	03140

三-43 泻槽运混凝土

工作内容:开关储料斗活门、扒料、冲洗料斗泻槽。

单位:100m³

项 目	单位	泻槽斜长(m)		每增运 2m
		≤5	10	
人　工	工时	40.8	52.7	5.1
零星材料费	%	20	20	
定 额 编 号		03141	03142	03143

三-44 负压溜槽运输混凝土

适用范围:各种常态混凝土。

工作内容:开关储料斗活门、扒料、冲洗料斗溜槽。

单位:100m³

项 目	单位	数量
人　工	工时	13.0
零星材料费	%	2
负压溜槽液压系统	台时	1.63
定 额 编 号		03144

三－45 机动翻斗车运混凝土

工作内容:装、运、卸、清洗。

单位:100m³

项　目	单位	运　距(m)					
		50	100	150	200	300	400
人　工	工时	85.4	85.4	85.4	85.4	85.4	85.4
零星材料费	%	5	5	5	5	5	5
机动翻斗车　1t	台时	31.74	33.66	35.59	38.15	42.90	47.64
定额编号		03145	03146	03147	03148	03149	03150

三－46 手扶拖拉机运混凝土

工作内容:装、运、卸、清洗。

单位:100m³

项　目	单位	运　距(km)			
		0.5	1.0	1.5	2.0
人　工	工时	57.7	57.7	57.7	57.7
零星材料费	%	5	5	5	5
手扶拖拉机	台时	62.78	83.54	104.30	123.54
定额编号		03151	03152	03153	03154

注:洞内运输时,人工、机械定额乘以1.2系数。

三－47 自卸汽车运混凝土

工作内容：表车、运输、卸料、空回、清洗。

单位：100m³

项目	单位	露天 运距(km)						洞内 运距(km)		
		0.5	1.0	2.0	3.0	4.0	每增运 0.5km	0.5	1.0	每增运 0.5km
人工	工时	22.8	22.8	22.8	22.8	22.8		28.3	28.3	
零星材料费	%	4	4	4	4	4		4	4	
自卸汽车 3.5t	台时	23.57	29.75	39.24	46.37	54.91	4.27	29.43	37.14	5.35
5t	台时	17.64	22.29	29.37	34.91	41.53	3.31	22.04	27.90	4.08
8t	台时	13.38	16.75	20.89	24.40	27.96	1.78	16.75	20.89	2.23
10t	台时	12.55	15.67	19.56	22.80	26.12	1.66	15.67	19.62	2.04
15t	台时	8.34	10.45	13.06	15.22	17.52	1.15	10.45	13.12	1.40
20t	台时	6.69	8.41	10.45	12.23	14.01	0.89	8.34	10.51	1.15
定额编号		03155	03156	03157	03158	03159	03160	03161	03162	03163

三 –48 混凝土泵车输送混凝土

适用范围:混凝土泵车输送混凝土。

单位:100m³

项　目	单位	排出量(m³/h)	
		47	80
人　工	工时	10.5	6.2
零星材料费	%	2	2
混凝土泵车　47m³/h	台时	6.22	
混凝土泵车　80m³/h	台时		3.65
定　额　编　号		03164	03165

注:1.输送高度超过30m时,混凝土泵车乘以1.1系数。

　2.输送高度超过50m时,混凝土泵车乘以1.25系数。

三 –49 混凝土输送泵运混凝土

适用范围:安拆管道、完工清洗、收放整齐。

单位:100m³

项　目	单位	数量
人　工	工时	16.4
零星材料费	%	2
混凝土输送泵　30m³/h	台时	9.74
60m³/h	台时	6.09
定　额　编　号		03166

注:1.输送高度超过30m时,混凝土泵车乘以1.1系数。

　2.输送高度超过50m时,混凝土泵车乘以1.25系数。

三-50 3m³ 搅拌车运混凝土

工作内容:装车、运输、卸料、空回、清洗。

单位:100m³

项　目	单位	运距(km)					每增运 0.5km
		0.5	1.0	2.0	3.0	4.0	
人　工	工时	22.8	22.8	22.8	22.8	22.8	
零星材料费	%	2	2	2	2	2	
混凝土搅拌车　3m³	台时	22.53	26.52	31.87	36.14	40.51	2.19
定　额　编　号		03167	03168	03169	03170	03171	03172

注:1.如用6m³混凝土搅拌车,机械定额乘以0.52系数。

2.洞内运输,人工、机械定额乘以1.25系数。

三-51 履带吊吊运混凝土

适用范围:吊运各种常态混凝土。

工作内容:卸料入罐、吊运、卸料入仓或储料斗,吊回混凝土罐、清洗。

单位:100m³

项　目	单位	吊高(m)	
		≤15	>15
人　工	工时	14.5	20.5
零星材料费	%	10	10
履带起重机　15t	台时	2.59	3.73
混凝土吊罐　3m³	台时	2.59	3.73
定　额　编　号		03173	03174

适用范围：吊运各种常态混凝土。

工作内容：卸料入罐、吊运、卸料入仓或储料斗、吊回混凝土罐、清洗。

单位：100m³

项目	单位	混凝土吊罐（m³）								
		3.0			1.6			0.65		
		吊高（m）								
		≤10	10~30	>30	≤10	10~30	>30	≤10	10~30	>30
人　工	工时	17.1	21.4	24.8	41.1	52.2	62.5	102.7	120.7	137.8
零星材料费	%	4	4	4	4	4	4	4	4	4
塔式起重机 25t	台时	3.48	4.54	5.26						
6t	台时				7.21	9.15	10.93	17.90	21.38	24.06
混凝土吊罐	台时	3.48	4.54	5.26	7.21	9.15	10.93	17.90	21.38	24.06
定额编号		03175	03176	03177	03178	03179	03180	03181	03182	03183

注：适用于混凝土罐直接入仓，如卸入溜筒转运，人工、机械定额乘以1.25系数。

三 −53 卷扬机吊运混凝土

工作内容:储料斗滑槽装吊罐、吊运、卸料入滑槽、泄混凝土入车,清洗。

(1)单吊罐循环作业

单位:100m³

项　　　目	单位	垂直运距(m)					每增吊 5m
		10	20	30	40	50	
人　　工	工时	57.3	65.9	71.9	79.6	87.3	4.0
零星材料费	%	6	6	6	6	6	
卷扬机 5t	台时	21.46	24.22	26.89	29.48	32.24	1.38
混凝土吊罐 0.25m³	台时	21.46	24.22	26.89	29.48	32.24	1.38
定额编号		03184	03185	03186	03187	03188	03189

注:当不用储料斗装车时,人工、机械定额乘以1.18系数。

(2)双吊罐循环作业

单位:100m³

项　　　目	单位	垂直运距(m)					每增吊 5m
		10	20	30	40	50	
人　　工	工时	35.1	45.4	56.5	68.5	80.5	6.0
零星材料费	%	4	4	4	4	4	
卷扬机 5t	台时	4.78	6.32	7.94	9.56	11.10	0.81
混凝土吊罐 0.4m³	台时	9.56	12.64	15.88	19.12	22.19	1.62
定额编号		03190	03191	03192	03193	03194	03195

注:当不用储料斗装车时,人工、机械定额乘以1.18系数。

三-54 井架提升混凝土

工作内容:重车进架、提升、空车进架、下降、出架、冲洗工具。

单位:100m³

项 目	单位	提升高度(m)				每增高 5m
		10.0	15.0	20.0	25.0	
人 工	工时	203.7	221.0	238.2	255.5	17.3
零星材料费	%	2	2	2	2	
单筒快速卷扬机 3t	台时	47.04	51.14	55.23	59.32	4.09
胶 轮 车	台时	218.57	237.85	257.14	276.42	19.29
定 额 编 号		03196	03197	03198	03199	03200

注:搅拌机与井架之间的胶轮车水平运输另计。

三 –55 洞内卷扬机吊运混凝土

工作内容:储料斗滑槽装吊罐、吊运、卸料入滑槽、泄混凝土入车,清洗。

(1)单吊罐循环作业

单位:100m³

项　　目	单位	垂直运距(m)					每增吊 5m
		10	20	30	40	50	
人　　工	工时	66.8	75.3	84.7	92.4	100.1	6.0
零星材料费	%	7	7	7	7	7	
卷 扬 机 5t	台时	24.95	28.03	31.27	34.26	37.34	2.02
混凝土吊罐 0.25m³	台时	24.95	28.03	31.27	34.26	37.34	2.02
定 额 编 号		03201	03202	03203	03204	03205	03206

注:当不用储料斗装车时,人工、机械定额乘以1.18系数。

(2)双吊罐循环作业

单位:100m³

项　　目	单位	垂直运距(m)					每增吊 5m
		10	20	30	40	50	
人　　工	工时	39.4	53.9	67.6	80.5	94.2	12.8
零星材料费	%	5	5	5	5	5	
卷 扬 机 5t	台时	5.51	7.45	9.31	11.18	13.04	1.21
混凝土吊罐 0.4m³	台时	11.02	14.90	18.63	22.36	26.89	2.43
定 额 编 号		03207	03208	03209	03210	03211	03212

注:当不用储料斗装车时,人工、机械定额乘以1.18系数。

三-56 止 水

(1)铜片止水

工作内容:清洗缝面、弯制、安装、熔涂沥青。

单位:100m

项 目	单位	电焊	气焊
人 工	工时	656.3	568.4
沥 青	t	1.74	1.74
木 柴	t	0.58	0.58
紫 铜 片	kg	575.03	575.03
铜 电 焊 条	kg	3.20	
铜 丝	kg		15.99
氧 气	m³		17.43
电 石	kg		49.82
硼 砂	kg		10.66
其他材料费	%	1	1
电 焊 机 16~30kW	台时	21.84	
胶 轮 车	台时	14.26	14.26
定 额 编 号		03213	03214

注:紫铜片规格0.0015m×0.4m×1.5m,损耗率5%。

（2）铁片止水

工作内容:清洗缝面、弯制、安装、熔涂沥青。

单位:100m

项　　目	单位	电焊	气焊	锡焊
人　　工	工时	517.2	452.3	229.6
沥　　青	t	1.74	1.74	1.74
木　　柴	t	0.58	0.58	0.58
黑 铁 皮 厚 1.5mm	kg	507.38	507.38	
白 铁 皮 厚 0.82mm	kg			208.08
电　焊　条	kg	10.66		
电　　石	kg		16.61	
焊　　锡	kg			4.31
铁　　钉	kg			1.85
铁　　丝	kg		5.23	
氧　　气	m³		5.43	
其他材料费	%	1	1	1
电 焊 机 20~25kVA	台时	127.24		
胶 轮 车	台时	19.79	19.79	17.91
定 额 编 号		03215	03216	03217

注:黑铁皮规格0.0015m×0.4m×20m,损耗率5%;白铁皮规格0.00082m×0.3m,损耗率5%。

(3)塑料止水

工作内容:剪裁铺展、定位焊接。

单位:100m

项　　　目	单位	数量
人　　工	工时	190.3
塑料止水带 "651"	m	105.58
其他材料费	%	1
定额编号		03218

(4)橡胶止水

工作内容:剪裁铺展、定位焊接。

单位:100m

项　　　目	单位	数量
人　　工	工时	209.9
橡胶止水带	m	105.58
其他材料费	%	1
定额编号		03219

(5)GB止水条

工作内容:剪裁铺展、定位焊接。

单位:100m

项　　　目	单位	数量
人　　工	工时	180.4
GB止水条	m	105.0
其他材料费	%	1
定额编号		03220

三-57 伸缩缝及排水管

(1)伸缩缝

工作内容:沥青油毛毡:清洗缝面、熔化、涂刷沥青、安装。
沥青木板:木板制作,熔化、涂刷沥青、安装。
水柏油木板:木板制作,蒸煮、烤干、浸柏油、埋设。
沥青砂板:熔化沥青、烤砂、拌和、清洗表面、清换安装、拆模。

单位:100m²

项目		单位	沥青油毛毡			沥青木板		水柏油木板	沥青砂板 重量比	
			一毡二油	二毡三油	三毡四油	闸墩	底板	木板	1:2	1:3
人工		工时	129.4	191.3	253.9	246.1	240.4	701.9	251.8	249.6
材	板	m³				2.24	2.24	8.74		
	铁钉	kg						3.57	4.18	4.18
	铁丝	kg							10.51	10.51
油	毛毡	m²	117.30	230.52	346.80					
沥	青	t	1.24	1.87	2.49	1.26	1.26		1.50	1.50
毛	砂	m³							2.13	2.46
水	柏油	kg						164.22		
水		m³	0.43	0.64	0.86	0.43	1.14	4.08	1.03	0.74
木	柴	m³						1.36		
其他材料费		%	1	1	1	1	1	1	1	1
胶轮架子车		台时	2.17	3.62	4.70	5.67	5.67	5.94		
定额编号			03221	03222	03223	03224	03225	03226	03227	03228

（2）排水管

工作内容:PVC 管剪裁、铺设。

单位:100m

项　　　目	单位	Φ5cmPVC 管	Φ7.5cmPVC 管	Φ10cmPVC 管
人　　　工	工时	39.6	47.5	57.0
PVC　　　管	m	105.0	105.0	105.0
其他材料费	%	5	5	5
定 额 编 号		03229	03230	03231

（3）嵌缝材料

工作内容:剪裁铺展、定位焊接。

单位:100m

项　　　目	单位	数量
人　　　工	工时	853.2
密　封　膏	kg	170.0
泡　沫　板	m³	0.4
其他材料费	%	8
定 额 编 号		03232

（4）高压闭孔泡沫板

工作内容:剪裁铺展、定位焊接。

单位:100m²

项　　　目	单位	数量
人　　　工	工时	37.2
高压闭孔泡沫板	m²	106.0
其他材料费	%	8
定 额 编 号		03233

三-58 钢筋制作及安装

适用范围:水工建筑物各部位及预制构件。

工作内容:回直、除锈、切断、焊接、弯制、绑扎及加工厂到施工场地汽车
运输。

单位:t

项 目	单位	钢筋制作安装	
		人力	机械
人 工	工时	204.0	132.3
钢 筋	t	1.05	1.04
铁 丝	kg	7.14	4.08
电 焊 条	kg		7.36
其他材料费	%	1	1
钢筋调直机 4~14kW	台时		0.98
风 砂 枪	台时		2.46
钢筋切断机 20kW	台时		0.65
钢筋弯曲机 Φ6~Φ40	台时		1.72
电 焊 机 16~30kW	台时		16.37
对 焊 机 电弧150型	台时		0.65
载 重 汽 车 5t	台时		0.74
汽车式起重机 5t	台时	29.89	0.16
定 额 编 号		03234	03235

三－59 混凝土凿除

工作内容:1. 人工拆除:人工使用钢钎、铁锤凿除、清除混凝土渣。

2. 人工打眼爆破拆除:人工凿眼、分层装药、清理堆放混凝土渣。

3. 风钻钻爆拆除:风钻钻孔、分层装药、人工清理堆放混凝土渣。

单位:100m³

项　目	单位	人工凿除		风钻钻爆凿除
		人工	凿眼爆破	
人　工	工时	7328.2	1144.5	2521.4
合金钻头	个			57.12
空心钢	kg			3.47
炸　药	kg		31.11	99.55
雷　管	个		174.93	325.38
导火索	m		262.24	488.58
其他材料费	%		4	4
手风钻	台时			44.10
修钎设备	台时		28.96	44.10
其他机械费	%		6	6
定额编号		03236	03237	03238

注:渠道边墙混凝土凿除,人工乘以0.3系数。

三－60 混凝土凿毛

(1) 人工凿毛

适用范围:混凝土表面人工凿毛,凿毛深2~3cm。

工作内容:取送钢钎、清除松动混凝土、打毛混凝土表面。

单位:100m²

项 目	单位	水平面		垂直面	
		有筋	无筋	有筋	无筋
人 工	工时	281.1	215.8	354.1	302.8
零星材料费	%	5	5	5	5
定额编号		03239	03240	03241	03242

(2) 风镐凿毛

适用范围:混凝土表面风镐凿毛,凿毛深2~3cm。

工作内容:取送钢钎、清除松动混凝土、换钎。

单位:100m²

项 目	单位	水平面		垂直面	
		无筋	有筋	无筋	有筋
煤	kg	61.20	61.20	61.20	61.20
钢 钎	kg	2.04	2.04	2.04	2.04
其他材料费	%	10	10	10	10
手持式风镐	台时	87.68	113.98	109.60	142.48
定额编号		03243	03244	03245	03246

三－61 液压岩石破碎机拆除混凝土

工作内容:破碎、撬移、解小、翻渣、清面。

单位:100m³

项　　　目	单位	数量
人　　工	工时	15.5
合金钎头　Φ135－Φ160	个	0.13
零星材料费	%	8
液压岩石破碎机　HB20G	台时	75.21
HB30G	台时	60.22
HB40G	台时	36.12
其他机械费	%	2
定额编号		03247

注:拆除钢筋混凝土,定额乘1.3系数。

三－62 破碎剂胀裂拆除混凝土

工作内容:钻孔、破碎剂拌和与装填、风镐剔除。

单位:100m³

项　　　目	单位	数量
人　　工	工时	1330.5
合金钻头	个	37.3
空心钢	kg	110.5
破碎剂	kg	1683.0
水	m³	103.17
其他材料费	%	5
风钻　手持式	台时	347.25
风镐	台时	325.17
其他机械费	%	5
定额编号		03248

注:拆除钢筋混凝土,定额乘1.3系数。

三－63 混凝土爆破拆除

工作内容:钻孔、爆破、撬移、解小、翻渣、清面。

单位:100m³

项　　目	单位	数量
人　　工	工时	380.0
合 金 钻 头	个	14.58
空 心 钢	kg	22.58
炸　　药	kg	37.03
毫 秒 雷 管	个	1040.40
电 雷 管	个	104.04
导 电 线	m	510.00
其他材料费	%	10
风　钻　手持式	台时	127.84
其他机械费	%	10
定 额 编 号		03249

注:1.只有底部一层钢筋的按混凝土计;

2.凿除钢筋混凝土,定额乘1.3系数。

三－64 预制混凝土梁、板整体拆除

工作内容:切割、拆除,汽车起重机吊移。

单位:100m³

项　　目	单位	混凝土构件体积(m³)					
		≤0.5	1	2	4	6	8
人　　工	工时	597.1	579.1	555.9	535.3	529.8	527.8
零星材料费	%	5	5	5	5	5	5
汽车起重机 5t	台时	37.98					
汽车起重机 8t	台时		27.13				
汽车起重机 16t	台时			17.62			
汽车起重机 30t	台时				10.85		
汽车起重机 50t	台时					8.59	
汽车起重机 70t	台时						7.46
其他机械费	%	15	15	15	15	15	15
定 额 编 号		03250	03251	03252	03253	03254	03255

注:拆除的混凝土构件运输另计。

三－65 干砌块石渠道外衬混凝土(钢模板)

适用范围:渠深0.5~2m、渠道边墙。

工作内容:模板安装、拆除,混凝土拌和、浇筑、养护等。

单位:100m³

项　目	单位	衬砌厚度(cm)				
		8	10	12	15	20
人　工	工时	1863.7	1584.7	1398.8	1212.3	1025.9
板枋材	m³	1.28	1.03	0.85	0.69	0.51
钢模板	kg	218.33	174.76	146.58	115.83	87.38
铁件及卡扣件	kg	10.87	8.71	7.18	5.81	4.36
混凝土	m³	105	105	105	105	105
水	m³	92	92	92	92	92
其他材料费	%	2	2	2	2	2
振捣器 插入式1.1kW	台时	63.13	63.13	63.13	63.13	63.13
搅拌机 0.4m³	台时	34.36	34.36	34.36	34.36	34.36
胶轮车	台时	137.45	137.45	137.45	137.45	137.45
其他机械费	%	15	15	15	15	15
混凝土运输	m³	105	105	105	105	105
定额编号		03256	03257	03258	03259	03260

三－66 干砌块石渠道外衬混凝土(木模板)

适用范围:渠深 0.5~2m、渠道边墙。

工作内容:模板制作、安装、拆除,混凝土拌和、浇筑(含场内运输)、养护等。

单位:100m³

项 目	单位	衬砌厚度(cm)				
		8	10	12	15	20
人 工	工时	3395.6	2554.9	2200.4	2029.3	1638.7
板 枋 材	m³	7.12	5.71	4.77	3.80	2.86
钉 子	kg	89.18	72.78	60.48	48.18	35.88
混 凝 土	m³	105	105	105	105	105
水	m³	92	92	92	92	92
其他材料费	%	2	2	2	2	2
振 捣 器 插入式1.1kW	台时	63.13	63.13	63.13	63.13	63.13
搅 拌 机 0.4m³	台时	34.36	34.36	34.36	34.36	34.36
胶 轮 车	台时	137.45	137.45	137.45	137.45	137.45
其他机械费	%	15	15	15	15	15
混凝土运输	m³	105	105	105	105	105
定 额 编 号		03261	03262	03263	03264	03265

注:本定额包括干砌石填充混凝土量。

三－67 混凝土明渠

适用范围:边坡、贴坡现浇混凝土衬砌。

工作内容:模板安装、拆除,混凝土拌和、浇筑、养护等。

单位:100m³

项　　目	单位	衬砌厚度(cm)		
		≤15	15~25	25~35
人　　工	工时	1847.9	1423.7	1094.8
板　枋　材	m³	1.46	1.03	0.65
组合钢模板	kg	237.33	162.60	102.99
铁件及预埋铁件	kg	136.01	93.70	59.35
电　焊　条	kg	2.83	1.96	1.23
铁丝、铁钉	kg	3.22	2.22	1.40
混　凝　土	m³	137	124	117
水	m³	244	220	163
其他材料费	%	2	2	2
振捣器　插入式2.2kW	台时	100.12	90.11	85.82
风　水　枪	台时	29.89	29.89	29.89
电焊机　16~30kW	台时	4.98	3.80	2.53
其他机械费	%	5	5	5
混凝土拌制	m³	137	124	117
混凝土运输	m³	137	124	117
定额编号		03266	03267	03268

注:土基上的明渠,风水枪台时均改为2.00,用水量乘以0.7系数,混凝土量改为106m³。

三 –68 混凝土暗渠

适用范围:渠道边坡现浇混凝土衬砌。

工作内容:模板安装、拆除,混凝土拌和、浇筑、养护等。

单位:100m³

项 目	单位	衬砌厚度(cm)		
		40	50	60
人 工	工时	1127.32	1014.91	928.39
板 枋 材	m³	1.70	1.43	1.17
组合钢模板	kg	247.62	208.93	170.24
铁件及预埋铁件	kg	315.46	266.17	216.88
电 焊 条	kg	7.12	6.01	4.90
铁丝、铁钉	kg	2.49	1.91	1.27
混 凝 土	m³	106.00	106.00	106.00
水	m³	68.00	58.00	48.00
其他材料费	%	2	2	2
振 捣 器 插入式1.1kW	台时	68.35	56.25	44.24
风 水 枪	台时	5.00	5.00	5.00
电 焊 机 16~30kW	台时	15.96	13.46	10.97
其他机械费	%	5	5	5
混凝土拌制	m³	106	106	106
混凝土运输	m³	106	106	106
定 额 编 号		03269	03270	03271

三 – 69 混凝土水池

适用范围:现浇钢筋混凝土、泵房井式前池、出水池、贮水池,矩形水池。

单位:100m³

项 目	单位	池底	池壁厚(cm)		池盖
			<10	10~25	
人 工	工时	1963.18	5213.86	3635.25	965.92
锯 材	m³	0.41	6.28	3.61	0.54
组合钢模板	kg	27.40	291.70	161.20	84.86
型 钢	kg	49.75	529.32	302.20	48.90
卡 扣 件	kg	60.98	649.31	243.18	1.01
铁 件	kg	103	124	124	124
混 凝 土	m³	106	106	106	106
水	m³	103	103	103	103
其他材料费	%	1	1	1	1
振 动 器 1.1kW	台时	54.35	54.35	54.35	54.35
胶 轮 车	台时	203.08	203.08	203.08	203.08
其他机械费	%	15	15	15	15
混凝土运输	m³	106	106	106	106
定 额 编 号		03272	03273	03274	03275

三－70 沥青混凝土心墙

(1)人工摊铺、机械碾压

工作内容:模板转运,立拆模,清理、修整;沥青混凝土拌和、运输、铺筑及养护,施工层铺筑前的处理。

项 目	单位	立模	铺筑
人 工	工时	277.0	322.3
组合钢模板	kg	76.99	
卡 扣 件	kg	120.97	
沥青混凝土	m³		107
其他材料费	%	0.5	0.5
搅 拌 楼 LB－1000型	台时		10.06
骨料沥青系统	组时		10.06
振 动 碾 BW90AD	台时		2.56
载重汽车 5t	台时	30.27	
自卸汽车 保温8t	台时		17.40
其他机械费	%	2	2
定 额 编 号		03276	03277

注:本定额是按心墙厚100cm拟定,若厚度不同时立模定额按下表系数调整:

心墙平均厚度(cm)	50	60	70	80	90	100	110	120
调整系数	2.00	1.67	1.43	1.25	1.11	1.00	0.91	0.83

(2)机械摊铺碾压

工作内容:沥青混凝土拌和、运输、铺筑及养护,施工层铺筑前的处理,过渡料铺筑。

项 目	单位	沥青混凝土	过渡料
人 工	工时	198.8	40.6
沥青混凝土	m³	110	
过 渡 料	m³		117
其他材料费	%	0.5	0.5
搅 拌 楼 LB-1000型	台时	10.06	
骨料沥青系统	组时	10.06	
摊 铺 机 DF130C	台时	2.84	2.84
振 动 碾 BW90AD	台时	2.56	
振 动 碾 BW120AD-3	台时		2.56
自 卸 汽 车 保温8t	台时	17.40	
装 载 机 3m³	台时	2.84	2.84
其他机械费	%	2	2
过渡料运输	m³		117
定 额 编 号		03278	03279

注:1.本节过渡料仅适用于沥青混凝土左右1m宽范围内,超过1m部分采用相应定额。

　　2.若摊铺机摊铺沥青混凝土时,则沥青混凝土定额中的人工乘以1.4、摊铺机乘
　　　以3.0。

三-71 回填混凝土

适用范围:隧洞回填:封堵混凝土及塌方回填混凝土。
露天回填:露天各部位回填混凝土。
腹腔回填:箱形拱填腹及一般填腹。
工作内容:冲毛、冲洗、清仓,混凝土浇筑、振捣、养护等。

单位:100m³

项 目	单位	隧洞回填	露天回填	腹腔回填
人 工	工时	530.0	469.9	439.3
混 凝 土	m³	105	105	105
水	m³	46	46	20
组合钢模板	kg	8.12	16.23	
铁件及预埋铁件	kg	19.92	39.84	
预制混凝土柱	m³	0.03	0.06	
电 焊 条	kg	0.25	0.51	
其他材料费	%	1	1	0.5
振 动 器 1.1kW	台时	61.44	61.44	30.68
风 水 枪	台时	6.14	6.14	9.20
载 重 汽 车 5t	台时	0.05	0.11	
汽车起重机 5t	台时	1.24	2.48	
电 焊 机 25kVA	台时	0.36	0.72	
其他机械费	%	8	8	8
混凝土拌制	m³	105	105	105
混凝土运输	m³	105	105	105
定额编号		03280	03281	03282

三 -72 其他混凝土

适用范围:基础:排架基础、一般设备基础等。

小体积:各类小体积混凝土。

单位:100m³

项　　目	单位	基础	小体积
人　　工	工时	1182.4	1986.9
混　凝　土	m³	105	105
水	m³	122	122
组合钢模板	m²	243.48	
铁件及预埋铁件	kg	597.59	
预制混凝土柱	m³	0.86	
电　焊　条	kg	7.59	
其他材料费	%	2	2
振　动　器　1.1kW	台时	30.68	54.61
风　水　枪	台时	39.89	11.41
载　重　汽　车　5t	台时	1.61	
汽车起重机　5t	台时	37.14	
电　焊　机　25kVA	台时	10.82	
其他机械费	%	10	10
混凝土拌制	m³	105	105
混凝土运输	m³	105	105
定　额　编　号		03283	03284

三 −73 砂浆垫层

工作内容:清理基层、调制砂浆、铺设砂浆、抹平、压实。

单位:100m²

项　目	单位	数量
人　工	工时	288.69
砂　浆	m³	10.80
其他材料费	%	3
灰浆搅拌机	台时	11.69
定　额　编　号		03285

第四章

砌筑工程

说　明

一、本章包括铺砂石垫层、土工布、塑料膜、复合土工膜、复合柔毡和干砌石、浆砌石、砌体抹面、铅丝笼块石、钢筋笼块石、抛石、砌体拆除、物料压实、土工格栅、格宾网箱石笼等定额共 37 节 131 个子目。

二、各节材料定额中石料计量单位:砂、碎石为堆方;块石、卵石为码方;条石、料石为清料方。

三、石料的名称、规格及标准:

碎石:指经破碎、加工分级后,粒径大于 5mm 的石块。

片石:指厚度大于 15cm,长、宽各为厚度的 3 倍以上,无一定规则形状的石块。

块石:指长、宽各为厚度的 2~3 倍,厚度 >20cm 的石块。

卵石:指最小粒径大于 20cm 的天然河卵石。

毛条石:指一般长度大于 60cm 的长条形四棱方正的石料。

粗料石:指毛条石经过修边打荒加工,外露面方正,各相邻面正交,表面凹凸不超过 10mm 的石料。

细料石:指毛条石经过修边打荒加工,外露面方正,各相邻面正交,表面凹凸不超过 5mm 的石料。

砂砾料:指未经加工的天然砂卵石料。

堆石料:岩石经爆破后,无一定规则,无一定大小,能满足设计粒径和级配要求的上坝料。

反滤料、过渡料:指土石坝或一般堆砌石工程的防渗体与坝壳(土料、砂砾料或堆石料)之间的过渡区石料,由粒径、级配均有一定要求的砂、砾石(碎石)等组成。

垫层料:一般指具有良好的级配,最大粒径满足设计要求的石料。

四、土工布铺设、塑料膜铺设、复合土工膜铺设、复合柔毡铺设
5 节定额,仅指这些防渗(反滤)材料本身的铺设,不包括其上面的
保护(覆盖)层和下面的垫层铺筑。其定额单位 100m² 指设计有
效防渗面积。

五、本章第 30～33 节压实定额已包括压实过程中所有损耗量
及坝面施工干扰因素。反滤料压实定额中的砂及碎(卵)石数量
和组成比例,可按设计资料进行调整。

六、压实定额中物料运输消耗量按自料场直接运输和自成品
供料场运输两种情况列示,选用时应根据施工组织设计运输方案
选择确定。其物料运输单价可采用本概算定额相关章节子目计
算,并乘以坝面施工干扰系数 1.02。

自料场直接运输,采用第一章土方工程定额和第二章石方工
程定额相应子目,计量单位为自然方。其中砂砾料运输按Ⅳ类土
定额计算。

自成品供料场运输,采用第七章砂石备料工程定额,计量单位
为成品堆方。其中反滤料运输采用骨料运输定额。

四-1 砂石垫层

工作内容:修坡、压实。

单位:100m³

项　目	单　位	砂垫层	碎石垫层	反滤层
人　工	工时	577.0	643.7	643.7
碎　石	m³		102	81.60
砂	m³	110		20.40
其他材料费	%	1	1	1
定额编号		04001	04002	04003

四-2 人工铺筑戈壁料垫层

工作内容:拌运砂浆、砌筑、勾缝。

单位:100m³

项　目	单　位	数量
人　工	工时	688.5
戈壁料	m³	107
其他材料费	%	1
定额编号		04004

四-3 土工布铺设

适用范围:土石坝、围堰的反滤层。

工作内容:场内运输、铺设、接缝(针缝)。

单位:100m²

项　目	单位	平铺	斜铺
人　工	工时	16.4	20.7
土　工　布	m²	107	107
其他材料费	%	2	2
定额编号		04005	04006

四-4 塑料膜铺设

适用范围:渠道、围堰防渗。

工作内容:场内运输、铺设、搭接。

单位:100m²

项　目	单位	平铺	斜铺
人　工	工时	10.0	12.3
塑料薄膜	m²	113	113
其他材料费	%	1	1
定额编号		04007	04008

四-5 复合土工膜铺设——粘接

适用范围:土石堰体防渗。

工作内容:场内运输、铺设、粘接,岸边及底部连接。

单位:100m²

项 目	单位	平铺	斜铺
人 工	工时	36.8	47.0
复合土工膜	m²	106	106
工 程 胶	kg	2	2
其他材料费	%	4	4
定额编号		04009	04010

四-6 复合土工膜铺设——热焊连接

适用范围:土石堰体防渗。斜铺边坡为 1:3~1:1.5

工作内容:场内运输、铺设、膜焊、布缝。

单位:100m²

项 目	单位	平铺	斜铺
人 工	工时	16.6	21.7
复合土工膜	m²	106	106
其他材料费	%	4	4
热 焊 机	台时	0.77	0.77
土工布缝边机	台时	0.44	0.44
定额编号		04011	04012

四-7 复合柔毡铺设——热焊连接

适用范围:渠道、土石坝、围堰防渗。

工作内容:场内运输、铺设、焊接。

单位:100m²

项 目	单位	平铺	斜铺			
			边坡			
			1:2.5	1:2.0	1:1.5	1:1.0
人 工	工时	21.6	24.1	26.7	29.2	36.8
复合柔毡	m²	105	115	120	125	130
其他材料费	%	4	4	4	4	4
定额编号		04013	04014	04015	04016	04017

四-8 干砌片石

工作内容:选石、修石、砌筑、填缝、找平。

单位:100m³

项 目	单位	护坡	护底	基础
人 工	工时	600.4	570.4	547.2
片 石	m³	120	120	120
其他材料费	%	1	1	1
胶轮车	台时	135.8	135.8	135.8
定额编号		04018	04019	04020

四-9 干砌块石

工作内容:选石、修石、砌筑、填缝、找平。

单位:100m³

项　　目	单位	护坡	护底	基础	挡土墙	防浪墙	排水沟	填腹石
人　　工	工时	758.5	639.4	585.7	697.7	952.3	764.9	474.9
块　　石	m³	116	116	116	116	116	116	116
其他材料费	%	1	1	1	1	1	1	1
胶 轮 车	台时	131.26	131.26	131.26	131.26	131.26	131.26	131.26
定额编号		04021	04022	04023	04024	04025	04026	04027

四 –10 干砌卵石

工作内容:选石、砌筑、填缝、找平。

单位:100m³

项　　目	单位	护坡		护底	基础	挡土墙
		平面	曲面			
人　　工	工时	759.5	888.7	655.9	578.2	733.7
卵　　石	m³	112	112	112	112	112
其他材料费	%	1	1	1	1	1
胶　轮　车	台时	113.8	113.8	113.8	113.8	113.8
定　额　编　号		04028	04029	04030	04031	04032

四 –11 干砌卵石灌混凝土

工作内容:选石、修石、砌筑、灌混凝土、抹填平缝、养护。

单位:100m³

项　　目	单位	护坡		护底	基础	挡土墙
		平面	曲面			
人　　工	工时	1199.8	1378.4	1056.3	940.4	1157.8
卵　　石	m³	105	105	105	105	105
混　凝　土	m³	41.1	41.1	41.1	41.1	41.1
其他材料费	%	0.5	0.5	0.5	0.5	0.5
胶　轮　车	台时	253.5	253.5	253.5	253.5	253.5
混凝土搅拌机　0.4m³	台时	13.6	13.6	13.6	13.6	13.6
定　额　编　号		04033	04034	04035	04036	04037

四 – 12　干砌混凝土预制块

工作内容:砌筑、找平。

单位:100m³

项　　目	单位	护坡		护底
		平　面	曲　面	
人　　工	工时	478.8	560.3	432.1
混 凝 土 块	m³	102	102	102
其他材料费	%	0.5	0.5	0.5
胶 轮 车	台时	81.8	81.8	81.8
定额编号		04038	04039	04040

四 – 13　干砌混凝土预制板

单位:100m³

项　　目	单位	板厚	
		6cm	12cm
人　　工	工时	1235.9	896.2
混凝土预制板	m³	97.34	97.34
其他材料费	%	1	1
胶 轮 车	台时	267.4	193.9
定额编号		04041	04042

四-14 浆砌块石

工作内容:选石、修石、冲洗、拌浆、砌石、勾缝。

单位:100m³

项　　目	单位	护坡	护底	基础	挡土墙	防浪墙	排水沟	填腹石
人　　工	工时	1167.9	1061.7	899.7	1067.3	1460.7	1218.2	821.4
块　　石	m³	108	108	108	108	108	108	108
砂　　浆	m³	35.30	35.30	34.00	34.40	37.50	36.00	35.90
其他材料费	%	0.5	0.5	0.5	0.5	0.5	0.5	0.5
砂浆搅拌机 0.4m³	台时	10.64	10.64	10.25	10.37	11.30	10.85	10.82
胶 轮 车	台时	266.00	266.00	263.58	264.33	270.08	267.30	267.11
定额编号		04043	04044	04045	04046	04047	04048	04049

四 – 15 浆砌卵石

工作内容:选石、修石、冲洗、拌浆、砌石、勾缝。

单位:100m³

项 目	单位	护坡	护底	基础	底板
人 工	工时	1251.7	1123.2	955.5	1067.0
卵 石	m³	105	105	105	105
砂 浆	m³	37	37	36	36
其他材料费	%	0.5	0.5	0.5	0.5
砂浆搅拌机 0.4m³	台时	11.2	11.2	11.1	11.1
胶 轮 车	台时	269.5	269.1	266.7	266.7
定 额 编 号		04050	04051	04052	04053

四-16 浆砌条料石

工作内容:选石、冲洗、拌浆、砌石、勾缝。

单位:100m³

项 目	单位	护坡	护底	基础	挡土墙	桥闸墩	帽石	防浪墙
人 工	工时	1146.0	1085.1	951.0	1109.5	1243.6	1719.1	1517.9
毛 条 石	m³	86.70	86.70	86.70	65.30	36.70		
粗 料 石	m³				21.40	50.00		
细 料 石	m³						86.70	86.70
砂 浆	m³	26.00	26.00	25.00	25.20	25.50	23.00	23.00
其他材料费	%	0.5	0.5	0.5	0.5	0.5	0.5	0.5
砂浆搅拌机 0.4m³	台时	7.85	7.85	7.54	7.61	7.69	6.94	6.94
胶 轮 车	台时	269.42	269.42	265.35	266.17	267.39	257.20	257.20
定 额 编 号		04054	04055	04056	04057	04058	04059	04060

注:1. 挡土墙、桥闸墩砌体表面不需加工的,粗料石量并入毛条石计算。
   2. 护坡、护底砌体表面需加工的,毛条石改为粗料石,用量不变。

· 262 ·

四－17 浆砌石拱圈

工作内容:拱架模板制作、安装、拆除、冲洗、拌浆、砌筑、勾缝。

单位:100m³

项　　　目	单位	粗料石拱	块石拱
人　　　工	工时	1856.1	1747.8
粗　料　石	m³	86.70	
块　　　石	m³		108.00
砂　　　浆	m³	25.90	35.40
锯　　　材	m³	2.75	2.75
原　　　木	m³	1.29	1.29
铁　　　钉	kg	17.00	17.00
铁　　　件	kg	78.00	78.00
其他材料费	%	1.0	1.0
砂浆搅拌机　0.4m³	台时	7.81	10.68
胶　轮　车	台时	269.02	266.40
定　额　编　号		04061	04062

注:定额不包括抬拱架的支撑排架。

四-18 浆砌石衬砌

适用范围:隧洞。

工作内容:拱部、拱架及支撑的制作、安装、拆除、冲洗、拌浆、砌筑、勾缝。

单位:100m³

项　目	单位	拱部	边墙	护底	洞门	拱背回填	边墙回填
人　　工	工时	1989.3	1193.7	1081.9	1212.6	803.4	690.7
粗料块石	m³	86.70	86.70	86.70	86.70		
块　　石	m³					116	116
砂　　浆	m³	26	26	26	26		
锯　　材	m³	2.75					
原　　木	m³	1.29					
铁　　钉	kg	17.00					
铁　　件	kg	78.00					
其他材料费	%	0.5	0.5	0.5	0.5	0.5	0.5
砂浆搅拌机 0.4m³	台时	7.85	7.85	7.85	7.85		
胶 轮 车	台时	36.18	36.18	36.18	36.18		
V 型斗车 1m³	台时	156.74	156.74	156.74	156.74	156.74	156.74
定 额 编 号		04063	04064	04065	04066	04067	04068

注:石面不需加工的,粗料石改为毛条石。

四－19　浆砌石明渠

适用范围：岩石地基、非岩石地基。

工作内容：选石、修石、洗石、拌制砂浆、砌筑、填缝、勾缝。

单位：100m³

项目	单位	非岩石地基					岩石地基				
		块石		条（料）石			块石		条（料）石		
		渠底宽度（m）					渠底宽度（m）				
		≤1	>1	≤2	2～3	>3	≤1	>1	≤2	2～3	>3
人工	工时	1342.4	1242.1	1158.2	1113.8	1088.4	1412.2	1313.2	1281.4	1225.5	1200.1
块石	m³	110	110				110	110			
条（料）石	m³			86.7	86.7	86.7			86.7	86.7	86.7
水泥砂浆	m³	35.3	35.3	26	26	26	37	37	28	28	28
其他材料费	%	0.5	0.5	0.5	0.5	0.5	0.8	0.8	0.8	0.8	0.8
砂浆搅拌机 0.4m³	台时	9.56	9.56	7.04	7.04	7.04	10.02	10.02	7.58	7.58	7.58
胶轮车	台时	240.82	240.82	183.14	183.14	183.14	247.03	247.03	190.46	190.46	190.46
定额编号		04069	04070	04071	04072	04073	04074	04075	04076	04077	04078

四-20 砌石坝

工作内容：凿毛、冲洗、清理、选石、修石、洗石、砂浆（混凝土）拌制、砌筑、勾缝、养护。

单位：100m³

项　目	单位	块石重力坝		条石拱坝		条石重力坝	
		混凝土砌	浆砌	混凝土砌	浆砌	混凝土砌	浆砌
人　工	工时	1502.7	992.8	1601.0	1162.8	1466.9	983.9
块　石	m³	88	114				
条　石	m³			58	92	58	92
砂　浆	m³		38.38		24.24		24.24
混凝土	m³	54.54		52.52		52.52	
其他材料费	%	1	1	1	1	1	1
胶 轮 车	台时	492.9	442.0	295.8	240.5	518.5	501.4
搅 拌 机 0.4m³	台时	15.1	10.6	15.1	6.2	15.1	6.2
振 捣 器 2.2kW	台时	112.6		112.6		112.6	
其他机械费	%	1	1	1	1	1	1
定额编号		04079	04080	04081	04082	04083	04084

注：本节定额未包括石料上坝的垂直运输。

四－21 浆砌混凝土预制块

工作内容:冲洗、拌浆、砌筑、勾缝。

单位:100m³

项　　目	单位	护坡、护底	栏杆	挡土墙、闸墩、桥台
人　　工	工时	917.4	1116.6	910.3
混凝土预制块	m³	92	92	92
砂　　浆	m³	16	17	16
其他材料费	%	0.5	0.5	0.5
砂浆搅拌机　0.4m³	台时	4.8	5.2	4.7
胶　轮　车	台时	203.6	208.9	201.6
定额编号		04085	04086	04087

四－22 砌　砖

工作内容:清基准备、拌运砂浆、砌筑及清理表面、勾缝。

单位:100m³

项　　目	单位	基础	护坡	墙	墩	水井
人　　工	工时	974.8	1252.5	1218.8	1218.8	1272.8
砖	千块	52.30	54.30	52.30	54.30	54.30
砂　　浆	m³	25.00	26.90	25.00	26.90	26.90
其他材料费	%	1	1	1	1	1
砂浆搅拌机　0.4m³	台时	7.6	8.1	7.6	8.1	8.1
胶　轮　车	台时	101.1	106.2	101.1	106.2	106.2
定额编号		04088	04089	04090	04091	04092

四–23　砌体砂浆抹面

工作内容:冲洗、抹灰、压光。

单位:100m²

项　　目	单位	平均厚2cm			每增减 1cm 厚
		平面	立面	拱面	
人　　工	工时	91.1	122.0	210.0	39.7
砂　　浆	m³	2.10	2.30	2.50	1.00
其他材料费	%	8	8	8	
砂浆搅拌机　0.4m³	台时	0.6	0.7	0.8	0.3
胶　轮　车	台时	8.5	9.4	10.2	4.3
定 额 编 号		04093	04094	04095	04096

注:斜面角度大于30°时,按立面计算。

四–24　铅丝笼块石

工作内容:编笼、安放、装填、封口。

单位:100m³ 笼装块石

项　　目	单位	数量
人　　工	工时	475.6
铅　丝　8#	kg	690
块　　石	m³	113
其他材料费	%	1
定 额 编 号		04097

四 - 25　钢筋石笼

适用范围:钢筋笼长 2 ~ 3m,宽高 0.8 ~ 1.2m。

工作内容:编笼、安放、装填、封口。

单位:100m³ 笼装块石

项　目	单位	数量
人　　工	工时	601.2
钢　筋　Φ8 ~ Φ10mm	t	1.70
块　　石	m³	113
其他材料费	%	3
电　焊　机　25kVA	台时	25.6
切　筋　机　20kW	台时	0.9
载重汽车　5t	台时	1.8
其他机械费	%	10
定额编号		04098

四 - 26　人工抛石

适用范围:护底、护岸。

工作内容:人工装、运、卸、抛投、整平。

单位:100m³ 抛投方

项　目	单位	胶轮车运
人　　工	工时	272.0
块　　石	m³	103
其他材料费	%	1
胶　轮　车	台时	99.63
定额编号		04099

四 – 27　机械抛石

适用范围:护底、护岸。

工作内容:吊装、运输、定位、抛石、空回。

(1) 100m³ 自行式石驳

单位:100m³ 抛投方

项　目	单位	运距(km)			每增运 0.5km
		0.5	1	2	
人　工	工时	9.4	9.4	9.4	
块　石	m³	108	108	108	
其他材料费	%	2	2	2	
液压挖掘机　1m³	台时	1.47	1.47	1.47	
推 土 机　132kW	台时	0.74	0.74	0.74	
石　驳　100m³	台时	2.26	2.74	3.70	0.30
其他机械费	%	2	2	2	
定 额 编 号		04100	04101	04102	04103

(2) 120m³ 底开式石驳

单位:100m³ 抛投方

项　目	单位	运距(km)			每增运 0.5km
		0.5	1	2	
人　工	工时	9.4	9.4	9.4	
块　石	m³	108	108	108	
其他材料费	%	2	2	2	
液压挖掘机　1m³	台时	1.47	1.47	1.47	
推 土 机　132kW	台时	0.74	0.74	0.74	
拖　轮　176kW	台时	2.06	2.35	2.92	0.23
石　驳　120m³	台时	2.06	2.35	2.92	0.23
其他机械费	%	2	2	2	
定 额 编 号		04104	04105	04106	04107

四 –28 砌体拆除

适用范围:块、条、料石。

工作内容:拆除、清理、堆放。

单位:100m³

项　　目	单位	水泥浆砌石	白灰浆砌石	干砌石
人　　工	工时	1192.4	794.9	347.4
零星材料费	%	0.5	0.5	0.5
定　额　编　号		04108	04109	04110

四 –29 挖掘机拆除砌石

工作内容:机械拆除、就近堆放、人工清理工作面。

单位:100m³

项　　目	单位	干砌石	浆砌石
人　　工	工时	16.1	18.8
零星材料费	%	5	6
液压挖掘机　1m³	台时	4.70	5.48
定　额　编　号		04111	04112

四-30 打夯机夯实砂砾料、反滤料、过渡料

适用范围:坝体砂石料、反滤料、过渡料,挖掘机改装打夯机。

工作内容:推平、压实、洒水、整坡、补边夯、辅助工作。

单位:100m³ 实方

项 目	单位	砂砾料	反滤料	过渡料
人 工	工时	9.1	9.6	9.6
零星材料费	%	6	5	5
打 夯 机 1.0m³	台时	0.74	1.06	1.06
推 土 机 74kW	台时	0.81	0.84	0.84
蛙式打夯机 2.8kW	台时	1.48	1.52	1.52
物料运输(自然方)	m³	118		81
自成品供料场运输(堆方)	m³	135	118	
定 额 编 号		04113	04114	04115

注:1.打夯机系用1m³挖掘机改装,型号规格指机斗容量。

2."自然方"或"堆方"只能选用一种计价。

四-31 拖拉机压实砂砾料、反滤料、过渡料

适用范围:坝体砂砾料、反滤料、过渡料,利用拖拉机履带碾压。

工作内容:推平、压实、洒水、整坡、补边夯、辅助工作。

单位:100m³ 实方

项 目	单位	砂砾料	反滤料	过渡料
人 工	工时	12.5	12.5	12.5
零星材料费	%	15	14	14
拖 拉 机 74kW	台时	1.32	1.57	1.57
推 土 机 74kW	台时	0.91	0.91	0.91
蛙式打夯机 2.8kW	台时	1.66	1.66	1.66
自料场直接运输(自然方)	m³	118		81
自成品供料场运输(堆方)	m³	135	118	119
定 额 编 号		04116	04117	04118

注:"自然方"或"堆方"只能选用一种计价。

四 – 32 拖式振动碾压实砂砾料、反滤料、堆石料、过渡料

适用范围:坝体砂砾料、反滤料、堆石、过渡料,非自行式振动碾。

工作内容:推平、压实、整坡、洒水、补边夯、辅助工作。

单位:100m³ 实方

项　　目	单位	砂砾料	反滤料 (垫层料)	堆石料	过渡料
人　　工	工时	7.3	8.4	8.4	8.4
零星材料费	%	10	10	10	10
振动碾 13 ~ 14t,拖拉机 74kW	台时	0.44	0.65	0.44	0.44
推　土　机　74kW	台时	0.64	0.80	0.80	0.80
蛙式打夯机　2.8kW	台时	1.45	1.45	1.45	1.45
自料场直接运输(自然方)	m³	118		78	81
自成品供料场运输(堆方)	m³	135	118	121	119
定　额　编　号		04119	04120	04121	04122

注:"自然方"或"堆方"只能选用一种计价。

四 – 33 自行式振动碾压实砂砾料、反滤料、堆石料、过渡料

适用范围:坝体砂砾料、反滤料、堆石、过渡料,非自行式振动碾。

工作内容:推平、压实、整坡、洒水、补边夯、辅助工作。

单位:100m³ 实方

项　　目	单位	砂砾料	反滤料 (垫层料)	堆石料	过渡料
人　　工	工时	6.3	7.3	7.3	7.3
零星材料费	%	10	10	10	10
自行式振动碾　17.4t	台时	0.30	0.58	0.44	0.44
推　土　机　74kW	台时	0.56	0.80	0.80	0.80
蛙式打夯机　2.8kW	台时	1.45	1.45	1.45	1.45
自料场直接运输(自然方)	m³	118		78	81
自成品供料场运输(堆方)	m³	135	118	121	119
定　额　编　号		04123	04124	04125	04126

注:"自然方"或"堆方"只能选用一种计价。

四 –34 压路机压实砂砾料、石渣料

适用范围:砂砾石、石渣压实。

工作内容:推平、压实、洒水、整坡、补边夯、辅助工作。

单位:100m³ 实方

项　　　目	单位	砂砾料	石渣料
人　　　工	工时	7.2	7.9
零星材料费	%	0.5	0.5
压　路　机　12~15t	台时	2.97	3.83
推　土　机　74kW	台时	0.99	0.99
蛙式打夯机　2.8kW	台时	2.23	2.23
自料场直接运输(自然方)	m³	118	76
自成品供料场运输(堆方)	m³		121
定额编号		04127	04128

注:"自然方"或"堆方"只能选用一种计价。

四 –35 斜坡压实垫层料

适用范围:面板坝斜坡压实。

工作内容:削坡、修整。

单位:100m² 实方

项　　　目	单位	数量
人　　　工	工时	145.4
零星材料费	%	10
斜坡振动碾　10t	台时	1.11
拖　拉　机　74kW	台时	1.11
挖　掘　机　1m³	台时	1.11
其他机械费	%	1
定额编号		04129

四-36 土工格栅

工作内容:铺设、接缝。

单位:100m²

项　　目	单位	数量
人　　工	工时	20.08
土 工 格 栅	m²	105
其他材料费	%	3
定 额 编 号		04130

四-37 格宾网箱石笼

工作内容:编笼、安放、运石、装填、封口等。

单位:100m³ 成品方

项　　目	单位	数量
人　　工	工时	434.3
格 宾 网(2m×1m×1m)	m²	643
块　　石	m³	105
其他材料费	%	1
定 额 编 号		04131

注:格宾网规格、型号不同时,消耗量可作调整,其他不变。

第五章

喷锚工程

说　明

一、本章包括岩石面喷浆、混凝土面喷浆、洞内喷混凝土、地面锚杆支护、地下锚杆支护、风钻钻插筋孔、潜孔钻钻插筋孔、混凝土面插筋、人工湿喷混凝土、机械湿喷混凝土、钢筋网、锚索等定额共12节109个子目。

二、喷浆（混凝土）定额的计量，以喷后的设计有效面积（体积）计算，定额已包括了回弹及施工损耗量。

三、锚杆定额以根计，其长度是指嵌入岩石的设计有效长度。按规定应留的外露部分及加工过程中的损耗等，均已计入定额，使用时不作调整。

四、混凝土面插筋定额中的锚固长度是指插筋嵌入混凝土内的设计有效长度，按规定应留的外露部分及加工过程中的损耗等，均已计入定额，使用时不作调整。

五、定额中锚杆附件，包括铁垫板、三角铁和螺帽等。

六、钻混凝土按Ⅶ～Ⅹ级岩石级别计算。

七、本章定额中水泥强度等级的选择应符合设计要求，设计未注明的，可暂按42.5普通硅酸盐水泥考虑。

五－1 岩石面喷浆

工作内容：凿毛、冲洗、配料、喷浆、修饰、养护。

单位：100m²

项目		单位	有钢筋网 厚度(cm)					无钢筋网 厚度(cm)				
			1	2	3	4	5	1	2	3	4	5
人工		工时	152.9	169.9	186.5	203.5	220.1	145.9	161.4	177.6	193.0	208.5
水泥		t	0.82	1.63	2.45	3.27	4.09	0.82	1.63	2.45	3.27	4.09
砂子		m³	1.22	2.45	3.67	4.89	6.12	1.22	2.45	3.67	4.89	6.12
水		m³	3	3	4	4	5	3	3	4	4	5
防水粉		kg	41	82	123	164	205	41	82	123	164	205
其他材料费		%	9	5	3	2	2	9	5	3	2	2
喷浆机 75L		台时	12.18	14.92	17.58	20.41	23.07	11.13	13.55	16.21	18.55	21.05
风水枪		台时	11.45	11.45	11.45	11.45	11.45	9.36	9.36	9.36	9.36	9.36
风镐		台时	33.53	33.53	33.53	33.53	33.53	33.53	33.53	33.53	33.53	33.53
其他机械费		%	1	1	1	1	1	1	1	1	1	1
定额编号			05001	05002	05003	05004	05005	05006	05007	05008	05009	05010

注:1. 不用防水粉的不计。

2. 定额不包括钢筋网制作与安装。

3. 在隧洞内工作，人工和机械定额乘以1.2系数。

五－2 混凝土面喷浆

工作内容：凿毛、冲洗、配料、喷浆、修饰、养护。

单位:100m²

项目	单位	有钢筋网 厚度(cm)					无钢筋网 厚度(cm)				
		1	2	3	4	5	1	2	3	4	5
人工	工时	161.0	172.2	183.4	195.2	206.7	144.2	157.1	170.2	185.6	201.1
水泥	t	0.73	1.45	2.18	2.91	3.64	0.73	1.45	2.18	2.91	3.64
砂子	m³	1.09	2.18	3.27	4.36	5.45	1.09	2.18	3.27	4.36	5.45
水	m³	3	3	4	4	5	3	3	4	4	5
防水粉	kg	37	73	109	146	182	37	73	109	146	182
其他材料费	%	10	5	4	3	2	10	5	4	3	2
喷浆机 75L	台时	10.49	12.66	14.76	17.10	19.28	9.28	11.45	13.47	15.57	17.58
风水枪	台时	9.52	9.52	9.52	9.52	9.52	6.61	6.61	6.61	6.61	6.61
风镐	台时	41.91	41.91	41.91	41.91	41.91	41.91	41.91	41.91	41.91	41.91
其他机械费	%	1	1	1	1	1	1	1	1	1	1
定额编号		05011	05012	05013	05014	05015	05016	05017	05018	05019	05020

注:1. 不用防水粉的不计。

2. 定额不包括钢筋网制作与安装。

3. 在隧洞内工作,人工和机械定额乘以1.2系数。

五-3 洞内喷混凝土

适用范围:平洞(洞轴线与水平夹角≤6°)支护。

工作内容:凿毛、配料、上料、拌和、喷射、处理回弹料、养护。

单位:100m³

项 目	单位	有钢筋 喷射厚度(cm)			无钢筋 喷射厚度(cm)		
		≤15	20	30	≤15	20	30
人 工	工时	1224.6	1010.5	908.7	1212.3	1000.4	899.6
水 泥	t	57.94	57.94	57.94	55.62	55.62	55.62
砂 子	m³	79.80	79.80	79.80	77.70	77.70	77.70
小 石	m³	74.77	74.77	74.77	72.87	72.87	72.87
速凝剂	t	1.92	1.92	1.92	1.88	1.88	1.88
水	m³	47.00	47.00	47.00	47.00	47.00	47.00
其他材料费	%	3.0	3.0	3.0	3.0	3.0	3.0
喷射机 4~5m³/h	台时	88.99	81.04	72.98	85.43	77.80	70.06
搅拌机 强制式0.25m³	台时	88.99	81.04	72.98	85.43	77.80	70.06
胶带输送机 800 mm×30 m	台时	88.99	81.04	72.98	85.43	77.80	70.06
风 镐	台时	268.35	201.16	181.14	268.35	201.16	181.14
其他机械费	%	5.0	5.0	5.0	5.0	5.0	5.0
定额编号		05021	05022	05023	05024	05025	05026

注:1. 混凝土配合比为1:2:2;小石粒径<25mm。

2. 洞轴线与水平夹角6°~30°人工增加5%;30°~75°人工增加15%。

五－4 地面锚杆支护

单位:100 根

项目		单位	锚杆长度 1m			锚杆长度每增加 1m		
			岩石级别			岩石级别		
			VII~X	XI~XII	XIII~XIV	VII~X	XI~XII	XIII~XIV
人 工		工时	65.2	66.1	66.5	113.3	146.6	201.3
合金钻头		个	2.80	3.43	4.17	2.77	3.40	4.23
锚杆	Φ18mm	kg	232	232	232	209	209	209
	Φ20mm	kg	285	285	285	259	259	259
	Φ22mm	kg	344.67	344.67	344.67	313.33	313.33	313.33
	Φ25mm	kg	444.95	444.95	444.95	404.50	404.50	404.50
	Φ30mm	kg	641.30	641.30	641.30	583.00	583.00	583.00
锚杆附件		kg	144	144	144			
水泥砂浆		m³	0.12	0.12	0.12	0.11	0.11	0.11
其他材料费		%	3	3	3			
风钻 气腿式		台时	12.60	18.90	24.15	25.20	34.65	52.50
其他机械费		%	7	6	5			
定额编号			05027	05028	05029	05030	05031	05032

五－5 地下锚杆支护

单位:100 根

| 项目 | 单位 | 锚杆长度 1m | | | 锚杆长度每增加 1m | | |
| | | 岩石级别 | | | 岩石级别 | | |
		VII~X	XI~XII	XIII~XIV	VII~X	XI~XII	XIII~XIV
人 工	工时	101.5	102.5	103.3	145.3	186.8	256.4
合金钻头	个	2.80	3.43	4.24	2.77	3.40	4.17
锚杆 Φ18mm	kg	232	232	232	209	209	209
Φ20mm	kg	285	285	285	259	259	259
Φ22mm	kg	344.67	344.67	344.67	313.33	313.33	313.33
Φ25mm	kg	444.95	444.95	444.95	404.50	404.50	404.50
Φ30mm	kg	641.30	641.30	641.30	583.00	583.00	583.00
锚杆附件	kg	144	144	144			
水泥砂浆	m³	0.13	0.13	0.13	0.13	0.13	0.13
其他材料费	%	3	3	3			
风钻 气腿式	台时	17.85	22.05	27.30	31.50	44.10	66.15
其他机械费	%	6	5	4			
定额编号		05033	05034	05035	05036	05037	05038

五 - 6 风钻钻插筋孔

单位:100m

项 目	单位	岩石级别		
		VII ~ X	XI ~ XII	XIII ~ XIV
人 工	工时	59.7	82.7	120.6
合 金 钻 头	个	2.74	3.38	4.18
其他材料费	%	20	20	20
风 钻 手持式	台时	19.74	27.34	39.87
其他机械费	%	10	10	10
定 额 编 号		05039	05040	05041

注:孔深超过 3 m 时,人工、机械乘以 1.15 系数。

五 - 7 潜孔钻钻插筋孔

单位:100m

项 目	单位	岩石级别		
		VII ~ X	XI ~ XII	XIII ~ XIV
人 工	工时	49.9	60.8	75.1
钻 头 100 型	个	1.5	1.8	2.3
冲 击 器	套	0.1	0.2	0.2
其他材料费	%	12	13	14
潜 孔 钻 100 型	台时	33.0	40.2	49.7
其他机械费	%	2	3	4
定 额 编 号		05042	05043	05044

注:若为水平孔,人工、机械乘以 1.2 系数。

五-8 混凝土面插筋

(1)锚固长度1m

单位:100根

项 目	单位	混凝土强度等级		
		≤C20	C25~C35	≥C40
人 工	工时	132.2	170.5	211.7
合 金 钻 头	个	2.88	3.55	4.39
钢 筋 Φ16mm	kg	193.39	193.39	193.39
Φ18mm	kg	244.80	244.80	244.80
Φ20mm	kg	302.33	302.33	302.33
Φ22mm	kg	364.75	364.75	364.75
Φ25mm	kg	471.24	471.24	471.24
Φ28mm	kg	591.19	591.19	591.19
锚杆附件	kg	78	78	78
水 泥 砂 浆	m³	0.12	0.12	0.12
其他材料费	%	3	3	3
风 钻	台时	20.53	28.41	41.43
其他机械费	%	7	5	3
定 额 编 号		05045	05046	05047

(2)锚固长度 1.5m

单位:100 根

项　　目	单位	混凝土强度等级		
		≤C20	C25~C35	≥C40
人　　工	工时	175.0	232.4	294.3
合 金 钻 头	个	4.3	5.3	4.4
钢　筋　Φ20mm	kg	428.30	428.30	428.30
Φ22mm	kg	516.73	516.73	516.73
Φ25mm	kg	667.00	667.00	667.00
Φ28mm	kg	837.52	837.52	837.52
Φ32mm	kg	1094.15	1094.15	1094.15
锚 杆 附 件	kg	78	78	78
水 泥 砂 浆	m³	0.18	0.18	0.18
其他材料费	%	3	3	3
风　　钻	台时	30.79	42.62	62.14
其他机械费	%	7	5	3
定 额 编 号		05048	05049	05050

（3）锚固长度2m

项 目	单位	混凝土强度等级		
		≤C20	C25～C35	≥C40
人 工	工时	217.2	293.9	376.4
合金钻头	个	5.8	7.1	8.8
钢 筋 Φ20mm	kg	554.27	554.27	554.27
Φ22mm	kg	668.71	668.71	668.71
Φ25mm	kg	863.94	863.94	863.94
Φ28mm	kg	1083.85	1083.85	1083.85
Φ32mm	kg	1415.96	1415.96	1415.96
锚杆附件	kg	78	78	78
水泥砂浆	m³	0.23	0.23	0.23
其他材料费	%	3	3	3
风 钻	台时	41.04	42.62	82.85
其他机械费	%	7	5	3
定 额 编 号		05051	05052	05053

(4)锚固长度 2.5m

单位:100 根

项 目	单位	混凝土强度等级		
		≤C20	C25～C35	≥C40
人 工	工时	259.4	355.4	458.4
合 金 钻 头	个	8.45	8.45	8.45
钢 筋 Φ20mm	kg	692.84	692.84	692.84
Φ22mm	kg	835.89	835.89	835.89
Φ25mm	kg	1079.93	1079.93	1079.93
Φ28mm	kg	1354.82	1354.82	1354.82
Φ32mm	kg	1769.96	1769.96	1769.96
锚 杆 附 件	kg	78	78	78
水 泥 砂 浆	m³	0.28	0.28	0.28
其他材料费	%	3	3	3
风 钻	台时	51.3	56.8	103.6
其他机械费	%	7	5	3
定 额 编 号		05054	05055	05056

(5) 锚固长度 3m

项 目	单位	混凝土强度等级		
		≤C20	C25~C35	≥C40
人 工	工时	301.7	416.9	540.5
合 金 钻 头	个	10.14	10.14	10.14
钢 筋 Φ20mm	kg	831.40	831.40	831.40
Φ22mm	kg	1003.07	1003.07	1003.07
Φ25mm	kg	1295.91	1295.91	1295.91
Φ28mm	kg	1625.78	1625.78	1625.78
Φ32mm	kg	2123.95	2123.95	2123.95
锚杆附件	kg	79	80	81
水 泥 砂 浆	m³	0.33	0.33	0.33
其他材料费	%	3	4	5
风 钻	台时	61.6	71.0	124.4
其他机械费	%	7	5	3
定 额 编 号		05057	05058	05059

五-9 人工湿喷混凝土

适用范围:岩石面支护。

工作内容:岩石面清理、配料、上料、拌和、喷射、处理回弹料、养护。

(1)地面护坡

单位:100m³

项目	单位	有钢筋 喷射厚度(cm)			无钢筋 喷射厚度(cm)		
		5~10	10~15	15~20	5~10	10~15	15~20
人 工	工时	2024.8	1887.1	1729.9	2007.2	1870.8	1714.2
水 泥	t	52.32	52.32	52.32	51.87	51.87	51.87
砂 子	m³	70.10	70.10	70.10	69.49	69.49	69.49
石	m³	73.22	73.22	73.22	72.59	72.59	72.59
速凝剂	t	1.55	1.55	1.55	1.53	1.53	1.53
水	m³	54	54	54	53	53	53
其他材料费	%	3	3	3	3	3	3
湿 喷 机 4~5m³/h	台时	77.95	72.67	66.64	77.28	72.04	66.04
搅 拌 机 强制式0.25m³	台时	77.95	72.67	66.64	77.28	72.04	66.04
胶带输送机 800mm×30m	台时	77.95	72.67	66.64	77.28	72.04	66.04
其他机械费	%	5	5	5	5	5	5
定额编号		05060	05061	05062	05063	05064	05065

(2)平洞支护

单位：100m³

项目	单位	有钢筋			无钢筋		
		喷射厚度（cm）					
		5~10	10~15	15~20	5~10	10~15	15~20
人工	工时	2309.1	2151.9	1973.3	2265.0	2111.0	1936.2
水泥	t	54.27	54.27	54.27	53.22	53.22	53.22
砂子	m³	72.72	72.72	72.72	71.31	71.31	71.31
小石	m³	75.95	75.95	75.95	74.48	74.48	74.48
速凝剂	t	1.60	1.60	1.60	1.57	1.57	1.57
水	m³	54	54	54	54	54	54
其他材料费	%	3	3	3	3	3	3
湿喷机 4~5m³/h	台时	88.95	82.92	76.03	87.22	81.31	74.54
搅拌机 强制式0.25m³	台时	88.95	82.92	76.03	87.22	81.31	74.54
胶带输送机 800mm×30m	台时	88.95	82.92	76.03	87.22	81.31	74.54
其他机械费	%	5	5	5	5	5	5
定额编号		05066	05067	05068	05069	05070	05071

（3）6°~30°斜井支护

単位:100m³

项目	单位	有钢筋			无钢筋		
		喷射厚度（cm）					
		5~10	10~15	15~20	5~10	10~15	15~20
人工	工时	2424.8	2259.4	2072.0	2378.2	2216.6	2033.0
水泥	t	54.27	54.27	54.27	53.22	53.22	53.22
砂子	m³	72.72	72.72	72.72	71.31	71.31	71.31
小石	m³	75.95	75.95	75.95	74.48	74.48	74.48
速凝剂	t	1.60	1.60	1.60	1.57	1.57	1.57
水	m³	54	54	54	54	54	54
其他材料费	%	3	3	3	3	3	3
湿喷机 4~5m³/h	台时	88.95	82.92	76.03	87.22	81.31	74.54
搅拌机 强制式0.25m³	台时	88.95	82.92	76.03	87.22	81.31	74.54
胶带输送机 800mm×30m	台时	88.95	82.92	76.03	87.22	81.31	74.54
其他机械费	%	5	5	5	5	5	5
定额编号		05072	05073	05074	05075	05076	05077

(4)30°~75°斜井支护

单位:100m³

项目	单位	有钢筋 喷射厚度(cm)			无钢筋 喷射厚度(cm)		
		5~10	10~15	15~20	5~10	10~15	15~20
人 工	工时	2770.6	2582.0	2367.5	2717.8	2532.9	2323.5
水 泥	t	54.27	54.27	54.27	53.22	53.22	53.22
砂 子	m³	72.72	72.72	72.72	71.31	71.31	71.31
小 石	m³	75.95	75.95	75.95	74.48	74.48	74.48
速凝剂	t	1.60	1.60	1.60	1.57	1.57	1.57
水	m³	54	54	54	54	54	54
其他材料费	%	3	3	3	3	3	3
湿喷机 4~5m³/h	台时	88.95	82.92	76.03	87.22	81.31	74.54
搅拌机 强制式0.25m³	台时	88.95	82.92	76.03	87.22	81.31	74.54
胶带输送机 800mm×30m	台时	88.95	82.92	76.03	87.22	81.31	74.54
其他机械费	%	5	5	5	5	5	5
定额编号		05078	05079	05080	05081	05082	05083

五 - 10 机械湿喷混凝土

(1)地面护坡

单位:100m³

项 目	单位	有钢筋 喷射厚度(cm)						无钢筋 喷射厚度(cm)		
		5~10	10~15	15~20	5~10	15~20	10~15	5~10	10~15	15~20
人 工	工时	765.8	714.4	655.3	760.7				708.7	649.6
水 泥	t	52.32	52.32	52.32	51.87				51.87	51.87
砂 子	m³	70.10	70.10	70.10	69.49				69.49	69.49
小 石	m³	73.22	73.22	73.22	72.59				72.59	72.59
速 凝 剂	t	1.55	1.55	1.55	1.53				1.53	1.53
水	m³	94	94	94	94				94	94
其他材料费	%	3	3	3	3				3	3
混凝土湿喷机 A90/C	台时	39.35	36.70	33.64	39.02				36.37	33.34
混凝土搅拌车 3m³	台时	39.35	36.70	33.64	39.02				36.37	33.34
其他机械费	%	5	5	5	5				5	5
混凝土拌制	m³	116	116	116	115				115	115
定 额 编 号		05084	05085	05086	05087				05088	05089

（2）平洞支护

单位：100m³

项　目	单位	有钢筋			无钢筋		
		喷射厚度（cm）					
		5～10	10～15	15～20	5～10	10～15	15～20
人工	工时	876.3	814.7	747.4	857.2	799.5	732.8
水泥	t	54.27	54.27	54.27	53.22	53.22	53.22
砂子	m³	72.72	72.72	72.72	71.31	71.31	71.31
小石	m³	75.95	75.95	75.95	74.48	74.48	74.48
速凝剂	t	1.60	1.60	1.60	1.57	1.57	1.57
水	m³	54	54	54	54	54	54
其他材料费	%	3	3	3	3	3	3
混凝土湿喷机 A90/C	台时	44.90	41.87	38.39	44.05	41.05	37.64
混凝土搅拌车 3m³	台时	44.90	41.87	38.39	44.05	41.05	37.64
其他机械费	%	5	5	5	5	5	5
混凝土拌制	m³	120	120	120	118	118	118
定额编号		05090	05091	05092	05093	05094	05095

五－11　钢筋网

工作内容:回直、除锈、切筋、加工场至工地运输、焊接。

项　目	单位	地面	地下
人　工	工时	108.58	120.65
钢　筋	t	1.05	1.05
电　焊　条	kg	8.14	8.14
其他材料费	%	1	1
钢筋调直机　14kW	台时	0.95	1.06
风　砂　枪	台时	2.55	2.84
钢筋切断机　20kW	台时	0.64	0.71
电　焊　机　20~25kVA	台时	13.52	15.02
载　重　汽　车　5t	台时	0.26	0.29
其他机械费	台时	2	2
定额编号		05096	05097

五 - 12　锚　索

适用范围:岩石边坡(墙)预应力锚索。

工作内容:编索、运索、装索,孔口安装,浇筑混凝土垫墩,灌浆,安装工作锚及限位板,张拉,外锚头保护等全部工作。

(1)无粘结型

单位:束

项　　目	单位	锚索长度(m)					
		15	20	30	40	50	60
人　　工	工时	129.5	142.2	170.2	176.5	180.3	185.4
钢绞线　带PE套管	kg	149.94	193.80	285.60	378.42	470.22	562.02
锚　具　7孔	套	1.07	1.07	1.07	1.07	1.07	1.07
水　　泥	t	0.34	0.45	0.67	0.90	1.12	1.35
混　凝　土	m³	1.22	1.22	1.22	1.22	1.22	1.22
钢　　筋	kg	30.60	30.60	30.60	30.60	30.60	30.60
波纹管　Φ70	m	15.30	21.42	31.62	42.84	53.04	64.26
灌浆管　Φ25	m	31.62	41.82	63.24	83.64	105.06	126.48
其他材料费	%	15.00	15.00	15.00	15.00	15.00	15.00
灌浆泵　中压砂浆	台时	9.20	10.74	13.81	16.87	19.94	23.01
灰浆搅拌机	台时	9.20	10.74	13.81	16.87	19.94	23.01
张拉千斤顶　YCW-150	台时	3.07	3.07	3.07	3.07	3.07	3.07
电动油泵　ZB4-500	台时	3.07	3.07	3.07	3.07	3.07	3.07
汽车起重机　5t	台时	1.53	1.53	3.07	4.60	4.60	4.60
风　　镐	台时	1.53	1.53	1.53	1.53	1.53	1.53
电焊机　25kVA	台时	3.07	3.07	3.07	3.07	3.07	3.07
载重汽车　5t	台时	1.53	1.53	3.07	3.07	3.07	3.07
其他机械费	%	18.00	18.00	18.00	18.00	18.00	18.00
定额编号		05098	05099	05100	05101	05102	05103

(2)粘结型

适用范围:岩石边坡(墙)预应力锚索。

工作内容:编索、运索、装索,孔口安装,浇筑混凝土垫墩,内锚段注浆,安装工作锚及限位板,张拉,自由段注浆,外锚头保护等全部工作。

单位:束

项 目	单位	锚索长度(m)					
		15	20	30	40	50	60
人 工	工时	109.2	123.2	152.4	156.2	161.3	166.4
钢绞线 带PE套管	kg	130.56	171.36	252.96	334.56	417.18	498.78
锚 具 7孔	套	1.07	1.07	1.07	1.07	1.07	1.07
水 泥	t	0.34	0.45	0.67	0.90	1.12	1.35
混凝土	m³	1.22	1.22	1.22	1.22	1.22	1.22
钢 筋	kg	30.60	30.60	30.60	30.60	30.60	30.60
波纹管 Φ70	m	15.30	21.42	31.62	42.84	53.04	64.26
灌浆管 Φ25	m	31.62	41.82	63.24	83.64	105.06	126.48
其他材料费	%	15	15	15	15	15	15
灌浆泵 中压砂浆	台时	6.14	7.67	10.74	13.81	16.87	19.94
灰浆搅拌机	台时	6.14	7.67	10.74	13.81	16.87	19.94
张拉千斤顶 YCW-150	台时	3.07	3.07	3.07	3.07	3.07	3.07
电动油泵 ZB4-500	台时	3.07	3.07	3.07	3.07	3.07	3.07
汽车起重机 5t	台时	1.53	1.53	3.07	4.60	4.60	4.60
风 镐	台时	1.53	1.53	1.53	1.53	1.53	1.53
电焊机 25kVA	台时	3.07	3.07	3.07	3.07	3.07	3.07
载重汽车 5t	台时	1.53	1.53	3.07	3.07	3.07	3.07
其他机械费	%	18	18	18	18	18	18
定额编号		05104	05105	05106	05107	05108	05109

第六章

基础处理工程

说　明

一、本章包括钻灌浆孔、固结灌浆、回填灌浆、帷幕灌浆、接缝灌浆、混凝土裂缝灌浆、劈裂灌浆、高压喷射灌浆、排水孔钻孔、倒垂孔钻孔、防渗墙造孔及浇筑、灌注桩造孔及浇筑、振冲桩、打预制钢筋混凝土桩等共 30 节 266 个子目。

二、本章岩石按十六级分类法中 Ⅴ～ⅩⅤ 级拟定,大于 ⅩⅤ 级岩石,可参照有关资料拟定定额。冲击钻、抓斗等造孔定额按地层特征划分为 11 类。

三、钻混凝土除节内注明外,一般按十六类划分的 Ⅶ－Ⅹ 类岩石计算,如有试验资料,也可按可钻性相应的岩石级别计算。

四、灌浆工程定额中的水泥用量系概算基本量,如有实际资料,可按实际消耗量调整。

五、在隧洞和廊道内施工时,人工、机械定额乘以表 6-1 所列系数。

表 6-1

隧洞或廊道直径(m)	0～2.0	2.0～3.5	3.5～5.0	5.0 以上
系数	1.19	1.10	1.07	1.05

六、地质钻机和灌浆机钻灌不同角度的灌浆孔、试验孔时,人工、机械、合金片、钻头和岩芯管定额乘以表 6-2 所列系数。

表 6-2

钻孔与水平夹角	0°～60°	60°～75°	75°～85°	85°～90°
系数	1.19	1.05	1.02	1.00

七、本章灌浆压力划分标准为:高压 > 3MPa、中压 1.5～

3MPa、低压＜1.5MPa。

　　八、本章各节灌浆定额中水泥强度等级的选择应符合设计要求,设计未注明的,可按普通硅酸盐水泥42.5选取。

六 -1 风钻钻岩石灌浆孔

适用范围:露天施工、灌浆孔。

工作内容:接拉风管、钻孔、冲洗、孔位转移、检查孔钻孔等。

(1)孔深≤5m

单位:100m

项 目	单位	岩石级别			
		V ~ Ⅶ	Ⅷ ~ X	Ⅺ ~ Ⅻ	ⅩⅢ ~ ⅩⅤ
人 工	工时	46.3	61.7	118.0	166.4
合 金 钻 头	个	1.81	2.62	2.89	3.25
空 心 钢	kg	1.09	1.45	1.81	2.91
水	m³	4.10	5.69	9.56	15.02
其他材料费	%	5	4	3	2
风 钻	台时	16.33	21.77	41.63	58.73
其他机械费	%	5	4	3	2
定 额 编 号		06001	06002	06003	06004

注:1. 钻垂直向下孔使用手持式风钻;钻水平孔、倒向孔使用气腿式风钻;台时费单价按手风钻与气腿式风钻钻孔工程量比例综合计算。

2. 洞内作业,人工、机械乘1.15系数。

(2)孔深 5~8m

单位:100m

项 目	单位	岩石级别			
		V ~ Ⅶ	Ⅷ ~ X	Ⅺ ~ Ⅻ	ⅩⅢ ~ ⅩⅤ
人 工	工时	79.4	112.9	172.9	243.0
合 金 钻 头	个	1.81	2.62	2.89	3.25
空 心 钢	kg	1.09	1.45	1.81	2.91
水	m³	6.30	8.75	14.70	23.10
其他材料费	%	5	4	3	2
风 钻	台时	28.02	39.86	50.86	71.47
其他机械费	%	5	4	3	2
定 额 编 号		06005	06006	06007	06008

六-2 钻机钻岩石灌浆孔

适用范围:钻垂直孔、露天施工。

工作内容:准备、固定孔位、孔位转移、开孔、钻孔、记录、清孔、钻检查孔
等。

(1)钻岩石层(自下而上灌浆法)

单位:100m

项　　　目	单位	岩石级别			
		V ~ Ⅶ	Ⅷ ~ Ⅹ	Ⅺ ~ Ⅻ	ⅩⅢ ~ ⅩⅤ
人　　工	工时	351.2	489.2	712.1	1186.8
金刚石钻头	个		3.06	3.92	5.14
扩 孔 器	个		2.18	2.80	3.67
镶合金片钻头	个	7.26			
合 金 片	kg	0.62			
岩 芯 管	m	2.70	2.94	5.07	7.59
钻 杆	m	2.50	2.79	4.62	6.86
钻杆接头	个	2.65	2.92	4.79	6.98
水	m³	605	715	908	1210
其他材料费	%	12	12	12	12
地质钻机 150型	台时	123.57	172.12	250.55	417.59
其他机械费	%	4	4	4	4
定额编号		06009	06010	06011	06012

注:1.钻浆砌石,石按料石相同的岩石等级定额计算。

2.钻混凝土可按粗骨料相同的岩石等级计算。

3.包括钻灌交替、机械设备往返各孔位、扫孔等。

（2）钻岩石层（自上而下灌浆法）

单位:100m

项　　目	单位	岩石级别			
		Ⅴ～Ⅶ	Ⅷ～Ⅹ	Ⅺ～Ⅻ	ⅩⅢ～ⅩⅤ
人　　工	工时	484.3	733.5	944.2	1452.7
金刚石钻头	个		4.55	5.47	6.84
扩　孔　器	个		2.95	3.77	4.88
镶合金片钻头	个	8.57			
合　金　片	kg	0.65			
岩　芯　管	m	3.67	3.91	7.10	8.57
钻　　杆	m	3.58	3.71	6.46	7.79
钻 杆 接 头	个	3.60	3.87	6.69	7.86
水	m³	589	696	884	1178
其他材料费	%	12	12	12	12
地质钻机　150型	台时	213.02	258.08	332.22	511.13
其他机械费	%	4	4	4	4
定 额 编 号		06013	06014	06015	06016

六－3 基础固结灌浆

适用范围:岩石基础。

工作内容:钻孔冲洗及压水试验、制浆、灌浆、封孔、检查孔灌浆、孔位转移。

单位:100m

项　　目	单位	透水率(Lu)				
		≤2	2～4	4～6	6～8	8～10
人　　工	工时	409.9	414.4	427.8	445.6	467.9
水　　泥	t	2.48	3.58	4.68	6.60	8.80
水	m³	518	590	644	706	788
其他材料费	%	14	14	13	13	12
灌浆泵 中压泥浆泵	台时	135.22	136.69	141.10	146.98	154.33
灰浆搅拌机	台时	123.46	124.93	129.34	135.22	142.57
其他机械费	%	3	3	3	3	3
定额编号		06017	06018	06019	06020	06021

六－4 隧洞固结灌浆

适用范围:岩石基础。

工作内容:简易平台搭拆、钻孔检查、冲洗、制浆、灌浆、观测、封孔、检查
孔灌浆、孔位转移。

(1)单孔 洞径≤5m

单位:100m

项 目		单位	透水率(Lu)				
			≤2	2~4	4~6	6~8	8~10
人 工		工时	369.1	379.5	389.9	400.3	421.1
水 泥		t	2.48	3.58	4.68	6.60	8.80
水		m³	421	477	521	574	640
其他材料费		%	13	13	11	11	10
灌 浆 泵	中压泥浆泵	台时	103.36	106.27	109.18	112.09	117.91
灰浆搅拌机		台时	91.71	94.62	97.53	100.45	106.27
其他机械费		%	3	3	3	3	3
定额编号			06022	06023	06024	06025	06026

注:1.隧洞超前灌浆可采用本定额。

2.调压井灌浆,人工、机械定额乘0.9系数。

(2)单孔 洞径5~10m

单位:100m

项 目		单位	透水率(Lu)				
			≤2	2~4	4~6	6~8	8~10
人 工		工时	424.5	436.4	448.4	460.3	484.2
水 泥		t	2.48	3.58	4.68	6.60	8.80
水		m³	421	477	521	574	640
其他材料费		%	13	13	11	11	10
灌 浆 泵	中压泥浆泵	台时	118.86	122.21	125.56	128.90	135.60
灰浆搅拌机		台时	105.47	108.82	112.16	115.51	122.21
其他机械费		%	3	3	3	3	3
定额编号			06027	06028	06029	06030	06031

(3)两孔并联　洞径≤5m

单位:100m

项　　目	单位	透水率(Lu)				
		≤2	2~4	4~6	6~8	8~10
人　　工	工时	369.1	379.5	389.9	400.3	421.1
水　　泥	t	2.48	3.58	4.68	6.60	8.80
水	m³	421	477	521	574	640
其他材料费	%	13	13	11	11	10
灌浆泵　中压泥浆泵	台时	51.68	53.13	54.59	56.05	58.96
灰浆搅拌机	台时	45.86	47.31	48.77	50.22	53.13
其他机械费	%	3	3	3	3	3
定　额　编　号		06032	06033	06034	06035	06036

(4)两孔并联　洞径5~10m

单位:100m

项　　目	单位	透水率(Lu)				
		≤2	2~4	4~6	6~8	8~10
人　　工	工时	424.5	436.4	448.4	460.3	484.2
水　　泥	t	2.48	3.58	4.68	6.60	8.80
水	m³	421	477	521	574	640
其他材料费	%	13	13	11	11	10
灌浆泵　中压泥浆泵	台时	59.43	61.10	62.78	64.45	67.80
灰浆搅拌机	台时	52.73	54.41	56.08	57.76	61.10
其他机械费	%	3	3	3	3	3
定　额　编　号		06037	06038	06039	06040	06041

六-5 隧洞回填灌浆

适用范围:混凝土衬砌。

工作内容:预埋灌浆管、简易平台搭拆、风钻通孔、钻孔检查、制浆、灌浆、
压浆检查、封孔、检查孔灌浆。

单位:100m²

项 目	单位	开挖断面面积(m²)		
		≤10	10~30	30~50
人 工	工时	208.0	218.2	231.0
水 泥	t	2.20	2.10	2.00
砂	m³	0.66	0.63	0.60
水	m³	35.28	33.60	32.00
灌 浆 管	m	14.00	14.00	14.00
其他材料费	%	10	10	10
灌浆泵 中压砂浆泵	台时	46.99	49.30	52.20
灰浆搅拌机	台时	46.99	49.30	52.20
手 风 钻	台时	6.63	6.96	7.37
其他机械费	%	5	5	5
定 额 编 号		06042	06043	06044

注:隧洞回填灌浆按顶拱120°角的拱背面积计算工程量。

六 - 6　钢管道回填灌浆

适用范围:钢板与混凝土接触面。

工作内容:简易平台搭拆、开孔、焊接灌浆管、制浆、灌浆、质量检查、灌浆
管拆除。

单位:100m²

项　　目	单位	数量
人　　工	工时	340.4
水　　泥	t	1.10
水	m³	25.00
灌 浆 管	m	5.00
电 焊 条	kg	1.30
钢　　板	kg	6.00
其他材料费	%	10
灌 浆 泵　中压泥浆泵	台时	68.09
灰浆搅拌机	台时	68.09
电 焊 机　16~30kW	台时	5.79
其他机械费	%	5
定 额 编 号		06045

注:高压管道回填灌浆按钢管外径面积计算工程量。

六-7 岩石帷幕灌浆

适用范围:露天作业、孔深100m以内。

工作内容:钻孔检查、钻孔冲洗及压水试验、裂隙冲洗、制浆、灌浆、封孔、
检查孔压水试验及灌浆、孔位转移。

(1)自下而上(一排帷幕)

单位:100m

项 目		单位	透水率(Lu)				
			≤2	2~4	4~6	6~8	8~10
人 工		工时	764.6	777.0	796.9	977.3	1184.3
水 泥		t	2.69	3.73	4.77	6.57	8.64
水		m³	626	647	665	685	707
其他材料费		%	12	12	10	10	10
灌 浆 泵	中压泥浆泵	台时	182.82	186.30	191.65	241.55	298.97
灰浆搅拌机		台时	201.14	204.30	209.16	254.53	306.73
地质钻机	150型	台时	27.47	27.47	27.47	27.47	27.47
胶 轮 车		台时	41.21	48.93	57.61	74.00	91.36
其他机械费		%	4	4	4	4	4
定 额 编 号			06046	06047	06048	06049	06050

(2)自下而上(二排帷幕)

单位:100m

项 目		单位	透水率(Lu)				
			≤2	2~4	4~6	6~8	8~10
人 工		工时	519.2	527.6	541.1	663.6	804.1
水 泥		t	2.02	2.80	3.58	4.93	6.48
水		m³	601	621	638	658	679
其他材料费		%	12	12	10	10	10
灌 浆 泵	中压泥浆泵	台时	159.60	162.64	167.31	210.87	261.00
灰浆搅拌机		台时	175.60	178.35	182.60	222.20	267.78
地质钻机	150型	台时	18.65	18.65	18.65	18.65	18.65
胶 轮 车		台时	39.97	47.46	55.88	71.78	88.62
其他机械费		%	4	4	4	4	4
定 额 编 号			06051	06052	06053	06054	06055

（3）自下而上（三排帷幕）

项　　目	单位	透水率（Lu）				
		≤2	2～4	4～6	6～8	8～10
人　　工	工时	503.1	511.3	524.4	643.1	779.3
水　　泥	t	1.43	1.98	2.53	3.48	4.58
水	m³	576	595	612	630	650
其他材料费	%	12	12	10	10	10
灌浆泵　中压泥浆泵	台时	154.67	157.61	162.14	204.35	252.93
灰浆搅拌机	台时	170.16	172.84	176.95	215.33	259.49
地质钻机　150型	台时	18.08	18.08	18.08	18.08	18.08
胶轮车	台时	38.74	45.99	54.15	69.56	85.88
其他机械费	%	4	4	4	4	4
定额编号		06056	06057	06058	06059	06060

（4）自上而下（一排帷幕）

项　　目	单位	透水率（Lu）				
		≤2	2～4	4～6	6～8	8～10
人　　工	工时	890.0	902.3	922.2	1102.6	1309.6
水　　泥	t	2.69	3.73	4.77	6.57	8.64
水	m³	626	647	665	685	707
其他材料费	%	12	12	10	10	10
灌浆泵　中压泥浆泵	台时	256.82	260.43	265.64	315.54	372.96
灰浆搅拌机	台时	256.82	260.43	265.64	315.54	372.96
地质钻机	台时	31.98	31.98	31.98	31.98	31.98
胶轮车	台时	41.21	48.93	57.61	74.00	91.36
其他机械费	%	4	4	4	4	4
定额编号		06061	06062	06063	06064	06065

(5)自上而下(二排帷幕)

项 目		单位	透水率(Lu)				
			≤2	2~4	4~6	6~8	8~10
人　工		工时	604.3	612.7	626.2	748.7	889.2
水　泥		t	2.02	2.80	3.58	4.93	6.48
水		m³	601	621	638	658	679
其他材料费		%	12	12	10	10	10
灌浆泵	中压泥浆泵	台时	224.20	227.36	231.90	275.47	325.59
灰浆搅拌机		台时	224.20	227.36	231.90	275.47	325.59
地质钻机	150型	台时	21.71	21.71	21.71	21.71	21.71
胶轮车		台时	39.97	47.46	55.88	71.78	88.62
其他机械费		%	4	4	4	4	4
定额编号			06066	06067	06068	06069	06070

(6)自上而下(三排帷幕)

项 目		单位	透水率(Lu)				
			≤2	2~4	4~6	6~8	8~10
人　工		工时	585.6	593.7	606.8	725.5	861.7
水　泥		t	1.43	1.98	2.53	3.48	4.58
水		m³	576	595	612	630	650
其他材料费		%	12	12	10	10	10
灌浆泵	中压泥浆泵	台时	217.27	220.32	224.73	266.95	315.52
泥浆搅拌机		台时	217.27	220.32	224.73	266.95	315.52
地质钻机	150型	台时	21.04	21.04	21.04	21.04	21.04
胶轮车		台时	38.74	45.99	54.15	69.56	85.88
其他机械费		%	4	4	4	4	4
定额编号			06071	06072	06073	06074	06075

六－8 坝基砂砾石帷幕灌浆

适用范围：露天作业、循环钻灌法、孔深100m以内。

工作内容：钻孔、制浆、灌浆、封孔、检查孔钻孔及灌浆、孔位转移。

单位：100m

项 目	单位	≤0.5	0.5~1.0	1.0~2.0	2.0~3.0	3.0~4.0	4.0~5.0
人工	工时	3365.9	3747.7	4038.7	5988.8	6838.8	7638.9
合金钻头	个	22.99	22.99	22.99	22.99	22.99	22.99
铁砂钻头	个	22.99	22.99	22.99	22.99	22.99	22.99
合金片	kg	0.67	0.67	0.67	0.67	0.67	0.67
砂	t	0.78	0.78	0.78	0.78	0.78	0.78
水泥	t	27.42	49.30	96.24	155.89	217.56	273.47
粘土	t	29.02	52.07	101.58	164.64	229.73	288.73
水	m³	1132	1342	1657	1867	2287	2602
其他材料费	%	10	10	9	9	8	8
灌浆泵 中压泥浆泵	台时	586.83	653.82	704.86	953.68	1089.25	1216.85
泥浆搅拌机	台时	513.22	571.50	615.90	832.38	950.33	1061.34
灰浆搅拌机	台时	513.22	571.50	615.90	832.38	950.33	1061.34
地质钻机 300型	台时	614.58	684.92	739.63	1002.00	1142.68	1276.66
其他机械费	%	2	2	2	2	2	2
定额编号		06076	06077	06078	06079	06080	06081

（干料耗量 t/m）

六-9 灌注孔口管

适用范围:砂砾石帷幕灌浆。

工作内容:制浆、下管、止浆环浇筑、孔内注浆、待凝、打孔、记录等。

单位:孔

项 目	单位	孔口管长(m)		
		≤5	5~10	10~20
人 工	工时	33.9	74.6	147.6
合金钻头	个	0.36	0.72	1.44
合 金 片	kg	0.02	0.03	0.06
钢 管 Φ100	m	5.90	11.50	22.40
钻 杆	m	0.15	0.31	0.61
水 泥	t	0.08	0.10	0.15
水	m³	26	36	50
其他材料费	%	10	10	10
地质钻机 300型	台时	9.42	20.72	41.00
灌浆泵 中压泥浆泵	台时	1.45	2.17	2.75
灰浆搅拌机	台时	0.87	1.45	1.88
其他机械费	%	5	5	5
定 额 编 号		06082	06083	06084

注:本节定额未包括孔口段的钻孔和灌浆。

六 −10 接缝灌浆

适用范围:混凝土坝体。

工作内容:管道安装、开灌浆孔、装灌浆盒、通水检查、冲洗、压水试验、制浆灌浆、平衡通水及防堵通水。

单位:100m²

项　　目	单位	预埋镀锌管	塑料拔管
人　　工	工时	139.1	113.9
镀锌管　Φ25mm	m	147.00	10.00
灌浆盒	个	21.00	
塑料管　Φ23mm	m		7.00
管　件	个	58.00	6.00
水　泥	t	1.00	1.00
水	m³	200	200
其他材料费	%	15	20
灌浆泵　中压泥浆泵	台时	2.17	2.17
灰浆搅拌机	台时	2.17	2.17
离心泵　30kW	台时	14.63	14.63
胶轮车	台时	30.42	26.08
载重汽车　5t	台时	0.90	0.90
其他机械费	%	5	5
定额编号		06085	06086

六－11 混凝土裂缝灌浆

适用范围:混凝土裂缝化学灌浆。

工作内容:裂缝清洗、嵌缝、配浆、灌浆、封孔。

单位:缝长或灌段100m

项 目	单位	浅层裂缝	深层裂缝	贯穿裂缝
		缝宽(mm)		
		0~0.2	0.2~0.4	0.4以上
		缝长(m)		
		0~1	1~5	5以上
人 工	工时	2558.2	1930.0	1853.2
灌浆材料	kg	253~280	327~362	677~745
胶合剂 501	kg	6.42	6.15	1.50
玻璃丝布	m²	50.00	15.00	6.00
紫铜管	m	44.00	15.00	11.50
氧气管	m	52.50	18.00	13.50
钢 筋	t		0.80	2.00
水 泥	t		0.20	1.00
水	m³	120	100	100
其他材料费	%	5	5	5
灌浆泵 中压泥浆泵	台时	32.28	68.47	59.67
空压机 3m³/min	台时	111.51	68.47	48.91
风水枪	台时	32.28	22.50	13.69
电焊机 25kVA	台时			5.87
载重汽车 5t	台时	12.72	27.39	23.48
其他机械费	%	5	5	5
定额编号		06087	06088	06089

注:1.浅层裂缝灌浆的工程量以缝长为单位,其他灌浆以进尺为单位。

2.灌浆材料按实际配比计算。

六 –12 钻排水孔

适用范围:露天施工、地质钻机钻孔孔深100m以内、风钻钻孔孔深8m以内。

工作内容:地质钻机钻孔:孔位转移、钻孔、清孔等。

风钻钻孔:孔位转移、接拉风管、钻孔、检查孔钻孔。

(1)地质钻机钻孔

单位:100m

项　　　目	单位	岩石级别			
		V ~ Ⅶ	Ⅷ ~ Ⅹ	Ⅺ ~ Ⅻ	ⅩⅢ ~ ⅩⅤ
人　　工	工时	336.7	363.8	666.1	1130.0
合金钻头	个	20.19			
合金片	kg	0.51			
金刚石钻头	个		2.53	5.05	8.58
扩孔器	个		1.77	3.54	6.01
岩芯管	m	2.24	2.44	5.10	8.56
钻　杆	m	2.28	2.85	6.00	10.71
钻杆接头	个	2.19	2.75	5.77	10.30
水	m³	500	591	750	1000
其他材料费	%	15	15	15	15
地质钻机　150型	台时	117.34	155.58	232.43	390.87
其他机械费	%	5	5	5	5
定　额　编　号		06090	06091	06092	06093

注:钻浆砌石可按料石相同的岩石等级计算。

(2)风钻钻孔

单位:100m

项　　　目	单位	岩石级别			
		V ~ Ⅶ	Ⅷ ~ Ⅹ	Ⅺ ~ Ⅻ	ⅩⅢ ~ ⅩⅤ
人　　工	工时	85.7	141.7	206.0	384.8
合金钻头	个	0.51	0.74	0.77	0.82
空心钢	kg	0.45	0.66	0.69	0.73
水	m³	5.71	7.93	13.33	20.95
其他材料费	%	25	20	15	10
风　钻	台时	29.01	41.27	52.66	74.00
其他机械费	%	25	20	15	10
定　额　编　号		06094	06095	06096	06097

注:钻垂直向下孔使用手持式风钻,钻水平孔、倒向孔使用气腿式风钻,台时费单价
按手持式风钻与气腿式风钻钻孔工程量比例综合计算。

六 - 13   钻倒垂孔

适用范围:露天施工。

工作内容:孔位转移、机台搭设、钻孔、工作管加工及安装。

(1)孔深≤40m

单位:100m

项　　目	单位	孔口管长(m)		
		Ⅶ ~ Ⅷ	Ⅸ ~ Ⅹ	Ⅺ ~ Ⅻ
人　　工	工时	7816.0	8928.6	10208.1
铁砂钻头　Φ275	个		2.97	3.39
金刚石钻头　Φ219	个		8.98	11.09
金刚石钻头　Φ168	个		0.83	1.03
扩　孔　器　Φ219	个		4.00	5.00
扩　孔　器　Φ168	个		0.37	0.46
合金片钻头　Φ275	个	6.16		
合金片钻头　Φ219	个	26.00		
合金片钻头　Φ168	个	11.44		
合金片钻头复式　Φ168	个	4.32		
合金片钻头复式　Φ219	个	2.88		
合　金　片	kg	5.16		
铁　　砂	t		0.41	0.47
岩　芯　管　Φ273	m	1.12	1.04	1.17
岩　芯　管　Φ219	m	7.60	4.64	5.24
岩　芯　管　Φ168	m	2.24	6.72	7.59
工　作　管　Φ150 ~ Φ168	m	110	110	110
导　向　管　Φ273	m	16	16	16
锯　　材	m³	2.12	2.12	2.12
水	m³	3600	3800	4050
其他材料费	%	5	5	5
地质钻机　500型	台时	1628.33	1860.12	2126.68
灌　浆　泵　中压泥浆泵	台时	15.94	17.38	20.28
灰浆搅拌机	台时	15.94	17.38	20.28
其他机械费	%	3	3	3
定额编号		06098	06099	06100

（2）孔深 40~80m

单位：100m

项 目	单位	孔口管长（m）		
		Ⅶ~Ⅷ	Ⅸ~Ⅹ	Ⅺ~Ⅻ
人 工	工时	9379.2	10714.3	12249.7
铁砂钻头 Φ275	个		2.88	3.29
金刚石钻头 Φ219	个		8.98	11.09
金刚石钻头 Φ168	个		0.83	1.03
扩 孔 器 Φ219	个		4.00	5.00
扩 孔 器 Φ168	个		0.37	0.46
合金片钻头 Φ275	个	6.16		
合金片钻头 Φ219	个	26.00		
合金片钻头 Φ168	个	11.44		
合金片钻头复式 Φ168	个	4.32		
合金片钻头复式 Φ219	个	2.88		
合 金 片	kg	5.16		
铁 砂	t		0.41	0.47
岩 芯 管 Φ273	m	1.12	1.04	1.17
岩 芯 管 Φ219	m	7.60	4.64	5.24
岩 芯 管 Φ168	m	2.24	6.72	7.59
工 作 管 Φ150~Φ168	m	110.00	110.00	110.00
导 向 管 Φ273	m	16.00	16.00	16.00
锯 材	m³	2.12	2.12	2.12
水	m³	3600	3800	4050
其他材料费	%	5	5	5
地质钻机 500型	台时	1954.00	2232.15	2552.02
灌浆泵 中压泥浆泵	台时	19.12	20.86	24.34
灰浆搅拌机	台时	19.12	20.86	24.34
其他机械费	%	3	3	3
定 额 编 号		06101	06102	06103

六-14 钻机钻土石坝(堤)灌浆孔

适用范围:钻垂直孔、露天施工、孔深50m以内。

工作内容:泥浆固壁钻进:准备、固定孔位、制备泥浆、运送、钻孔、记录、孔位转移。

套管固壁钻进:准备、固定孔位、下套管、拔套管、钻孔、记录、孔位转移。

单位:100m

项 目	单位	泥浆固壁	套管固壁
人 工	工时	395.8	593.8
镶合金片钻头	个	1.57	2.50
合 金 片	kg	0.20	0.40
岩 芯 管	m	1.50	8.00
钻 杆	m	1.50	2.00
粘 土	t	18.00	
水	m^3	800	
其他材料费	%	14	14
地质钻机 150型	台时	71.97	107.96
灌浆泵 中压泥浆泵	台时	71.97	
泥浆搅拌机	台时	17.87	
其他机械费	%	5	5
定额编号		06104	06105

六-15 土坝(堤)劈裂灌浆

适用范围:露天施工。

工作内容:检查钻孔、制浆、灌浆、劈裂观测、冒浆处理、记录、复灌、封孔、孔位转移、质量检查。

(1)灌粘土浆

单位:100m

项　　目		单位	单位孔深干料灌入量(t/m)			
			≤0.5	0.5~1.0	1.0~1.5	1.5~2.0
人　　工		工时	933.6	1358.0	1863.9	2632.7
水		m³	138.00	171.00	239.00	306.00
粘　　土		t	50.00	91.00	148.00	206.00
水 玻 璃		kg	300.00	450.00	750.00	1050.00
其他材料费		%	13	11	9	8
灌 浆 泵	中压泥浆泵	台时	47.81	69.54	115.90	163.70
泥浆搅拌机		台时	46.36	84.02	137.63	191.23
胶 轮 车		台时	79.83	158.05	233.09	288.97
其他机械费		%	5	5	5	5
定 额 编 号			06106	06107	06108	06109

(2)灌水泥粘土浆

单位:100m

项　　目		单位	单位孔深干料灌入量(t/m)			
			≤0.5	0.5~1.0	1.0~1.5	1.5~2.0
人　　工		工时	825.8	1201.1	1648.6	2328.6
水		m³	138.00	171.00	239.00	306.00
粘　　土		t	38.00	68.00	111.00	155.00
水 　泥		t	14.20	27.40	40.70	53.90
其他材料费		%	11	9	7	6
灌 浆 泵	中压泥浆泵	台时	47.81	69.54	115.90	163.70
泥浆搅拌机		台时	46.36	84.02	137.63	191.23
胶 轮 车		台时	193.18	370.39	549.20	728.00
其他机械费		%	5	5	5	5
定 额 编 号			06110	06111	06112	06113

六－16 钻机钻高压喷射灌浆孔

适用范围:露天施工、垂直孔、孔深40m以内、孔径不小于130mm。

工作内容:孔位转移、固定孔位、泥浆制备、运送、钻孔、记录。

单位:100m

项　　目	单位	地层类别		
		粘土、砂	砾石	卵石
人　　工	工时	592.8	719.7	1001.3
铁砂钻头	个			13.00
合金钻头	个	2.00	4.00	
合　金　片	kg	0.50	2.00	
铁　　砂	kg			1080.00
岩　芯　管	m	2.00	3.00	5.00
钻　　杆	m	2.50	3.00	6.00
钻杆接头	个	2.40	2.80	5.60
粘　　土	t	18.00	42.00	132.00
砂	m³			40.00
水	m³	800	1200	1400
其他材料费	%	13	11	10
地质钻机　150型	台时	89.82	133.28	278.15
灌浆泵　中压泥浆泵	台时	89.82	133.28	278.15
泥浆搅拌机	台时	36.22	44.91	62.29
其他机械费	%	5	5	5
定　额　编　号		06114	06115	06116

六 - 17 摆喷灌浆

适用范围:露天施工、无水头、三管法施工。

工作内容:高喷台车就位、安装孔口、安装管路、喷射灌浆、管路冲洗、台车移位、回灌、质量检查。

单位:100m

项 目	单位	地层类别			
		粘土	砂	砾石	卵石
人 工	工时	669.9	506.5	588.2	849.6
水 泥	t	30	35	40	50
粘 土	t				17.00
砂	m³				10.00
水	m³	600	700	750	950
水 玻 璃	t				1.25
锯 材	m³	0.15	0.15	0.15	0.15
喷 射 管	m	1.80	1.50	1.50	2.00
电 焊 条	kg	5.00	5.00	5.00	7.50
高压胶管	m	8.00	6.00	8.00	10.00
普通胶管	m	8.00	7.00	7.00	10.00
其他材料费	%	5	5	5	4
高压水泵 75kW	台时	59.40	44.91	52.15	75.33
空 压 机 6m³/min	台时	59.40	44.91	52.15	75.33
搅 灌 机 WJG-80	台时	59.40	44.91	52.15	75.33
卷 扬 机 5t	台时	59.40	44.91	52.15	75.33
泥 浆 泵 HB80/10	台时	59.40	44.91	52.15	75.33
孔 口 装 置	台时	59.40	44.91	52.15	75.33
高 喷 台 车	台时	59.40	44.91	52.15	75.33
螺旋输送机	台时	59.40	44.91	52.15	75.33
电 焊 机 25kVA	台时	17.38	17.38	17.38	23.18
胶 轮 车	台时	552.39	644.99	691.28	828.58
其他机械费	%	3	3	3	3
定 额 编 号		06117	06118	06119	06120

注:在有水头下施工,人工及机械(不含电焊机)数量乘1.05系数,其他不再调整。

六－18　定喷灌浆

适用范围:露天施工、无水头、三管法施工。

工作内容:高喷台车就位、安装孔口、安装管路、喷射灌浆、管路冲洗、台
车移位、回灌、质量检查。

单位:100m

项　　目	单位	地层类别			
		粘土	砂	砾石	卵石
人　　工	工时	502.4	379.9	441.1	637.2
水　　泥	t	23	26	30	38
粘　　土	t				12.75
砂	m³				7.50
水	m³	450.00	525.00	562.50	712.50
水　玻　璃	t	0.00	0.00	0.00	0.94
锯　　材	m³	0.11	0.11	0.11	0.11
喷　射　管	m	1.35	1.13	1.13	1.50
电　焊　条	kg	3.75	3.75	3.75	5.63
高　压　胶　管	m	6.00	4.50	6.00	7.50
普　通　胶　管	m	6.00	5.25	5.25	7.50
其他材料费	%	5	5	5	4
高压水泵　75kW	台时	44.55	33.68	39.11	56.50
空压机　6m³/min	台时	44.55	33.68	39.11	56.50
搅灌机　WJG－80	台时	44.55	33.68	39.11	56.50
卷扬机　5t	台时	44.55	33.68	39.11	56.50
泥浆泵　HB80/10	台时	44.55	33.68	39.11	56.50
孔口装置	台时	44.55	33.68	39.11	56.50
高喷台车	台时	44.55	33.68	39.11	56.50
螺旋输送机	台时	44.55	33.68	39.11	56.50
电焊机　25kVA	台时	13.04	13.04	13.04	17.38
胶轮车	台时	414.29	483.74	518.46	621.44
其他机械费	%	3	3	3	3
定额编号		06121	06122	06123	06124

注:在有水头下施工,人工及机械(不含电焊机)数量乘1.05系数,其他不再调整。

六-19 旋喷灌浆

适用范围:露天施工、无水头、三管法施工。

工作内容:高喷台车就位、安装孔口、安装管路、喷射灌浆、管路冲洗、台
车移位、回灌、质量检查。

单位:100m

项 目	单位	地层类别			
		粘土	砂	砾石	卵石
人 工	工时	837.3	633.1	735.2	1062.0
水 泥	t	38	44	50	63
粘 土	t				21.25
砂	m³				12.50
水	m³	750	875	938	1188
水 玻 璃	t				1.56
锯 材	m³	0.19	0.19	0.19	0.19
喷 射 管	m	2.25	1.88	1.88	2.50
电 焊 条	kg	6.25	6.25	6.25	9.38
高 压 胶 管	m	10.00	7.50	10.00	12.50
普 通 胶 管	m	10.00	8.75	8.75	12.50
其他材料费	%	5	5	5	4
高压水泵 75kW	台时	74.25	56.14	65.19	94.17
空 压 机 6m³/min	台时	74.25	56.14	65.19	94.17
搅 灌 机 WJG-80	台时	74.25	56.14	65.19	94.17
卷 扬 机 5t	台时	74.25	56.14	65.19	94.17
泥 浆 泵 HB80/10	台时	74.25	56.14	65.19	94.17
孔 口 装 置	台时	74.25	56.14	65.19	94.17
高 喷 台 车	台时	74.25	56.14	65.19	94.17
螺 旋 输 送 机	台时	74.25	56.14	65.19	94.17
电 焊 机 25 kVA	台时	21.73	21.73	21.73	28.97
胶 轮 车	台时	690.49	806.23	864.11	1035.73
其他机械费	%	3	3	3	3
定 额 编 号		06125	06126	06127	06128

注:在有水头下施工,人工及机械(不含电焊机)数量乘1.05系数,其他不再调整。

六-20　地下连续墙成槽——锯槽机成槽

适用范围:锯槽机造孔孔深40m以内,墙厚0.3m。

工作内容:锯槽机造孔:导轨铺拆、制浆、导向槽安拆、开槽、出渣、清孔、换浆。

单位:100m²

项　　　目	单位	土质级别			
		Ⅰ	Ⅱ	Ⅲ	Ⅳ
人　　工	工时	271.2	375.5	458.9	563.3
枕　　木	m³	0.05	0.05	0.05	0.05
钢　　材	kg	17.78	17.78	14.65	14.65
碱　　粉	kg	52.52	52.52	52.52	52.52
粘　　土	t	11.82	11.82	11.82	11.82
胶　　管	m	3.03	3.03	3.03	3.03
水	m³	111.10	111.10	111.10	111.10
其他材料费	%	5	5	5	5
锯槽机	台时	18.83	26.08	31.87	39.11
泥浆泵　3PN	台时	15.79	19.99	27.24	32.89
泥浆搅拌机	台时	15.79	19.99	27.24	32.89
其他机械费	%	10	10	10	10
定额编号		06129	06130	06131	06132

六 - 21 地下连续墙成槽——抓斗成槽

适用范围:孔深20m以内,防渗墙。

工作内容:导向槽安拆、制浆、抓斗成槽、清孔、换浆等。

(1)墙厚0.3m

项 目	单位	地 层				
		砂壤土	粉细砂	中粗砂	砾石	卵石
人 工	工时	182.5	385.9	351.4	313.2	426.6
板 枋 材	m³	0.26	0.26	0.26	0.26	0.26
钢 材	kg	67.18	67.18	67.18	67.18	67.18
膨 润 土	t	0.99	1.62	1.57	2.14	2.42
碱 粉	kg	37.00	60.66	47.00	53.63	60.66
水	m³	12.33	20.22	15.67	17.88	20.22
其他材料费	%	5	5	5	5	5
抓 斗 0.8~1.2m³	台时	17.20	37.23	32.83	28.90	40.13
泥浆搅拌机	台时	18.55	40.15	35.41	31.16	43.27
泥 浆 泵 3PN	台时	18.55	40.15	35.41	31.16	43.27
其他机械费	%	5	5	5	5	5
定额编号		06133	06134	06135	06136	06137

注:不同孔深时,人工、材料、机械分别乘以下系数:

孔 深(m)	≤20	≤30	≤40
人 工	1.00	0.94	0.85
板枋材、钢材	1.00	0.67	0.50
机 械	1.00	1.15	1.30

(2) 墙厚 0.4m

单位:100m² 阻水面积

项 目	单位	地 层				
		砂壤土	粉细砂	中粗砂	砾石	卵石
人　　工	工时	203.4	431.6	393.3	347.7	477.2
板　枋　材	m³	0.26	0.26	0.26	0.26	0.26
钢　　材	kg	67.18	67.18	67.18	67.18	67.18
膨　润　土	t	1.32	2.15	2.09	2.86	3.23
碱　　粉	kg	49.32	80.86	62.64	71.49	80.86
水	m³	16.44	26.96	20.88	23.83	26.96
其他材料费	%	5	5	5	5	5
抓　　斗　0.8～1.2m³	台时	19.11	41.36	36.48	32.10	44.59
泥浆搅拌机	台时	20.61	44.62	39.33	34.61	48.08
泥　浆　泵　3PN	台时	20.61	44.62	39.33	34.61	48.08
其他机械费	%	5	5	5	5	5
定 额 编 号		06138	06139	06140	06141	06142

(3) 墙厚 0.5m

单位:100m² 阻水面积

项 目	单位	地 层				
		砂壤土	粉细砂	中粗砂	砾石	卵石
人　　工	工时	230.6	484.6	446.3	394.6	536.4
板　枋　材	m³	0.26	0.26	0.26	0.26	0.26
钢　　材	kg	67.18	67.18	67.18	67.18	67.18
膨　润　土	t	1.65	2.70	2.61	3.57	4.04
碱　　粉	kg	61.67	101.12	78.35	89.41	101.12
水	m³	20.55	33.70	26.12	29.81	33.70
其他材料费	%	5	5	5	5	5
抓　　斗　0.8～1.2m³	台时	21.51	46.55	41.04	36.12	50.16
泥浆搅拌机	台时	23.19	50.19	44.25	38.95	54.09
泥　浆　泵　3PN	台时	23.19	50.19	44.25	38.95	54.09
其他机械费	%	5	5	5	5	5
定 额 编 号		06143	06144	06145	06146	06147

六－22 地下连续墙成槽——冲击钻机成槽

适用范围：冲击钻造孔深60m以内。

工作内容：冲击钻造孔：导向槽铺设、钻孔、制浆、出渣、清孔、换浆、质量检查。

(1) 墙厚0.6m

单位：100m²

项 目	单位	地 层 粘土	砂砾土	粉细砂	中粗砂	砾石	卵石	漂石	岩石 ≤10MPa	岩石 10～30MPa
人 工	工时	1210.9	1058.5	2405.0	2153.7	1975.9	2286.4	2667.5	2540.4	5809.1
锯材	m³	0.79	0.79	0.79	0.79	0.79	0.79	0.79	0.79	0.79
钢筋 材	kg	66.50	53.20	214.20	126.70	116.20	185.50	231.70	111.30	397.60
电焊条 焊	kg	49.70	39.90	161.70	95.90	87.50	140.70	175.70	131.60	301.00
碱 粉	kg	459.90	476.00	1031.10	872.90	793.10	1031.10	1269.10	1110.90	1110.90
粘土	t	56.70	59.50	128.10	108.50	98.00	128.10	157.50	137.90	137.90
水	m³	490.70	491.40	986.30	844.90	774.20	986.30	1198.40	1057.00	1764.00
其他材料费	%	1	1	1	1	1	1	1	1	1
冲击钻机 CZ－22	台时	186.87	163.35	371.13	284.89	261.36	352.84	411.65	392.04	896.47
泥浆搅拌机 3PN	台时	121.47	106.18	241.24	185.18	169.89	229.35	267.57	254.83	268.94
泥浆泵	台时	60.73	53.09	120.62	92.59	84.94	114.67	133.78	127.41	134.47
电焊机 25kVA	台时	94.09	75.80	273.12	179.03	163.35	236.53	296.65	245.68	563.24
空压机 6m³/min	台时	17.66	17.66	17.66	17.66	17.66	17.66	17.66	17.66	17.66
自卸汽车 5t	台时	6.49	6.49	13.70	12.26	11.54	13.70	16.58	12.26	26.68
载重汽车 5t	台时	15.86	13.70	46.14	28.12	25.96	39.66	50.47	38.21	84.36
汽车起重机 16t	台时	12.04	12.04	12.04	12.04	12.04	12.04	12.04	12.04	12.04
其他机械费	%	4	4	4	4	4	4	4	4	4
定额编号		06148	06149	06150	06151	06152	06153	06154	06155	06156

（2）墙厚 0.8m

单位:100m²

项　目	单位	粘土	砂壤土	粉细砂	中粗砂	砾石（地层）	卵石	漂石	岩石 ≤10MPa	岩石 10~30MPa
人　工	工时	1729.9	1512.2	3435.6	3076.8	2822.7	3266.3	3810.7	3629.2	8298.8
锯　材	m³	1.13	1.13	1.13	1.13	1.13	1.13	1.13	1.13	1.13
钢　材	kg	95.00	76.00	306.00	181.00	166.00	265.00	331.00	159.00	568.00
电焊条	kg	71.00	57.00	231.00	137.00	125.00	201.00	251.00	188.00	430.00
碱　粉	kg	657.00	680.00	1473.00	1247.00	1133.00	1473.00	1813.00	1587.00	1587.00
粘　土	t	81.00	85.00	183.00	155.00	140.00	183.00	225.00	197.00	197.00
水	m³	701.00	702.00	1409.00	1207.00	1106.00	1409.00	1712.00	1510.00	2520.00
其他材料费	%	1	1	1	1	1	1	1	1	1
冲击钻机 CZ-22	台时	266.96	233.36	530.19	406.98	373.38	504.06	588.07	560.06	1280.68
泥浆搅拌机	台时	173.53	151.68	344.63	264.54	242.69	327.64	382.24	364.04	384.20
泥浆泵 3PN	台时	86.76	75.84	172.31	132.27	121.35	163.82	191.12	182.02	192.10
电焊机 25kVA	台时	134.42	108.28	390.18	255.76	233.36	337.90	423.78	350.97	804.62
空压机 6m³/min	台时	25.24	25.24	25.24	25.24	25.24	25.24	25.24	25.24	25.24
自卸汽车 5t	台时	9.27	9.27	19.57	17.51	16.48	19.57	23.69	17.51	38.11
载重汽车 5t	台时	22.66	19.57	65.92	40.17	37.08	56.65	72.10	54.59	120.51
汽车起重机 16t	台时	17.20	17.20	17.20	17.20	17.20	17.20	17.20	17.20	17.20
其他机械费	%	4	4	4	4	4	4	4	4	4
定额编号		06157	06158	06159	06160	06161	06162	06163	06164	06165

（3）墙厚 1.0m

单位：100m²

项目		单位	地层							岩石	
			粘土	砂壤土	粉细砂	中粗砂	砾石	卵石	漂石	≤10MPa	10~30MPa
人工		工时	1989.4	1739.0	3951.0	3538.3	3246.1	3756.2	4382.3	4173.6	9543.6
锯材		m³	1.53	1.53	1.53	1.53	1.53	1.53	1.53	1.53	1.53
钢材		kg	128.25	102.60	413.10	244.35	224.10	357.75	446.85	214.65	766.80
电焊条		kg	95.85	76.95	311.85	184.95	168.75	271.35	338.85	253.80	580.50
碱粉		kg	886.95	918.00	1988.55	1683.45	1529.55	1988.55	2447.55	2142.45	2142.45
粘土		t	109.35	114.75	247.05	209.25	189.00	247.05	303.75	265.95	265.95
水		m³	946.35	947.70	1902.15	1629.45	1493.10	1902.15	2311.20	2038.50	3402.00
其他材料费		%	1	1	1	1	1	1	1	1	1
冲击钻机	CZ-22	台时	307.01	268.36	609.72	468.03	429.38	579.66	676.28	644.07	1472.78
泥浆搅拌机	3PN	台时	234.26	204.77	465.24	363.44	327.64	442.31	516.03	491.45	518.67
泥浆泵	3PN	台时	117.13	102.39	232.62	181.72	163.82	221.15	258.01	245.73	259.34
电焊机	25kVA	台时	181.46	146.18	526.74	345.28	315.04	456.17	572.10	473.81	1086.24
空压机	6m³/min	台时	34.07	34.07	34.07	34.07	34.07	34.07	34.07	34.07	34.07
自卸汽车	5t	台时	12.51	12.51	26.42	23.64	22.25	26.42	31.98	23.64	51.45
载重汽车	5t	台时	30.59	26.42	88.99	54.23	50.06	76.48	97.34	73.70	162.69
汽车起重机	16t	台时	23.22	23.22	23.22	23.22	23.22	23.22	23.22	23.22	23.22
其他机械费		%	4	4	4	4	4	4	4	4	4
定额编号			06166	06167	06168	06169	06170	06171	06172	06173	06174

(4)墙厚1.2m

单位:100m²

项目	单位	地层							岩石	
		粘土	砂壤土	粉细砂	中粗砂	砾石	卵石	漂石	≤10MPa	10～30MPa
人工	工时	2594.9	2268.3	5153.5	4615.1	4234.1	4899.4	5716.0	5443.8	12448.2
锯材	m³	1.92	1.92	1.92	1.92	1.92	1.92	1.92	1.92	1.92
钢材	kg	161.50	129.20	520.20	307.70	282.20	450.50	562.70	270.30	965.60
电焊条	kg	120.70	96.90	392.70	232.90	212.50	341.70	426.70	319.60	731.00
碱粉	kg	1116.90	1156.00	2504.10	2119.90	1926.10	2504.10	3082.10	2697.90	2697.90
粘土	t	137.70	144.50	311.10	263.50	238.00	311.10	382.50	334.90	334.90
水	m³	1191.70	1193.40	2395.30	2051.90	1880.20	2395.30	2910.40	2567.00	4284.00
其他材料费	%	1	1	1	1	1	1	1	1	1
冲击钻机 CZ－22	台时	400.44	350.04	795.29	610.47	560.06	756.08	882.10	840.09	1921.01
泥浆搅拌机 3PN	台时	294.99	257.86	585.86	449.71	2839.52	556.98	649.81	618.87	653.14
泥浆泵	台时	167.16	146.12	331.99	254.84	1609.06	315.62	368.23	350.69	370.12
电焊机 25kVA	台时	228.51	184.07	663.30	434.80	396.71	574.44	720.43	596.65	1327.33
空压机 6m³/min	台时	42.90	42.90	42.90	42.90	42.90	42.90	42.90	42.90	42.90
自卸汽车 5t	台时	15.76	15.76	33.27	29.77	28.02	33.27	40.27	29.77	64.79
载重汽车 5t	台时	38.52	33.27	112.06	68.29	63.04	96.31	122.57	92.80	204.87
汽车起重机 16t	台时	29.24	29.24	29.24	29.24	29.24	29.24	29.24	29.24	29.24
其他机械费	%	4	4	4	4	4	4	4	4	4
定额编号		06175	06176	06177	06178	06179	06180	06181	06182	06183

六 - 23　地下连续墙成槽——冲击钻机配合抓斗成槽

适用范围:孔深20m以内,防渗墙。

工作内容:导向槽安拆、制浆、冲击钻机打主孔、出渣、抓斗抓副孔成槽、清孔、换浆等。

(1)墙厚0.3m

单位:100m² 阻水面积

项　目	单位	地　层				
		砂壤土	粉细砂	中粗砂	砾石	卵石
人　　工	工时	160.3	345.2	307.0	275.0	376.1
板 枋 材	m³	0.27	0.27	0.27	0.27	0.27
钢　材	kg	71.15	82.53	76.27	76.28	82.24
膨 润 土	t	5.77	6.39	7.53	9.30	9.58
碱　粉	kg	216.10	239.76	226.10	232.73	239.76
水	m³	72.03	79.92	75.37	77.58	79.92
其他材料费	%	3	3	3	3	3
抓　斗　0.8~1.2m³	台时	12.04	26.06	22.98	20.22	28.10
冲击钻机 CZ-22	台时	17.96	42.56	32.58	29.83	41.99
泥浆搅拌机	台时	24.85	39.97	36.64	33.68	42.15
泥 浆 泵 3PN	台时	18.92	34.04	30.71	27.74	36.22
其他机械费	%	6	6	6	6	6
定 额 编 号		06184	06185	06186	06187	06188

注:不同孔深时,人工、材料、机械分别乘以下系数:

孔　深(m)	≤20	≤30	≤40
人　　工	1.00	0.95	0.88
板 枋 材	1.00	0.67	0.52
钢　材	1.00	0.72	0.56
抓　斗　0.8~1.2m³	1.00	1.15	1.30
泥浆搅拌机	1.00	1.10	1.21
泥 浆 泵 3PN	1.00	1.12	1.24

(2)墙厚 0.4m

项 目	单位	地 层				
		砂壤土	粉细砂	中粗砂	砾石	卵石
人 工	工时	181.3	389.6	348.9	310.7	425.4
板 枋 材	m³	0.28	0.28	0.28	0.28	0.28
钢 材	kg	74.25	94.47	83.33	83.35	93.96
膨 润 土	t	5.57	6.39	6.33	9.22	9.60
碱 粉	kg	208.48	240.03	221.81	230.65	240.03
水	m³	69.50	80.01	73.93	76.88	80.01
其他材料费	%	3	3	3	3	3
抓 斗 0.8~1.2m³	台时	13.38	28.96	25.54	22.47	31.21
冲击钻机 CZ-22	台时	21.29	50.49	38.64	35.40	49.79
泥浆搅拌机	台时	24.97	41.77	38.07	34.76	44.20
泥 浆 泵 3PN	台时	19.69	36.51	32.80	29.50	38.94
其他机械费	%	6	6	6	6	6
定 额 编 号		06189	06190	06191	06192	06193

(3)墙厚 0.5m

项 目	单位	地 层				
		砂壤土	粉细砂	中粗砂	砾石	卵石
人 工	工时	204.7	438.9	392.1	351.4	479.6
板 枋 材	m³	0.29	0.29	0.29	0.29	0.29
钢 材	kg	78.21	109.76	92.37	92.42	108.97
膨 润 土	t	8.27	9.32	9.23	13.50	13.98
碱 粉	kg	310.07	349.52	326.75	337.80	349.52
水	m³	103.35	116.50	108.92	112.60	116.50
其他材料费	%	3	3	3	3	3
抓 斗 0.8~1.2m³	台时	15.05	32.58	28.72	25.28	35.11
冲击钻机 CZ-22	台时	23.89	56.61	43.32	39.70	55.84
泥浆搅拌机	台时	32.68	51.59	47.44	43.71	54.31
泥 浆 泵 3PN	台时	24.47	43.36	39.21	35.50	46.09
其他机械费	%	6	6	6	6	6
定 额 编 号		06194	06195	06196	06197	06198

六－24 混凝土防渗墙浇筑

适用范围:混凝土防渗墙槽孔混凝土浇筑。

工作内容:搭拆浇筑平台、装拆导管、浇筑及质量检查、墙顶混凝土凿除等。

(1)墙厚0.3m

单位:100m² 阻水面积

项　　目	单位	地　　层		
		漂石、卵石	细砂、砾石	其他
人　　工	工时	270.0	258.9	246.6
水下混凝土	m³	37.70	36.13	34.56
钢 导 管	kg	3.70	3.54	3.39
橡 皮 板	kg	7.39	7.09	6.78
锯　材	m³	0.23	0.22	0.21
其他材料费	%	3	3	3
搅 拌 机　0.4m³	台时	10.19	9.77	9.34
胶 轮 车	台时	47.09	45.13	43.17
汽车起重机　8t	台时	8.26	7.92	7.57
载 重 汽 车　5t	台时	0.28	0.26	0.25
其他机械费	%	2	2	2
混凝土运输	m³	37.70	36.13	34.56
定 额 编 号		06199	06200	06201

(2)墙厚0.4m

单位:100m² 阻水面积

项　　目	单位	地　　层		
		漂石、卵石	细砂、砾石	其他
人　　工	工时	361.3	344.0	330.4
水下混凝土	m³	50.26	48.17	46.08
钢 导 管	kg	4.93	4.72	4.52
橡 皮 板	kg	9.86	9.45	9.04
锯　材	m³	0.31	0.29	0.28
其他材料费	%	3	3	3
搅 拌 机　0.4m³	台时	13.58	13.02	12.45
胶 轮 车	台时	62.78	60.17	57.56
汽车起重机　8t	台时	11.01	10.56	10.10
载 重 汽 车　5t	台时	0.37	0.35	0.34
其他机械费	%	2	2	2
混凝土运输	m³	50.26	48.17	46.08
定 额 编 号		06202	06203	06204

（3）墙厚 0.5m

项　　目	单位	地　　层		
		漂石、卵石	细砂、砾石	其他
人　　工	工时	448.8	432.8	413.1
水下混凝土	m³	62.83	60.21	57.59
钢 导 管	kg	6.16	5.90	5.65
橡 皮 板	kg	12.32	11.81	11.29
锯　　材	m³	0.38	0.37	0.35
其他材料费	%	3	3	3
搅 拌 机　0.4m³	台时	16.98	16.27	15.57
胶 轮 车	台时	78.48	75.21	71.94
汽车起重机　8t	台时	13.77	13.20	12.62
载 重 汽 车　5t	台时	0.46	0.44	0.42
其他机械费	%	2	2	2
混凝土运输	m³	62.83	60.21	57.59
定　额　编　号		06205	06206	06207

（4）墙厚 0.6m

项　　目	单位	数　　量		
		漂石、卵石	细砂、砾石	其他
人　　工	工时	585.7	557.4	536.3
水下混凝土	m³	85	81	78
钢 套 管	kg	8.50	8.10	7.60
橡 皮 板	kg	17.00	16.20	15.20
锯　　材	m³	0.53	0.50	0.47
其他材料费	%	3	3	3
搅 拌 机　0.4m³	台时	22.18	21.12	20.31
胶 轮 车	台时	116.61	110.99	106.77
汽车起重机　8t	台时	18.59	17.70	17.03
载 重 汽 车　5t	台时	0.62	0.59	0.57
其他机械费	%	2	2	2
混凝土运输	m³	85	81	78
定　额　编　号		06208	06209	06210

(5)墙厚0.8m

单位:100m² 阻水面积

项 目	单位	数 量		
		漂石、卵石	细砂、砾石	其他
人 工	工时	783.3	748.0	712.7
水下混凝土	m³	114	109	104
钢 套 管	kg	11.40	10.90	10.40
橡 皮 板	kg	22.80	21.80	20.80
锯 材	m³	0.71	0.68	0.64
其他材料费	%	3	3	3
搅 拌 机 0.4m³	台时	29.67	28.33	27.00
胶 轮 车	台时	155.95	148.92	141.90
汽车起重机 8t	台时	24.87	23.75	17.03
载 重 汽 车 5t	台时	0.83	0.79	0.57
其他机械费	%	2	2	2
混凝土运输	m³	114	109	104
定 额 编 号		06211	06212	06213

(6)墙厚1.0m

单位:100m² 阻水面积

项 目	单位	数 量		
		漂石、卵石	细砂、砾石	其他
人 工	工时	973.8	931.4	889.1
水下混凝土	m³	142	136	130
钢 套 管	kg	14.20	13.60	13.00
橡 皮 板	kg	28.40	27.20	26.00
锯 材	m³	0.88	0.84	0.81
其他材料费	%	3	3	3
搅 拌 机 0.4m³	台时	36.89	35.28	33.68
胶 轮 车	台时	193.88	185.45	177.02
汽车起重机 8t	台时	30.92	29.57	28.23
载 重 汽 车 5t	台时	1.03	0.99	0.94
其他机械费	%	2	2	2
混凝土运输	m³	142	136	130
定 额 编 号		06214	06215	06216

(7)墙厚1.2m

项 目	单位	数 量		
		漂石、卵石	细砂、砾石	其他
人 工	工时	1171.3	1122.0	1065.5
水下混凝土	m³	171	164	156
钢 套 管	kg	17.10	15.90	15.60
橡 皮 板	kg	34.20	31.80	31.20
锯 材	m³	1.06	0.99	0.97
其他材料费	%	3	3	3
搅 拌 机 0.4m³	台时	44.37	42.50	40.36
胶 轮 车	台时	233.22	223.38	212.14
汽车起重机 8t	台时	37.19	35.62	33.83
载 重 汽 车 5t	台时	1.24	1.19	1.13
其他机械费	%	2	2	2
混凝土运输	m³	171	164	156
定 额 编 号		06217	06218	06219

六-25 地下连续墙——深层水泥搅拌桩防渗墙

适用范围:孔深15m以内,墙厚0.3m,水泥掺量12%,防渗墙。

工作内容:机具就位、搅拌桩机下沉、拌制水泥浆、提升搅拌机、重复搅拌、移位。

(1)单头搅拌桩机

单位:100m² 阻水面积

项　　目	单位	地　　层				水泥掺量每增加1%
		砂壤土	粉细砂	中粗砂	砾石	
人　　工	工时	168.9	403.2	307.0	282.4	
水　　泥	t	11.28	11.28	11.28	11.28	0.94
板 枋 材	m³	0.05	0.05	0.05	0.05	
喷 射 管	kg	0.91	0.91	0.91	0.91	
高 压 胶 管	m	4.85	4.85	4.85	4.85	
普 通 胶 管	m	4.85	4.85	4.85	4.85	
水	m³	16.92	16.92	16.92	16.92	1.41
其他材料费	%	5	5	5	5	
单头搅拌桩机	台时	28.71	68.05	52.08	47.72	
灰浆搅拌机	台时	28.71	68.05	52.08	47.72	
灰 浆 泵 4kW	台时	28.71	68.05	52.08	47.72	
灌浆自动记录仪	台时	28.71	68.05	52.08	47.72	
其他机械费	%	5	5	5	5	
定 额 编 号		06220	06221	06222	06223	06224

注:墙厚不同时,定额乘以下列系数:

墙　　厚(m)	0.22	0.26	0.30	0.34	0.38
系　　数	0.91	0.95	1.00	1.07	1.16

（2）双头搅拌桩机

项　目	单位	地　层				水泥掺量每增加1%
		砂壤土	粉细砂	中粗砂	砾石	
人　工	工时	143.0	340.3	261.4	239.2	
水　泥	t	10.65	10.65	10.65	10.65	0.89
板枋材	m³	0.04	0.04	0.04	0.04	
喷射管	kg	0.79	0.79	0.79	0.79	
高压胶管	m	4.04	4.04	4.04	4.04	
普通胶管	m	4.04	4.04	4.04	4.04	
水	m³	15.97	15.97	15.97	15.97	1.33
其他材料费	%	5	5	5	5	
双头搅拌桩机	台时	18.91	44.79	34.28	31.41	
灰浆搅拌机	台时	18.91	44.79	34.28	31.41	
灰浆泵 4kW	台时	18.91	44.79	34.28	31.41	
灌浆自动记录仪	台时	18.91	44.79	34.28	31.41	
其他机械费	%	5	5	5	5	
定额编号		06225	06226	06227	06228	06229

注:墙厚不同时,定额乘以下列系数:

墙　厚(m)	0.18	0.22	0.26	0.30	0.34
系　数	0.86	0.90	0.94	1.00	1.08

(3)多头搅拌桩机

单位:100m² 阻水面积

项 目	单位	地 层				水泥掺量每增加1%
		砂壤土	粉细砂	中粗砂	砾石	
人 工	工时	122.1	289.8	221.9	202.2	
水 泥	t	10.04	10.04	10.04	10.04	0.84
板 枋 材	m³	0.04	0.04	0.04	0.04	
喷 射 管	kg	0.68	0.68	0.68	0.68	
高 压 胶 管	m	3.23	3.23	3.23	3.23	
普 通 胶 管	m	3.23	3.23	3.23	3.23	
水	m³	15.07	15.07	15.07	15.07	1.25
其他材料费	%	5	5	5	5	
多头搅拌桩机 BJS-15B	台时	14.48	34.30	26.25	24.06	
灰浆搅拌机	台时	14.48	34.30	26.25	24.06	
灰 浆 泵 4kW	台时	14.48	34.30	26.25	24.06	
灌浆自动记录仪	台时	14.48	34.30	26.25	24.06	
其他机械费	%	5	5	5	5	
定 额 编 号		06230	06231	06232	06233	06234

注:1.墙厚不同时,定额乘以下列系数:

墙 厚(m)	0.14	0.18	0.22	0.26	0.30
系 数	0.71	0.74	0.79	0.87	1.00

2.孔深15~25m 时,改用 ZCJ-25 型多头搅拌桩机。

六 - 26 地下连续墙——振动沉模防渗板墙

适用范围:土质地基,墙深10m以内,防渗墙。

工作内容:机具就位、振动沉模、提升模板,砂浆拌和、运输和浇筑。

(1) 墙厚0.10m

单位:100m² 阻水面积

项 目	单位	土质级别		
		Ⅰ	Ⅱ	Ⅲ
人 工	工时	133.2	145.5	161.5
砂 浆	m³	13.13	13.13	13.13
板 枋 材	m³	0.20	0.20	0.20
高 压 胶 管	m	4.04	4.04	4.04
普 通 胶 管	m	6.06	6.06	6.06
水	m³	9.09	10.46	12.28
其他材料费	%	3	3	3
振动沉模设备	组时	11.29	12.99	15.24
强制式混凝土搅拌机 0.5m³	台时	3.52	3.52	3.52
混 凝 土 泵 30m³/h	台时	1.62	1.62	1.62
柱 塞 水 泵 10kW	台时	6.78	7.80	9.15
灰 浆 泵 4kW	台时	4.06	4.06	4.06
汽 车 起 重 机 16t	台时	1.69	1.94	2.29
胶 轮 车	台时	16.23	16.23	16.23
其他机械费	%	5	5	5
定 额 编 号		06235	06236	06237

注:1.砂浆按设计配合比计算。

2.不同孔深时,人工、机械分别乘以下系数:

孔 深(m)	≤10	≤15	≤20
人 工	1.00	1.14	1.30
振动沉模设备	1.00	1.20	1.40
柱塞水泵 10kW	1.00	1.20	1.40
汽车起重机 16t	1.00	1.50	2.00

（2）墙厚 0.15m

单位:100m² 阻水面积

项　目	单位	土质级别		
		Ⅰ	Ⅱ	Ⅲ
人　工	工时	160.3	176.3	197.3
砂　浆	m³	18.94	18.94	18.94
板枋材	m³	0.20	0.20	0.20
高压胶管	m	4.55	4.55	4.55
普通胶管	m	6.57	6.57	6.57
水	m³	10.10	11.62	13.64
其他材料费	%	3	3	3
振动沉模设备	组时	12.54	14.42	16.93
强制式混凝土搅拌机　0.5m³	台时	5.08	5.08	5.08
混凝土泵　30m³/h	台时	2.35	2.35	2.35
柱塞水泵　10kW	台时	7.52	8.65	10.15
灰浆泵　4kW	台时	5.87	5.87	5.87
汽车起重机　16t	台时	1.88	2.16	2.54
胶轮车	台时	23.42	23.42	23.42
其他机械费	%	5	5	5
定额编号		06238	06239	06240

(3) 墙厚0.20m

项 目	单位	土质级别		
		I	II	III
人 工	工时	192.3	205.9	228.1
砂 浆	m³	24.24	24.24	24.24
板 枋 材	m³	0.20	0.20	0.20
高 压 胶 管	m	5.05	5.05	5.05
普 通 胶 管	m	7.07	7.07	7.07
水	m³	11.11	12.79	15.01
其他材料费	%	3	3	3
振动沉模设备	组时	13.81	15.88	18.63
强制式混凝土搅拌机 0.5m³	台时	6.50	6.50	6.50
混凝土泵 30m³/h	台时	3.01	3.01	3.01
柱塞水泵 10kW	台时	8.28	9.53	11.18
灰浆泵 4kW	台时	7.52	7.52	7.52
汽车起重机 16t	台时	2.07	2.38	2.81
胶轮车	台时	29.98	29.98	29.98
其他机械费	%	5	5	5
定额编号		06241	06242	06243

六－27　灌注桩造孔

适用范围：冲击钻造孔，孔深40m以内，桩径0.8m。

工作内容：埋设护筒，钻机就位，钻孔，制浆，清孔，出渣，记录，孔位转移。

单位：100m

项 目		单位	地 层						
			粘土	砂砾土	粉细砂	砾石	卵石	漂石	岩石
人工		工时	1332.1	1223.7	3386.6	2379.7	3340.8	3752.7	3872.4
材	锯材	m³	0.20	0.20	0.20	0.20	0.20	0.20	0.20
	钢材	kg	84.00	70.00	270.00	160.00	265.00	437.00	308.00
	钢板 4mm	m²	1.30	1.30	1.30	1.30	1.30	1.30	1.30
	铁丝	kg	5.50	5.50	5.50	5.50	5.50	5.50	5.50
	粘土	t	80.00	108.00	108.00	108.00	108.00	108.00	108.00
	碱粉	kg	334.00	450.00	450.00	450.00	450.00	450.00	450.00
	电焊条	kg	63.00	53.00	204.00	120.00	201.00	332.00	234.00
	水	m³	1050.00	1050.00	1050.00	1050.00	1050.00	1050.00	1050.00
其他材料费		%	3	3	2	2	2	2	2
冲击钻机 CZ－22		台时	224.3	206.0	482.4	339.0	475.9	534.6	651.9
电焊机 25kVA		台时	112.1	103.0	327.3	215.1	319.4	391.2	415.9
泥浆泵 3PN		台时	70.4	93.9	93.9	93.9	93.9	93.9	93.9
泥浆搅拌机		台时	140.8	187.8	187.8	187.8	187.8	187.8	187.8
汽车起重机 25t		台时	10.7	10.7	10.7	10.7	10.7	10.7	10.7
自卸汽车 5t		台时	34.9	34.9	34.9	34.9	34.9	34.9	34.9
载重汽车 5t		台时	22.8	20.2	71.2	41.6	68.5	115.5	80.6
其他机械费		%	3	3	3	3	3	3	3
定额编号			06244	06245	06246	06247	06248	06249	06250

注：1. 不同桩径，人工、钢材、电焊条、钢材、冲击钻机、电焊机、自卸汽车乘以下系数：桩径为0.6m时，系数为0.8；桩径为0.8m时，系数为1.0；桩径为1.0m时，系数为1.43。

　　2. 本节岩石系指抗压强度小于10MPa的岩石。

六 –28 灌注桩混凝土

适用范围:孔深 40m 以内。

工作内容:安装导管及漏斗、混凝土配料、拌和、运输、灌注、凿除混凝土桩头。

单位:桩长 100m

项　　目	单位	机械造孔			人工造孔	
		孔径 (m)				
		0.6	0.8	1.0	1.0	1.2
人　　工	工时	322.0	572.5	894.0	721.5	1038.9
混　凝　土	m³				104	149
水下混凝土	m³	37	66	104		
其他材料费	%	2	2	2	2	2
搅 拌 机 0.4m³	台时	9.42	16.74	26.14	26.14	37.64
卷 扬 机 5t	台时	15.25	27.12	42.35	42.35	60.99
载 重 汽 车 5t	台时	1.62	2.89	4.51	4.51	6.49
胶 轮 车	台时	35.92	63.90	99.79	99.79	143.69
其他机械费	%	3	3	3	3	3
混凝土运输	m³	37	66	104	104	149
定额编号		06251	06252	06253	06254	06255

六-29 振冲桩

适用范围:软基处理。

工作内容:移位、桩孔定位、安装振冲器、造孔、填料、冲孔、记录。

(1)孔深≤8m

单位:100m

项 目	单位	地 层			
		粉细砂	中粗砂	砂壤土	淤泥
人 工	工时	125.3	138.7	165.5	209.3
卵(碎)石	m³	96.00	94.00	92.00	96.00
其他材料费	%	5	5	5	5
汽车起重机 16t	台时	19.10	20.70	23.90	29.10
振 冲 器 ZCQ-30	台时	14.49	14.49	14.49	14.49
离 心 泵 14kW	台时	14.49	14.49	14.49	14.49
污 水 泵 4kW	台时	14.49	14.49	14.49	14.49
装 载 机 1m³	台时	14.49	14.49	14.49	14.49
其他机械费	%	5	5	5	5
定 额 编 号		06256	06257	06258	06259

(2)孔深8~20m

单位:100m

项 目	单位	地 层			
		粉细砂	中粗砂	砂壤土	淤泥
人 工	工时	137.9	152.6	182.0	230.2
卵(碎)石	m³	126.00	123.00	120.00	126.00
其他材料费	%	5	5	5	5
汽车起重机 16t	台时	19.10	20.70	23.90	29.10
振 冲 器 ZCQ-30	台时	14.49	14.49	14.49	14.49
离 心 泵 14kW	台时	14.49	14.49	14.49	14.49
污 水 泵 4kW	台时	14.49	14.49	14.49	14.49
装 载 机 1m³	台时	14.49	14.49	14.49	14.49
其他机械费	%	5	5	5	5
定 额 编 号		06260	06261	06262	06263

六－30 打预制钢筋混凝土桩

适用范围:土质地层,打预制钢筋混凝土方桩、板桩、管桩。

工作内容:准备打桩工具、安拆和移动打桩机架、吊桩、打桩、接桩、送桩。

单位:100m³

项 目	单位	土质级别		
		Ⅰ、Ⅱ	Ⅲ	Ⅳ
人 工	工时	1261.8	1656.2	2007.5
预制钢筋混凝土桩	m³	104	105	106
桩 帽	kg	190.28	190.28	190.28
锯 材	m³	0.30	0.40	0.51
其他材料费	%	1	1	1
柴油打桩机 2~4t	台时	79.10	104.89	127.91
轮胎式起重机 16t	台时	69.83	73.33	76.82
其他机械费	%	2	2	2
定 额 编 号		06264	06265	06266

第七章

砂石备料工程

说　明

一、本章包括砂、砾石、碎石、片块石、条石等砂石料的开采加工及运输定额共25节165个子目。适用于中小型水利水电工程的砂石料制备。

二、本定额的计量单位,除注明者外,开采、运输等节一般为成品方(堆方、码方),砂石料加工等节按成品重量(t)计算。计量单位间的换算如无实测资料,可参考表7-1数据。

表7-1　砂石料密度参考表

砂石料类别	天然砂砾料			人工骨料		
	松散砂砾混合料	分级砾石	砂	碎石原料	成品碎石	成品砂
密度(t/m³)	1.74	1.65	1.55	1.76	1.45	1.50

三、本定额砂石料的名称、规格及标准说明:

1. 砂石料:指砂砾料、碎石、砂、骨料等的统称。

2. 砂砾料:指未经加工的天然砂卵石料。

3. 砾石:指砂砾料中粒径 >5mm 的卵石。

4. 超径石:指砂砾料中粒径大于骨料最大粒径的卵石。

5. 碎石原料:指未经破碎、加工的岩石开采料。

6. 碎石:指经破碎、加工、分级后,粒径 >5mm 的骨料。

7. 砂:指粒径 ≤5mm 的骨料。

8. 骨料:指经加工分级后的砾石、碎石及砂的统称。

9. 块石:指长、宽各为厚度的 2～3 倍,厚度 >20cm 的石块。

10. 片石:指长、宽各为厚度的 3 倍以上,厚度 > 15cm 的石块。

11. 毛条石:指一般长度 >60cm 的长条形四棱方正的石料。

12. 料石:指毛条石经过修边打荒加工,外露面方正,各相邻面正交,表面凹凸不超过 10mm 的石料。

四、砂石备料施工的工序名称:

1. 开采:指按设计选定的方式开挖、采集砂砾料或开采碎石原料。

2. 筛洗:指砂砾料经筛分、加工成各粒径组骨料分别堆放的过程。

3. 粗碎:指将开采的碎石原料进行初次破碎,并经过筛分、分级堆放的过程。

4. 运输:指在开采、加工各定额工序间转运砂石料及将加工过程中的半成品料或加工后的成品骨料运至供料地点的过程。

五、砂石加工定额适用范围:

天然砂砾料筛洗过程包括上料、筛分和成品运输、堆存等工序。

用碎石原料制碎石的定额为砂石加工厂仅生产碎石,不生产人工砂,生产碎石时产出的 ≤5mm 的石屑作为废料处理。既生产碎石,又附带生产人工砂,但产砂量不超过 10% 时,也可用本节定额。

六、砂石加工厂规模:

砂石加工厂规模可参照《施工组织设计规范》确定。

计算求得需要成品的小时生产能力,计入损耗后,即可求得按进料量计的小时处理能力,据此套用相应定额。

七、皮带机长度折算:

砂石加工定额中,胶带运输机用量以"m·h"计,米时与台时按下列方法折算:

带宽 $B = 500$mm,带长 $L = 30$m,1 台时 $= 30$m·h

带宽 $B = 650\mathrm{mm}$，带长 $L = 50\mathrm{m}$，1 台时 $= 50\mathrm{m} \cdot \mathrm{h}$

带宽 $B = 800\mathrm{mm}$，带长 $L = 75\mathrm{m}$，1 台时 $= 75\mathrm{m} \cdot \mathrm{h}$

八、砂石单价计算：

1. 计算砂石单价，应先按施工组织设计确定的砂石备料工艺方案，根据砂石备料各节定额计算出工序单价，然后按不同类别、不同规模的筛分厂或砂石加工厂累积计算骨料的出厂成品单价。骨料的单价自开采、加工、运输一般计算至拌和设备前调节料仓或与拌和设备上料输送胶带机相接为止。

2. 天然砂砾料加工过程中，由于生产或级配平衡需要进行中间工序处理的砂石料，包括级配余料、级配弃料、超径弃料、弃石取砂或弃砂取石等，应以料场勘探资料和施工组织设计文件中级配平衡计算结果为依据，计算单价时，按处理量与骨料需要量的比例摊入骨料单价。余弃料单价应为选定处理工序处的砂石料单价。当余弃料需经挖装运输至指定弃料地点时，其运输费用应按本章有关定额子目计算，并按比例摊入骨料成品单价。

3. 料场覆盖剥离工程及料场的无效层，按一般土石方定额计算单价，并按设计规定的工程量比例摊入骨料成品单价。

九、本章砂石料加工及运输各节定额，均已考虑了开采、加工、运输、堆存损耗。

十、砂石料开采加工定额不包括地方政府和有关部门收取的资源费、植被恢复费、砂石料管理费等内容。

七-1 人工开采砂砾料

适用范围:天然砂砾料开采。

工作内容:挖、装、运、卸、堆存、空回等。

(1)陆上开采

单位:100m³ 成品堆方

项 目	单位	挖装运卸50m		每增运10m
		砂	砾石	
人 工	工时	301.3	351.5	33.8
零星材料费	%	2	2	
定额编号		07001	07002	07003

(2)水下开采

单位:100m³ 成品堆方

项 目	单位	挖装运卸50m		每增运10m
		砂	砾石	
人 工	工时	376.3	439.3	40.0
零星材料费	%	2	2	
定额编号		07004	07005	07006

七 – 2 人工捡集卵石

适用范围:在河滩捡集大卵石。

工作内容:采集、撬石、堆码等。

单位:100m³ 成品码方

项　　目	单位	数量
人　　工	工时	364.4
零星材料费	%	1
定 额 编 号		07007

注:本节定额适用于浆砌、干砌卵石的原材料捡集。

七–3 人工筛分砂石料

适用范围:经开采后的堆放料。

工作内容:上料、过筛、堆存及筛具安拆。

单位:100m³ 成品堆方

项　目	单位	三层筛	四层筛
人　工	工时	192.5	221.3
零星材料费	%	2	2
定额编号		07008	07009

七-4 人工溜洗砂石料

适用范围:经筛分后的成品骨料。

工作内容:上料、翻搅冲洗、杂物清除、堆放。

单位:100m³ 成品堆方

项　　目	单位	砂	砾石粒径(mm)				碎石粒径(mm)			
			5~20	20~40	40~80		5~20	20~40	40~80
人　工	工时	342.4	166.5	202.2	276.5		199.7	242.6	303.3
水	m³	153.00	102.00	102.00	102.00		102.00	102.00	102.00
其他材料费	%	15	15	15	15		15	15	15
定额编号		07010	07011	07012	07013		07014	07015	07016

七-5 人工运砂石料

适用范围:经开采、加工的堆放砂石料。
工作内容:装、挑、抬、运、卸、堆存、空回等。

单位:100m³ 堆方

项　目	单位	运　距(m)								
		20	30	40	50	60	70	80	90	100
人　工	工时	145.2	172.1	199.0	225.8	252.7	279.6	306.5	333.3	360.2
零星材料费	%	2	2	2	2	2	2	2	2	2
定额编号		07017	07018	07019	07020	07021	07022	07023	07024	07025

七－6 人工装胶轮车运砂石料

适用范围：松堆砂石骨料。

工作内容：装车、运、卸、堆存、空回等。

单位：100m³ 堆方

项　　目	单位	运　　　距（m）						
		50	70	90	110	130	150
人　　工	工时	164.4	176.9	189.4	201.9	214.4	226.9
零星材料费	%	2	2	2	2	2	2
双胶轮车	台时	81.10	94.55	108.00	121.46	134.91	148.37
定额编号		07026	07027	07028	07029	07030	07031

七 –7　人工装、机动翻斗车运砂石料

适用范围:松堆砂石骨料。

工作内容:装、运、卸、堆存、空回。

单位:100m³ 成品堆方

项　　目	单位	运距 100m 以内			每增运 100m
		砂	砾石	砂砾石料	
人　　工	工时	115.0	127.5	137.5	25.0
零星材料费	%	2	2	2	
机动翻斗车　1t	台时	36.08	36.08	38.95	14.97
定 额 编 号		07032	07033	07034	07035

七 - 8　人工装卸、手扶拖拉机运砂石料

(1)运砂料

适用范围:松堆砂料。

工作内容:装、运、卸、堆存、空回。

单位:100m³ 成品堆方

项　目	单位	运距（m）			每增运 100m
		300	400	500	
人　　工	工时	142.1	142.1	142.1	
零星材料费	%	2	2	2	
手扶拖拉机　11kW	台时	51.14	55.23	59.12	4.20
定　额　编　号		07036	07037	07038	07039

(2)运碎石、砾石

适用范围:松堆碎、砾石骨料。

工作内容:装、运、卸、堆存、空回。

单位:100m³ 成品堆方

项　目	单位	运距（m）			每增运 100m
		300	400	500	
人　　工	工时	157.2	157.2	157.2	
零星材料费	%	2	2	2	
手扶拖拉机　11kW	台时	65.1	69.5	73.7	4.9
定　额　编　号		07040	07041	07042	07043

七-9 挖掘机挖砂砾料

适用范围:采挖后堆存。

工作内容:挖、卸、堆存、移位、清理工作面等。

(1)索式挖掘机

单位:100m³ 堆方

项 目		单位	1m³ 索式挖掘机		2m³ 索式挖掘机	
			滩地	水下	滩地	水下
人 工		工时	12.5	15.0	8.7	9.9
索式挖掘机	1m³	台时	2.03	2.43		
	2m³	台时			1.28	1.53
推 土 机	74kW	台时	1.00	1.19	0.64	0.77
其他机械费		%	6	6	6	6
定 额 编 号			07044	07045	07046	07047

(2)反铲挖掘机

单位:100m³ 堆方

项 目		单位	1m³ 反铲挖掘机		2m³ 反铲挖掘机	
			滩地	水下	滩地	水下
人 工		工时	7.5	9.5	4.9	6.2
反铲挖掘机	1m³	台时	1.40	1.59		
	2m³	台时			0.80	0.96
推 土 机	59kW	台时	0.60	0.74		
	74kW	台时			0.40	0.48
其他机械费		%	8	8	8	8
定 额 编 号			07048	07049	07050	07051

七 - 10 天然砂砾料筛洗

适用范围:天然砂砾料筛洗。

工作内容:上料、筛分、冲洗、成品运输、堆存等。

(1)处理能力 60～110t/h

单位:100t 成品

项 目	单位	筛组×处理能力(t/h)	
		1×60	1×110
人　工	工时	31.7	25.4
砂砾料采运	t	118.32	118.32
水	m³	122.0	122.0
其他材料费	%	1	1
圆振动筛　1200×3600	台时	3.30	
圆振动筛　3-1200×3600	台时	3.30	
圆振动筛　1500×3600	台时		1.81
圆振动筛　3-1500×3600	台时		1.81
砂石洗选机　XL-450	台时	3.30	
砂石洗选机　XL-914	台时		1.81
槽式给料机　1100×2700	台时	3.30	1.81
胶带输送机　B=500	m·h	628.96	377.38
胶带输送机　B=650	m·h	472.50	635.10
推　土　机　88kW	台时	1.23	1.23
其他机械费	%	5	5
定额编号		07052	07053

（2）处理能力 220~440t/h

单位:100t 成品

项　目	单位	筛组×处理能力(t/h)	
		1×220	2×220
人　工	工时	17.8	10.2
砂砾料采运	t	118.3	118.3
水	m³	122.0	122.0
零星材料费	%	1	1
圆振动筛　1200×3600	台时	0.91	0.44
圆振动筛　1800×4200	台时	1.79	1.79
螺旋分级机　1500	台时	0.91	0.91
直线振动筛　1500×4800	台时	0.91	0.44
槽式给料机　1100×2700	台时	0.91	0.91
胶带输送机　B=500	m·h	162.61	76.70
胶带输送机　B=650	m·h	205.56	76.70
胶带输送机　B=800	m·h	386.58	262.32
推　土　机　88kW	台时	1.23	1.23
其他机械费	%	5	5
定　额　编　号		07054	07055

七 –11 开采碎石原料

适用范围:手风钻钻孔。

工作内容:钻孔、爆破、撬移、解小、堆存、清理工作面等。

单位:100m³ 成品堆方

项　　目	单位	岩　石　级　别				
		Ⅷ	Ⅸ	Ⅹ	Ⅺ	Ⅻ
人　　工	工时	68.1	83.8	95.2	106.8	133.3
合 金 钻 头	个	1.61	1.98	2.45	2.94	3.57
空 心 钢	kg	0.62	0.84	1.07	1.42	1.87
炸　　药	kg	21.50	26.69	29.25	31.81	36.88
雷　　管	个	18.38	22.82	25.00	27.18	31.53
导电线(导爆管)	m	96.26	119.49	130.96	142.41	165.14
其他材料费	%	8	8	8	8	8
手持式风钻	台时	5.69	9.28	12.31	15.33	21.00
其他机械费	%	9	9	9	9	9
定 额 编 号		07056	07057	07058	07059	07060

七-12 制碎石

适用范围:混凝土所需碎石料加工。

工作内容:上料、粗碎、预筛、中碎、筛洗、成品堆存等。

(1)颚式破碎机

单位:100t成品

项目	单位	粗碎机台数×处理能力(t/h)				
		1×20	2×20	1×60	1×80	2×60
人 工	工时	97.8	61.0	48.3	43.2	33.0
碎石料采运	t	\multicolumn{5}{c}{128×(1+原料含泥率N_i)}				
水	m³	102.00	102.00	102.00	102.00	102.00
其他材料费	%	1	1	1	1	1
颚式破碎机 400×600	台时	8.17	8.17			
颚式破碎机 500×750	台时			2.90		2.90
颚式破碎机 600×900	台时				2.18	
颚式破碎机 250×1000	台时	8.17	8.17	5.52	4.36	5.79
槽式给料机 1100×2700	台时	8.17	4.08	2.76	2.18	1.45
圆振动筛 1200×3600	台时	8.17	4.08	2.76	2.18	
圆振动筛 1500×3600	台时					1.45
圆振动筛 3-1200×3600	台时	8.17	4.08	2.76	2.18	
圆振动筛 3-1500×3600	台时					1.45
砂石洗选机 XL-450	台时	8.17	4.08	2.76	2.18	
砂石洗选机 XL-914	台时					1.45
胶带输送机 B=500	m·h	589	700	623	579	452
胶带输送机 B=650	m·h	773	755	648	628	485
推 土 机 88kW	台时	0.46	0.46	0.47	0.49	0.49
其他机械费	%	2	2	2	2	2
定额编号		07061	07062	07063	07064	07065

（2）旋回破碎机

单位:100t 成品

项 目	单位	粗碎机台数×处理能力(t/h)		
		1×160	1×300	1×500
人 工	工时	27.9	17.8	15.2
碎石料采运	t	128×(1+原料含泥率 N_i)		
水	m³	102.00	102.00	102.00
其他材料费	%	1	1	1
圆锥破碎机 1750	台时	1.09	0.58	0.34
旋回破碎机 500/70	台时	1.09		
旋回破碎机 700/100	台时		0.58	
旋回破碎机 900/130	台时			0.34
重 型 筛 1750×3500	台时	1.09	0.58	0.34
圆 振 动 筛 1800×4800	台时			1.40
圆 振 动 筛 1500×3600	台时	2.18	2.32	
螺旋分级机 1500	台时			0.69
砂石洗选机 XL-914	台时	1.09	1.17	
槽式给料机 1100×2700	台时	1.09	1.17	1.40
胶带输送机 $B=500$	m·h	388	99	38
胶带输送机 $B=650$	m·h	412	146	56
胶带输送机 $B=800$	m·h		303	280
推 土 机 88kW	台时	0.49	0.49	0.49
其他机械费	%	2	2	2
定 额 编 号		07066	07067	07068

七 – 13 机械轧碎石

适用范围:颚式破碎机破碎碎石。

工作内容:人工喂料、机械轧石、人工筛分、冲洗、就近堆存、清除弃渣等。

单位:100m³ 成品方

项 目	单位	出料碎石粒径(mm)		
		5~20	20~40	40~80
人　　工	工时	883.3	652.1	536.6
碎石原料	m³	122.0		
水	m³	102.00	102.00	102.00
零星材料费	%	3	3	3
颚式破碎机 150×250	台时	65.81	55.84	
200×350	台时	47.86	39.59	
250×400	台时	36.99	31.91	27.32
双胶轮车	台时	123.96	120.76	115.54
定额编号		07069	07070	07071

七-14 挖掘机装骨料、自卸汽车运骨料

工作内容:装、运、卸、空回、清理工作面等。

(1)1m³ 挖掘机

单位:100m³ 成品堆方

项　目		单位	运　距(km)					每增运 1km
			1	2	3	4	5	
人　工		工时	6.0	6.0	6.0	6.0	6.0	
挖 掘 机	1m³	台时	1.07	1.07	1.07	1.07	1.07	
推 土 机	74kW	台时	0.54	0.54	0.54	0.54	0.54	
自 卸 汽 车	3.5t	台时	19.49	25.33	30.65	35.87	40.89	4.60
	5t	台时	12.99	16.89	20.43	23.92	27.26	3.07
	8t	台时	8.31	10.82	13.07	15.29	17.44	1.84
	10t	台时	7.73	9.88	11.84	13.71	15.49	1.64
其他机械费		%	1		1		1	
定 额 编 号			07072	07073	07074	07075	07076	07077

注:运砂石原料定额乘1.3系数。

(2)2m³ 挖掘机

单位:100m³ 成品堆方

项　目		单位	运　距(km)					每增运 1km
			1	2	3	4	5	
人　工		工时	3.7	3.7	3.7	3.7	3.7	
挖 掘 机	2m³	台时	0.67	0.67	0.67	0.67	0.67	
推 土 机	74kW	台时	0.34	0.34	0.34	0.34	0.34	
自 卸 汽 车	10t	台时	7.33	9.48	11.44	13.32	15.10	1.64
	12t	台时	6.29	8.08	9.73	11.28	12.76	1.37
	15t	台时	5.19	6.61	7.93	9.17	10.35	1.09
	18t	台时	4.62	5.81	6.90	7.93	8.93	0.92
	20t	台时	4.26	5.34	6.32	7.26	8.15	0.83
其他机械费		%	1	1	1	1	1	
定 额 编 号			07078	07079	07080	07081	07082	07083

注:运砂石原料定额乘1.3系数。

七－15　装载机装骨料、自卸汽车运骨料

工作内容:装、运、卸、空回、清理工作面等。

(1)1m³ 装载机

单位:100m³ 成品堆方

项　目		单位	运　距(km)					每增运 1km
			1	2	3	4	5	
人　工		工时	8.2	8.2	8.2	8.2	8.2	
装 载 机	1m³	台时	1.85	1.85	1.85	1.85	1.85	
推 土 机	74kW	台时	0.94	0.94	0.94	0.94	0.94	
自卸汽车	3.5t	台时	18.87	24.72	16.84	19.71	24.49	4.82
	5t	台时	13.02	17.05	20.81	24.35	27.75	3.01
	8t	台时	8.76	11.39	13.77	15.98	18.06	2.79
	10t	台时	8.37	10.47	12.40	14.24	15.98	1.61
其他机械费		%	1		1		1	
定 额 编 号			07084	07085	07086	07087	07088	07089

注:运砂石原料定额乘以1.3系数。

(2) 2m³ 装载机

单位:100m³ 成品堆方

项　目		单位	运　距(km)					每增运 1km
			1	2	3	4	5	
人　工		工时	4.7	4.7	4.7	4.7	4.7	
装 载 机	2m³	台时	1.07	1.07	1.07	1.07	1.07	
推 土 机	74kW	台时	0.54	0.54	0.54	0.54	0.54	
自卸汽车	10t	台时	7.73	9.88	11.84	13.71	15.49	1.64
	12t	台时	6.73	8.53	10.17	11.72	13.21	1.37
	15t	台时	5.63	7.06	8.38	9.62	10.80	1.09
	18t	台时	5.19	6.37	7.47	8.50	9.50	0.92
	20t	台时	4.66	5.74	6.72	7.65	8.54	0.83
其他机械费		%	1	1	1	1	1	
定 额 编 号			07090	07091	07092	07093	07094	07095

注:运砂石原料定额乘以1.3系数。

七-16 开采片、块石

适用范围:手风钻钻孔。

工作内容:钻孔、爆破、堆码、人工清渣等。

单位:100m³ 码方

项　　目	单位	岩石级别		
		Ⅷ ~ Ⅹ	Ⅺ ~ Ⅻ	ⅩⅢ ~ ⅩⅣ
人　　工	工时	554.2	590.2	638.6
合 金 钻 头	个	1.86	2.75	4.06
炸　　药	kg	35.19	46.48	49.84
雷　　管	个	28.62	35.85	41.58
导 火 线　火线	m	81.78	102.44	118.79
电线	m	149.93	187.80	217.78
其他材料费	%	12	12	12
手持式风钻	台时	11.08	20.20	34.16
其他机械费	%	8	8	8
定 额 编 号		07096	07097	07098

七 −17 人工捡集块石

适用范围:从弃渣中捡集块石、在河滩捡集大卵石。

工作内容:翻渣、撬石、解小、堆码等。

单位:100m³ 码方

项　　目	单位	块石
人　　工	工时	389.3
零星材料费	%	1
定　额　编　号		07099

七－18 人工抬运石

适用范围:人工抬运块石、条石、料石。
工作内容:装、运、卸、堆存、空回等。

(1) 块石

单位:100m³ 码方

项　目	单位	运　距(m)								
		20	30	40	50	60	70	80	90	100
人　工	工时	157.0	177.5	198.1	218.7	239.3	259.8	280.4	301.0	321.6
零星材料费	%	5	5	5	5	5	5	5	5	5
定 额 编 号		07100	07101	07102	07103	07104	07105	07106	07107	07108

(2) 条料石

单位:100m³ 码方

项　目	单位	运　距(m)								
		20	30	40	50	60	70	80	90	100
人　工	工时	245.4	274.3	303.3	332.2	361.2	390.1	419.1	448.1	477.0
零星材料费	%	5	5	5	5	5	5	5	5	5
定 额 编 号		07109	07110	07111	07112	07113	07114	07115	07116	07117

七-19 人工装卸胶轮车运石

适用范围:胶轮车运块石、条石、料石。

工作内容:装、运、卸、堆存、空回等。

(1)块石

单位:100m³ 码方

项　目	单位	运　距(m)					
		50	70	90	110	130	150
人　工	工时	181.5	191.9	201.4	206.4	214.7	223.1
零星材料费	%	3	3	3	3	3	3
胶轮车	台时	89.81	96.99	104.18	111.36	118.55	125.74
定额编号		07118	07119	07120	07121	07122	07123

(2)条料石

单位:100m³ 码方

项　目	单位	运　距(m)					
		50	70	90	110	130	150
人　工	工时	290.0	323.8	344.4	352.4	362.6	379.1
零星材料费	%	3	3	3	3	3	3
胶轮车	台时	149.62	161.62	173.62	185.61	197.61	209.61
定额编号		07124	07125	07126	07127	07128	07129

七-20 人工装卸载重汽车运石

工作内容：装、运、卸、空回、堆码等。

单位：100m³ 码方

项 目		单位	运 距（km）						每增运 1km
			0.5	1	2	3	4		
人 工		工时	211.5	211.5	211.5	211.5	211.5		
零星材料费		%	2	2	2	2	2		
载重汽车	5t	台时	43.00	44.55	47.71	50.89	54.05	3.16	
	8t	台时	36.49	37.54	39.71	41.88	44.05	2.17	
定额编号			07130	07131	07132	07133	07134	07135	

七 –21 人工装卸载重汽车运条料石

工作内容:装、运、卸、空回、堆码等。

项 目	单位	运距(km)					每增运 1km
		0.5	1	2	3	4	
人 工	工时	451.5	451.5	451.5	451.5	451.5	
零星材料费	%	2	2	2	2	2	
载重汽车 5t	台时	88.82	92.43	99.68	106.93	114.17	6.53
8t	台时	83.96	85.79	89.40	93.03	96.66	3.27
定 额 编 号		07136	07137	07138	07139	07140	07141

七－22 人工装自卸汽车运石

工作内容:装、运、卸、空回、堆码等。

单位:100m³ 码方

项 目	单位	运距(km)					每增运 1km
		1	2	3	4	5	
人 工	工时	174.8	174.8	174.8	174.8	174.8	
零星材料费	%	1	1	1	1	1	
自卸汽车 5t	台时	27.16	29.73	34.84	39.97	45.09	5.12
8t	台时	23.67	24.77	27.00	29.20	31.43	2.22
定 额 编 号		07142	07143	07144	07145	07146	07147

七－23 1m³ 装载机装块石自卸汽车运输

适用范围:露天作业。

工作内容:装车、运输、卸除、空回。

单位:100m³ 成品码方

项　　目	单位	运距(km)					增运 1km
		1	2	3	4	5	
人　　工	工时	13.7	13.7	13.7	13.7	13.7	
零星材料费	%	2	2	2	2	2	
装 载 机 1m³	台时	3.10	3.10	3.10	3.10	3.10	
推 土 机 88kW	台时	1.50	1.50	1.50	1.50	1.50	
自 卸 汽 车 5t	台时	15.30	19.40	23.20	26.80	30.20	3.50
8t	台时	10.50	13.10	15.50	17.80	19.90	2.10
定 额 编 号		07148	07149	07150	07151	07152	07153

七－24 1.5m³ 装载机装块石自卸汽车运输

适用范围:露天作业。

工作内容:装车、运输、卸除、空回。

单位:100m³ 成品码方

项　目	单位	运　距(km)					增运 1km
		1	2	3	4	5	
人　工	工时	9.6	9.6	9.6	9.6	9.6	
零星材料费	%	2	2	2	2	2	
装　载　机　1.5m³	台时	2.20	2.20	2.20	2.20	2.20	
推　土　机　88kW	台时	1.10	1.10	1.10	1.10	1.10	
自卸汽车　8t	台时	9.60	12.20	14.60	16.10	19.00	2.19
10t	台时	8.70	10.70	12.70	14.40	16.10	1.60
12t	台时	7.60	9.30	10.90	12.40	13.80	1.40
定额编号		07154	07155	07156	07157	07158	07159

七-25 2m³装载机装块石自卸汽车运输

适用范围:露天作业。

工作内容:装车、运输、卸除、空回。

单位:100m³ 成品码方

项　　目	单位	运　距(km)					增运1km
		1	2	3	4	5	
人　　工	工时	7.77	7.77	7.77	7.77	7.77	
零星材料费	%	2.00	2.00	2.00	2.00	2.00	
装载机 2m³	台时	1.70	1.70	1.70	1.70	1.70	
推土机 88kW	台时	0.90	0.90	0.90	0.90	0.90	
自卸汽车 8t	台时	9.20	11.70	14.10	15.80	18.50	2.19
10t	台时	8.30	10.40	12.30	14.10	15.80	1.60
12t	台时	7.30	9.10	10.60	12.10	13.60	1.40
15t	台时	6.20	7.60	8.80	10.00	11.20	1.10
定额编号		07160	07161	07162	07163	07164	07165

第八章

架空输配电线路工程

说　明

一、本章包括 220V、0.4kV、10kV 配电线路和 35kV 送电线路定额共 12 节 48 个子目,是综合概算指标。按本指标计算的投资仅包括线路本体工程,不包括辅助设施工程、其他费用、预备费、建设场地征用及清理、建设期贷款利息等。

二、本定额是按单回路工程考虑。如出现双回路同时施工,其人工、机械定额乘以系数 1.75,材料定额乘以系数 2.0。当在已架一回路的同杆线路一侧施工时,其人工、机械定额乘以系数 1.1。

三、定额中电杆长度、导线和避雷线截面允许按工程相应的导线截面进行替换,人工工时和机械台时不得调整。

四、定额中已考虑地形因素,按平地、丘陵及山地划分,使用时应依据工程实际情况套用相应定额。

五、本定额已考虑跨越架设、单杆、双杆等因素。

八-1 220V 配电线路(平地)

工作内容:挖坑、立杆、横担金具组装、线路架设。

单位:1km

项 目	单位	木电杆	混凝土电杆
人 工	工时	711.0	1191.0
电 杆 5~7m	根	26.00	26.00
铁 横 担 L50×5×1000	根	37.00	37.00
导 线 BLX-16	m	2208.00	2208.00
蝴 蝶 瓶 ZD-3	个	77.00	75.00
镀锌钢绞线 GJ-50	m	143.00	143.00
线 夹	个	27.00	27.00
混凝土拉线块 LP-6	块	13.00	13.00
螺 栓	kg	92.82	92.82
铁 件	kg	293.76	293.76
其他材料费	%	2	2
载 重 汽 车 5t	台时	25.14	28.18
汽车起重机 5t	台时		6.57
其他机械费	%	3	3
定 额 编 号		08001	08002

八 - 2 220V 配电线路(丘陵)

工作内容:挖坑、立杆、横担金具组装、线路架设。

单位:1km

项 目	单位	木电杆	混凝土电杆
人 工	工时	889.0	1489.0
电 杆 5~7m	根	26.00	26.00
铁 横 担 L50×5×1000	根	37.00	37.00
导 线 BLX-16	m	2208.00	2208.00
蝴 蝶 瓶 ZD-3	个	77.00	77.00
镀锌钢绞线 GJ-50	m	143.00	143.00
线 夹	个	27.00	27.00
混凝土拉线块 LP-6	块	13.00	13.00
螺 栓	kg	92.82	92.82
铁 件	kg	293.76	293.76
其他材料费	%	2	2
载 重 汽 车 5t	台时	29.17	32.69
汽车起重机 5t	台时		8.13
其他机械费	%	3	3
定 额 编 号		08003	08004

八 - 3 220V 配电线路(山地)

工作内容:挖坑、立杆、横担金具组装、线路架设。

单位:1km

项　　目	单位	木电杆	混凝土电杆
人　　工	工时	1181.00	1977.00
电　杆　5~7m	根	26.00	26.00
铁　横　担　L50×5×1000	根	37.00	37.00
导　　线　BLX-16	m	2208.00	2208.00
蝴　蝶　瓶　ZD-3	个	77.00	77.00
镀锌钢绞线　GJ-50	m	143.00	143.00
线　　夹	个	27.00	27.00
混凝土拉线块　LP-6	块	13.00	13.00
螺　　栓	kg	92.82	92.82
铁　　件	kg	293.76	293.76
其他材料费	%	2	2
载 重 汽 车　5t	台时	45.37	50.85
汽车起重机　5t	台时		11.64
其他机械费	%	3	3
定额编号		08005	08006

八-4 0.4kV 配电线路（平地）

工作内容：挖坑、立杆、横担金具组装、线路架设。

单位：1km

项目		单位	木电杆长度（m）			混凝土电杆长度（m）		
			≤7	7~9	9~11	≤7	7~9	9~11
人工		工时	1061.1	1632.6	1830.5	1247.4	1670.3	2371.3
木电杆		根	26.00	26.00	26.00	26.00	26.00	26.00
铁横担	L63×6×1500	根	41.00	43.00	43.00	41.00	43.00	43.00
导线	BLX-16	m	4330.00	4330.00	4330.00	4330.00	4330.00	4330.00
蝶瓶	ZD-3	个	149.00	149.00	149.00	149.00	149.00	149.00
镀锌钢绞线	GJ-50	m	143.00	166.00	199.00	143.00	166.00	199.00
楔型线夹	LX-1	个	13.00		13.00	13.00		13.00
楔型线夹	LX-2	个		13.00			13.00	
UT型线夹	UT-1	个	13.00		13.00	13.00		13.00
UT型线夹	UT-2	个		13.00			13.00	
混凝土拉线块	LP-6	块	13.00	13.00	13.00	13.00	13.00	13.00
螺栓		kg	92.82	92.82	92.82	92.82	92.82	92.82
铁件		kg	293.76	293.76	293.76	293.76	293.76	293.76
其他材料费		%	2	2	2	2	2	2
载重汽车	5t	台时	25.14	28.18	30.04	25.14	28.18	30.04
汽车起重机	5t	台时				6.14	7.67	10.74
其他机械费		%	3	3	3	3	3	3
定额编号			08007	08008	08009	08010	08011	08012

八－5　0.4kV 配电线路（丘陵）

工作内容：挖坑、立杆、横担金具组装、线路架设。

单位：1km

项　目	单位	木电杆长度（m）			混凝土电杆长度（m）		
		≤7	7～9	9～11	≤7	7～9	9～11
人　工	工时	1326.4	2042.0	2288.1	1559.2	2087.9	2964.2
木电杆	根	26.00	26.00	26.00	26.00	26.00	26.00
铁横担　L63×6×1500	根	41.00	43.00	43.00	41.00	43.00	43.00
导线　BLX－16	m	4330.00	4330.00	4330.00	4330.00	4330.00	4330.00
蝴蝶瓶　ZD－3	个	149.00	149.00	149.00	149.00	149.00	149.00
镀锌钢绞线　GJ－50	m	143.00	166.00	199.00	143.00	166.00	199.00
楔型线夹　LX－1	个	13.00	13.00	13.00	13.00	13.00	13.00
楔型线夹　LX－2	个						
UT型线夹　UT－1	个		13.00	13.00		13.00	13.00
UT型线夹　UT－2	个	13.00	13.00	13.00	13.00	13.00	13.00
混凝土拉线块　LP－6	块	13.00	13.00	13.00	13.00	13.00	13.00
螺栓	kg	95.55	95.55	95.55	95.55	95.55	95.55
铁件	kg	302.40	302.40	302.40	302.40	302.40	302.40
其他材料费	%	2	2	2	2	2	2
载重汽车　5t	台时	29.17	32.69	34.84	29.17	32.69	34.84
汽车起重机　5t	台时				7.12	8.90	12.46
其他机械费	%	3	3	3	3	3	3
定额编号		08013	08014	08015	08016	08017	08018

八－6 0.4kV 配电线路（山地）

工作内容：挖坑，立杆，横担金具组装，线路架设。

单位：1km

项目	单位	木电杆长度（m）			混凝土电杆长度（m）		
		≤7	7~9	9~11	≤7	7~9	9~11
人工	工时	1761.4	2710.0	3038.7	3364.4	3590.1	3862.2
混凝土电杆	根				26.00	26.00	26.00
铁横担 L63×6×1500	根	41.00	43.00	43.00	41.00	43.00	43.00
导线 BLX－16	m	4330	4330	4330	4330	4330	4330
蝴蝶瓶 ZD－3	个	149.00	149.00	149.00	149.00	149.00	149.00
镀锌钢绞线 GJ－50	m	143.00	166.00	199.00	143.00	166.00	199.00
楔型线夹 LX－1	个	13.00	13.00	13.00	13.00	13.00	13.00
楔型线夹 LX－2	个						
UT型线夹 UT－1	个	13.00	13.00	13.00			
UT型线夹 UT－2	个						
混凝土拉线块 LP－6	块	13.00	13.00	13.00	13.00	13.00	13.00
螺栓	kg	92.82	92.82	92.82	92.82	92.82	92.82
铁件	kg	293.76	293.76	293.76	293.76	293.76	293.76
其他材料费	%	2	2	2	2	2	2
载重汽车 5t	台时	45.37	50.85	54.20	45.37	50.85	54.20
汽车起重机 5t	台时				11.76	14.85	24.65
其他机械费	%	3	3	3	3	3	3
定额编号		08019	08020	08021	08022	08023	08024

八—7　10kV 配电线路（平地）

工作内容：挖坑、立杆、横担全具组装、线路架设。

单位：1km

项　目	单位	混凝土电杆长度（m）				
		≤9	9~11	11~13	13~15	15~18
人　工	工时	2598.1	2712.2	2824.9	3001.7	3085.9
混凝土电杆	根	21.00	21.00	21.00	17.00	17.00
铁横担　L63×6×1200	根	37.00	37.00	37.00	33.00	33.00
导线　LGJ-120	m	3250.00	3250.00	3250.00	3250.00	3250.00
针式瓷瓶　P-10	个	81.00	81.00	81.00	69.00	69.00
悬式瓷瓶	个	73.00	73.00	73.00	73.00	73.00
耐张线夹　NLD-3	个	37.00	37.00	37.00	37.00	37.00
镀锌钢绞线　GJ-50	m	181.56	221.34	262.14	280.50	351.90
楔型线夹　LX-1	个	15.00	15.00	15.00	15.00	15.00
UT型线夹　UT-1	个	15.00	15.00	15.00	15.00	15.00
混凝土拉线盘　LP-8	块	15.00	15.00	15.00	15.00	15.00
螺栓	kg	62.63	62.63	62.63	62.63	62.63
铁件	件	350.88	350.88	350.88	350.88	350.88
混凝土底盘	块	6.00	6.00	6.00	6.00	6.00
电焊条	kg				30.60	84.66
其他材料费	%	2	2	2	2	2
电焊机　25kVA	台时	33.40	45.57	48.83	24.41	32.55
载重汽车　5t	台时	38.82	39.06	40.69	52.08	55.34
汽车起重机　5~8t	台时				42.32	43.94
其他机械费	%	3	3	3	3	3
定额编号		08025	08026	08027	08028	08029

八－8 10kV 配电线路（丘陵）

工作内容：挖坑、立杆、横担全具组装、线路架设。

单位:1km

项目		单位	混凝土电杆长度（m）				
			≤9	9~11	11~13	13~15	15~18
人工	工时		3039.7	3173.3	3305.2	3511.9	3610.6
混凝土电杆		根	21.00	21.00	21.00	17.00	17.00
铁横担 L63×6×1200		根	37.00	37.00	37.00	33.00	33.00
导线 LGJ－120		m	3250.00	3250.00	3250.00	3250.00	3250.00
针式瓷瓶 P－10		个	81.00	81.00	81.00	69.00	69.00
悬式瓷瓶		个	73.00	73.00	73.00	73.00	73.00
耐张线夹 NLD－3		个	37.00	37.00	37.00	37.00	37.00
镀锌钢绞线 GJ－50		m	182.00	221.00	262.00	281.00	352.00
楔型线夹 LX－1		个	15.00	15.00	15.00	15.00	15.00
UT型线夹 UT－1		个	15.00	15.00	15.00	15.00	15.00
混凝土拉线盘 LP－8		块	15.00	15.00	15.00	15.00	15.00
螺栓		kg	62.63	62.63	62.63	62.63	62.63
铁件		kg	350.88	350.88	350.88	350.88	350.88
混凝土底盘		块	6.00	6.00	6.00	6.00	6.00
电焊条		kg				30.60	84.66
其他材料费		%	2	2	2	2	2
电焊机 25kVA		台时	39.07	53.32	57.13	24.41	32.55
载重汽车 5t		台时	45.41	45.70	47.60	60.93	64.74
汽车起重机 5~8t		台时				49.51	51.41
其他机械费		%	3	3	3	3	3
定额编号			08030	08031	08032	08033	08034

八－9　10kV 配电线路（山地）

工作内容：挖坑、立杆、横担金具组装、线路架设。

单位：1km

项　目	单位	混凝土电杆长度（m）				
		≤9	9～11	11～13	13～15	15～18
人　工	工时	4312.8	4502.2	4689.4	4982.7	5122.6
混凝土电杆	根	21.00	21.00	21.00	17.00	17.00
铁横担 L63×6×1200	根	37.00	37.00	37.00	33.00	33.00
导线 LGJ－120	m	3250.00	3250.00	3250.00	3250.00	3250.00
针式瓷瓶 P－10	个	81.00	81.00	81.00	69.00	69.00
悬式瓷瓶 NLD－3	个	73.00	73.00	73.00	73.00	73.00
耐张线夹 GJ－50	个	37.00	37.00	37.00	37.00	37.00
镀锌钢绞线	m	182.00	221.00	262.00	281.00	352.00
楔型线夹 LX－1	个	15.00	15.00	15.00	15.00	15.00
UT型线夹 UT－1	个	15.00	15.00	15.00	15.00	15.00
混凝土拉线盘 LP－8	块	15.00	15.00	15.00	15.00	15.00
螺栓	kg	62.63	62.63	62.63	62.63	62.63
铁件	kg	350.88	350.88	350.88	350.88	350.88
混凝土底盘	块	6.00	6.00	6.00	6.00	6.00
电焊条	kg				30.60	84.66
其他材料费	%	2	2	2	2	2
电焊机 25kVA	台时	55.44	75.65	81.05	24.41	32.55
载重汽车 5t	台时	64.43	64.84	67.54	86.45	91.86
汽车起重机 5～8t	台时				70.24	72.94
其他机械费	%	3	3	3	3	2
定额编号		08035	08036	08037	08038	08039

八 -10 35kV 送电线路(平地)

工作内容:施工定位、挖坑立杆、拉线制作及安装、线路架设、绝缘子及挂线金具安装。

单位:1km

项目	单位	混凝土电杆长度(m)		
		16	18	21
人 工	工时	3336.6	3428.3	3534.8
混凝土电杆	根	12.00	12.00	8.00
直线杆抱箍、吊杆及横担	kg	434.07	434.07	347.08
耐张杆导线横担、吊杆及横拉杆	kg	535.57	535.57	529.58
底 盘	块	12.00	12.00	8.00
耐张杆拉线盘	块	8.00	8.00	8.00
导 线 LGJ-120	m	3200.00	3200.00	3200.00
避 雷 线 GJ-35	m	1067	1067	1067
悬式绝缘子 XP-60	个	126.00	126.00	108.00
UT 型 线 夹 NUT-2	付	10.00	10.00	10.00
楔 型 线 夹 NX-2	付	10.00	10.00	10.00
拉 线 GJ-70	m	90.00	90.00	90.00
铁 件	kg	510.00	510.00	510.00
电 焊 条	kg	51.00	51.00	51.00
其他材料费	%	3	3	3
电 焊 机 30kVA	台时	61.36	61.36	61.36
载 重 汽 车 5t	台时	39.89	43.87	45.87
汽车起重机 5~8t	台时	46.02	48.32	50.62
其他机械费	%	3	3	3
定额编号		08040	08041	08042

八-11 35kV 送电线路(丘陵)

工作内容:施工定位、挖坑立杆、拉线制作及安装、线路架设、绝缘子及挂线金具安装。

单位:1km

项　　　目	单位	混凝土电杆长度(m)		
		16	18	21
人　　工	工时	3892.3	3999.3	4135.7
混凝土电杆	根	12.00	12.00	8.00
直线杆抱箍、吊杆及横担	kg	434.07	434.07	347.08
耐张杆导线横担、吊杆及横拉杆	kg	535.57	535.57	529.58
底　　盘	块	12.00	12.00	8.00
耐张杆拉线盘	块	8.00	8.00	8.00
导　　线　LGJ-120	m	3200.00	3200.00	3200.00
避 雷 线　GJ-35	m	1067	1067	1067
悬式绝缘子　XP-60	个	126.00	126.00	108.00
UT 型 线 夹　NUT-2	付	8.00	8.00	8.00
楔 型 线 夹　NX-2	付	8.00	8.00	8.00
拉　　线　GJ-70	m	90.00	90.00	90.00
铁　　件	kg	510.00	510.00	510.00
电 焊 条	kg	51.00	51.00	51.00
其他材料费	%	3	3	3
电 焊 机　30kVA	台时	61.36	61.36	61.36
载 重 汽 车　5t	台时	46.67	51.33	53.67
汽车起重机　5~8t	台时	53.85	56.54	59.23
其他机械费	%	3	3	3
定 额 编 号		08043	08044	08045

八－12　35kV 送电线路(山地)

工作内容: 施工定位、挖坑立杆、拉线制作及安装、线路架设、绝缘子及挂
线金具安装。

单位:1km

项　　目	单位	混凝土电杆长度(m)		
		16	18	21
人　　工	工时	5522.36	5674.27	5867.60
混凝土电杆	根	12.00	12.00	8.00
直线杆抱箍、吊杆及横担	kg	434.07	434.07	347.08
耐张杆导线横担、吊杆及横拉杆	kg	535.57	535.57	529.58
底　　盘	块	12.00	12.00	8.00
耐张杆拉线盘	块	8.00	8.00	8.00
导　　线　　LGJ－120	m	3200.00	3200.00	3200.00
避　雷　线　GJ－35	m	1067	1067	1067
悬式绝缘子　XP－60	个	126.00	126.00	108.00
UT 型 线 夹　NUT－2	付	8.00	8.00	8.00
楔 型 线 夹　NX－2	付	8.00	8.00	8.00
拉　　线　　GJ－70	m	90.00	90.00	90.00
铁　　件	kg	510.00	510.00	510.00
电　焊　条	kg	51.00	51.00	51.00
其他材料费	%	3	3	3
电　焊　机　30kVA	台时	61.36	61.36	61.36
载 重 汽 车　5t	台时	66.21	69.52	71.51
汽车起重机　5~8t	台时	76.40	80.22	82.51
其他机械费	%	3	3	3
定 额 编 号		08046	08047	08048

第九章

输水管道工程

说　明

　　一、本章包括硬塑料给水管、镀锌钢管螺纹连接铺设、焊接钢管焊接铺设、无缝钢管焊接铺设、预应力（自应力）混凝土管道铺设、预应力钢筒混凝土管（PCCP）管道铺设、玻璃钢管管道铺设、顶管定额共 15 节共 154 个子目。适用于埋地输水管道铺设工程。

　　二、定额计量单位为管道铺设成品长度，管道铺设计量单位为 1km，顶管工程计量单位为 10m。定额中管节长度是综合取定的，与实际设计不同时，不作调整。

　　三、材料消耗定额"（　）"内数字根据设计选用的品种、规格按未计价装置性材料计算。

　　四、定额中包括阀门安装，不包括阀门本体价值，阀门根据设计数量按设备计算。

　　五、管道铺设用于灌溉工程中田间干管及支管铺设时，人工和材料（管材除外）乘以 1.10 系数。

　　六、本章定额不包括人工、机械挖土石方，管道基础、顶管工作坑及其钢筋混凝土基础及后座、管道镇墩、排水及安全措施等工作内容。计算单价时，参考相关定额。

　　七、定额中已考虑地形因素，按平地、丘陵及山地划分，使用时应依据工程实际情况套用相应定额。

　　八、钢管的防腐处理包含在管材的单价中，设计要求必须在施工现场进行的特殊防腐处理措施费用另行计算。

九-1 硬塑料给水管道铺设

适用范围:硬塑管(PVC、UPVC、PE 等管材)埋地铺设。

工作内容:场内搬运、切管、对口、熔化接口材料、粘接、管道管件安装、水压试验。

单位:1km

项　　目	单位	公　称　直　径(mm)						
		50	65	80	90	100	125	150
人　　工	工时	669.3	721.9	798.8	842.2	911.9	1025.9	1176.7
硬 塑 管	m	(1020)	(1020)	(1020)	(1020)	(1020)	(1020)	(1020)
管　件	个	264	264	264	264	264	264	264
聚氯乙烯热熔密封胶	kg	33.66	62.22	66.30	102.00	126.48	138.72	138.72
锯　条	根	68.00	68.00	105.00	126.00	194.00	232.80	242.00
铁 纱 布 2#	张	70.00	70.00	80.00	90.00	90.00	90.00	90.00
棉 纱 头	kg	30.60	30.60	30.60	30.60	40.80	40.80	40.80
其他材料费	%	5	5	5	5	5	5	5
定 额 编 号		09001	09002	09003	09004	09005	09006	09007

九－2 承插铸铁管管道铺设

(1)青铅接口

适用范围:承插铸铁管青铅接口埋地铺设。

工作内容:检查及清扫管材、切管、管道安装、化铅、打麻、打铅口,管件、阀门安装,阀门井砌筑,管道试压等。

单位:1km

项 目	单位	公 称 直 径 (mm)					
		100	200	300	400	500	600
人 工	工时	867.8	1537.1	1754.5	2061.4	2749.1	3248.3
铸 铁 管	m	(1020)	(1020)	(1020)	(1020)	(1020)	(1020)
青 铅	kg	867.98	1642.50	2201.03	3017.28	4254.96	5285.74
电 焊 条	kg	3.37	3.37	3.37	5.39	6.73	12.23
油 麻	kg	31.86	60.48	80.78	110.74	156.18	194.11
其他材料费	%	5	5	5	5	5	5
汽车起重机 5t	台时			38.66	51.54	64.43	
汽车起重机 8t	台时						77.32
试 压 泵 2.5MPa	台时	6.44	12.89	12.89	19.33	19.33	19.33
电 焊 机 20kW	台时	3.30	3.30	3.30	5.26	6.58	11.95
其他机械费	%	4	4	4	4	4	4
定 额 编 号		09008	09009	09010	09011	09012	09013

项　　　目	单位	公　称　直　径　（mm）					
		700	800	900	1000	1200	1400
人　　工	工时	3973.1	4871.7	6239.0	6604.7	8080.3	11166.8
铸　铁　管	m	（1000）	（1000）	（1000）	（1000）	（1000）	（1000）
青　　铅	kg	6256.03	7405.97	8624.88	10738.31	13744.50	18308.29
电　焊　条	kg	13.42	14.74	17.49	20.35	22.00	26.40
油　　麻	kg	229.90	272.14	316.69	394.35	504.79	672.43
其他材料费	%	4	4	4	4	4	4
汽车起重机　8t	台时	92.04	98.18	104.32			
汽车起重机　16t	台时				110.45	116.59	
汽车起重机　20t	台时						128.86
试　压　泵　2.5MPa	台时	18.41	18.41	24.54	30.68	30.68	30.68
电　焊　机　20kW	台时	12.74	14.00	16.61	19.33	20.89	25.07
其他机械费	%	3	3	3	3	3	3
定　额　编　号		09014	09015	09016	09017	09018	09019

（2）石棉水泥接口

适用范围:承插铸铁管石棉水泥接口埋地铺设。

工作内容:检查及清扫管材、切管、管道安装、调制接口材料、接口、养护;
管件、阀门安装;阀门井砌筑;管道试压等。

单位:1km

项　　目	单位	公　称　直　径　（mm）					
		100	200	300	400	500	600
人　　工	工时	788.0	1391.9	1325.1	1773.7	2277.5	2627.6
铸　铁　管	m	(1000)	(1000)	(1000)	(1000)	(1000)	(1000)
水　泥　42.5	kg	156.09	295.24	395.67	542.08	764.72	949.85
石　棉　绒	kg	67.21	128.26	170.94	234.41	330.88	410.30
油　麻	kg	31.24	58.96	79.75	108.57	153.67	190.63
电　焊　条	kg	3.30	3.30	3.30	5.28	6.60	11.99
其他材料费	%	5	5	5	5	5	5
汽车起重机　5t	台时			36.82	49.09	61.36	
汽车起重机　8t	台时						73.63
试压泵　2.5MPa	台时	6.14	12.27	12.27	18.41	18.41	18.41
电　焊　机　20kW	台时	3.14	3.14	3.14	5.01	6.27	11.38
其他机械费	%	4	4	4	4	4	4
定　额　编　号		09020	09021	09022	09023	09024	09025

项 目	单位	公 称 直 径 （mm）					
		700	800	900	1000	1200	1400
人 工	工时	3179.3	3794.6	4707.7	4988.0	6022.5	8663.9
铸 铁 管	m	(1000)	(1000)	(1000)	(1000)	(1000)	(1000)
水 泥 42.5	kg	1147.08	1357.62	1581.47	1967.46	2519.22	3355.33
石 棉 绒	kg	495.77	587.29	683.76	851.07	1089.11	1450.57
油 麻	kg	229.90	272.58	316.47	393.91	504.79	672.21
电 焊 条	kg	13.42	14.74	17.49	20.35	22.00	26.40
其他材料费	%	4	4	4	4	4	4
汽车起重机 8t	台时	92.04	98.18	104.32			
汽车起重机 16t	台时				110.45	116.59	
汽车起重机 20t	台时						128.86
试 压 泵 2.5MPa	台时	18.41	18.41	24.54	30.68	30.68	30.68
电 焊 机 20kW	台时	12.74	14.00	16.61	19.33	20.89	25.07
其他机械费	%	3	3	3	3	3	3
定 额 编 号		09026	09027	09028	09029	090230	09031

(3)膨胀水泥接口

适用范围:承插铸铁管膨胀水泥接口埋地铺设。

工作内容:检查及清扫管材、切管、管道安装、调制接口材料、接口、养护;
管件、阀门安装;阀门井砌筑;管道试压等。

单位:1km

项 目	单位	公 称 直 径 (mm)					
		100	200	300	400	500	600
人 工	工时	723.4	1316.6	1241.8	1645.9	2121.7	2472.5
铸 铁 管	m	(1000)	(1000)	(1000)	(1000)	(1000)	(1000)
膨 胀 水 泥	kg	239.58	452.54	605.00	830.06	1171.28	1454.42
油 麻	kg	31.24	58.96	79.75	108.57	153.67	190.63
电 焊 条	kg	3.30	3.30	3.30	5.28	6.60	11.99
其他材料费	%	5	5	5	5	5	5
汽车起重机 5t	台时			36.82	49.09	61.36	
汽车起重机 8t	台时						73.63
试 压 泵 2.5MPa	台时	6.14	12.27	12.27	18.41	18.41	18.41
电 焊 机 20kW	台时	3.14	3.14	3.14	5.01	6.27	11.38
其他机械费	%	4	4	4	4	4	4
定 额 编 号		09032	09033	09034	09035	09036	09037

项　　目	单位	公　称　直　径　（mm）					
		700	800	900	1000	1200	1400
人　　工	工时	2977.3	3541.5	4370.7	4653.8	5616.9	7171.0
铸　铁　管	m	(1000)	(1000)	(1000)	(1000)	(1000)	(1000)
膨　胀　水　泥	kg	1755.71	2078.78	2421.21	3014.11	3857.48	5137.66
油　　麻	kg	229.90	272.58	316.47	393.91	504.79	672.21
电　焊　条	kg	13.42	14.74	17.49	20.35	22.00	26.40
其他材料费	%	4	4	4	4	4	4
汽车起重机　8t	台时	92.04	98.18	104.32			
汽车起重机　16t	台时				110.45	116.59	
汽车起重机　20t	台时						128.86
试　压　泵　2.5MPa	台时	18.41	18.41	24.54	30.68	30.68	30.68
电　焊　机　20kW	台时	12.74	14.00	16.61	19.33	20.89	25.07
其他机械费	%	3	3	3	3	3	3
定额编号		09038	09039	09040	09041	09042	09043

(4)胶圈接口

适用范围:承插铸铁管密封橡胶圈接口埋地铺设。

工作内容:检查及清扫管材、切管、管道安装、上胶圈;管件、阀门安装;阀门井砌筑;管道试压等。

单位:1km

项　　目		单位	公　称　直　径　(mm)					
			150	200	300	400	500	600
人　　工		工时	972.2	1382.7	1376.4	1913.0	2416.7	2800.8
铸　铁　管		m	(1000)	(1000)	(1000)	(1000)	(1000)	(1000)
橡胶止水圈		个	206	206	206	206	206	206
润　滑　油		kg	14.41	17.38	17.38	19.69	24.31	28.93
电　焊　条		kg	3.30	3.30	3.30	5.28	6.60	11.99
其他材料费		%	5	5	5	5	5	5
汽车起重机	5t	台时			36.82	49.09	61.36	
汽车起重机	8t	台时						73.63
试　压　泵	2.5MPa	台时	6.14	12.27	12.27	18.41	18.41	18.41
电　焊　机	20kW	台时	3.14	3.14	3.14	5.01	6.27	11.38
其他机械费		%	4	4	4	4	4	4
定　额　编　号			09044	09045	09046	09047	09048	09049

续表

项　　目		单位	公　称　直　径　(mm)					
			700	800	900	1000	1200	1400
人　　工		工时	3374.8	4016.4	4826.8	5333.5	6425.2	7880.2
铸　铁　管		m	(1000)	(1000)	(1000)	(1000)	(1000)	(1000)
橡胶止水圈		个	206	206	206	206	206	206
润　滑　油		kg	33.55	36.96	43.89	46.20	55.44	65.89
电　焊　条		kg	13.42	14.74	17.49	20.35	22.00	26.40
其他材料费		%	4	4	4	4	4	4
汽车起重机	8t	台时	92.04	98.18	104.32			
汽车起重机	16t	台时				110.45	116.59	
汽车起重机	20t	台时						128.86
试　压　泵	2.5MPa	台时	18.41	18.41	24.54	30.68	30.68	30.68
电　焊　机	20kW	台时	12.74	14.00	16.61	19.33	20.89	25.07
其他机械费		%	3	3	3	3	3	3
定　额　编　号			09050	09051	09052	09053	09054	09055

九-3 镀锌钢管铺设(螺纹连接,平地)

适用范围:输水管道埋地铺设。

工作内容:场内搬运、检查及管材除尘除锈、切管套丝,安装管件、调直、
管道刷防锈漆、管道安装、水压试验。

单位:1km

项　目	单位	管道外径(mm)			
		50	70	80	100
人　工	工时	602.9	800.5	930.9	1065.4
镀锌钢管	m	(1020)	(1020)	(1020)	(1020)
管　件	个	163.00	172.00	176.00	185.00
锯　条	根	53.00	65.00	72.00	91.00
铅　油	kg	5.10	6.12	7.14	10.20
机　油	kg	12.24	15.30	15.30	18.36
石油沥青 10#	kg	597.96	837.15	956.74	1195.93
滑石粉	kg	263.11	368.35	420.98	526.22
煤	t	0.10	0.13	0.15	0.19
木　柴	kg	23.22	32.51	37.15	46.44
其他材料费	%	5	5	5	5
管子切断机　Φ50～Φ100	台时	0.25	0.37	0.37	0.49
其他机械费	%	1	1	1	1
定额编号		09056	09057	09058	09059

九 - 4 镀锌钢管铺设(螺纹连接,丘陵)

适用范围:输水管道埋地铺设。

工作内容:场内搬运、检查及管材除尘除锈、切管套丝、安装管件、调直、管道防锈处理、管道安装、水压试验。

单位:1km

项 目	单位	管 道 外 径(mm)			
		50	70	80	100
人 工	工时	705.3	936.7	1089.2	1246.6
镀锌钢管	m	(1020)	(1020)	(1020)	(1020)
管 件	个	163.00	172.00	176.00	185.00
锯 条	根	53.00	65.00	72.00	91.00
铅 油	kg	5.10	6.12	7.14	10.20
机 油	kg	12.24	15.30	15.30	18.36
石油沥青 10#	kg	597.96	837.15	956.74	1195.93
滑 石 粉	kg	263.11	368.35	420.98	526.22
煤	t	0.10	0.13	0.15	0.19
木 柴	kg	23.22	32.51	37.15	46.44
其他材料费	%	5	5	5	5
管子切断机 Φ50~Φ100	台时	0.25	0.37	0.37	0.49
其他机械费	%	1	1	1	1
定 额 编 号		09060	09061	09062	09063

九-5 镀锌钢管铺设(螺纹连接,山地)

适用范围:输水管道埋地铺设。

工作内容:场内搬运、检查及管材除尘除锈、切管套丝,安装管件、调直、
管道防锈处理、管道安装、水压试验。

单位:1km

项 目	单位	管 道 外 径(mm)			
		50	70	80	100
人 工	工时	1000.8	1328.9	1545.4	1768.6
镀锌钢管	m	(1020)	(1020)	(1020)	(1020)
管 件	个	163.00	172.00	176.00	185.00
锯 条	根	53.00	65.00	72.00	91.00
铅 油	kg	5.10	6.12	7.14	10.20
机 油	kg	12.24	15.30	15.30	18.36
石油沥青 10#	kg	597.96	837.15	956.74	1195.93
滑 石 粉	kg	263.11	368.35	420.98	526.22
煤	t	0.10	0.13	0.15	0.19
木 柴	kg	23.22	32.51	37.15	46.44
其他材料费	%	5	5	5	5
管子切断机 Φ50～Φ100	台时	0.25	0.37	0.37	0.49
其他机械费	%	1	1	1	1
定 额 编 号		09064	09065	09066	09067

九-6 焊接钢管铺设(焊接,平地)

适用范围:输水管道埋地铺设。

工作内容:场内搬运、检查及管材除尘除锈、切管、坡口、调直、对口焊接,
安装管件、管道刷防锈漆、水压试验。

单位:1km

项　　目	单位	管　道　外　径　(mm)					
		50	70	80	100	125	150
人　　工	工时	802.5	1011.2	1128.5	1294.0	1591.6	1949.7
焊接钢管	m	(1020)	(1020)	(1020)	(1020)	(1020)	(1020)
压制弯头	个	22	26	39	45	55	57
钢　板 3#δ4	kg	9.18	10.20	10.20	10.20	14.28	14.28
电焊条结 422Φ3.2	kg		28.56	30.60	36.72	53.04	65.28
氧　　气	m³	10.20	13.26	13.26	14.28	18.36	22.44
电　　石	kg		15.30	18.36	24.48	31.62	53.04
砂轮片 Φ200	片	3.00	3.00	3.00	3.00	3.00	6.00
石油沥青 10#	kg	627.86	879.01	1004.58	1255.72	1569.65	1883.58
滑石粉	kg	276.27	386.77	442.02	552.53	690.66	828.80
煤	t	0.10	0.13	0.15	0.19	0.24	0.29
木　　柴	kg	23.22	32.51	37.15	46.44	58.05	69.66
其他材料费	%	5	5	5	5	5	5
电焊机 20kVA	台时		198.81	198.81	198.81	220.90	309.26
管子切断机 Φ50~Φ100	台时		9.20	9.20	9.20	9.20	27.61
其他机械费	%	2	2	2	2	2	2
定额编号		09068	09069	09070	09071	09072	09073

九-7 焊接钢管铺设(焊接,丘陵)

适用范围:输水管道埋地铺设。

工作内容:场内搬运、检查及管材除尘除锈、切管、坡口、调直、对口焊接,
安装管件、管道刷防锈漆、水压试验。

单位:1km

项　　　目	单位	管　道　外　径　(mm)					
		50	70	80	100	125	150
人　　工	工时	938.9	1183.1	1320.3	1514.0	1862.2	2281.1
焊接钢管	m	(1020)	(1020)	(1020)	(1020)	(1020)	(1020)
压制弯头	个	22	26	39	45	55	57
钢　板 3#δ4	kg	9.18	10.20	10.20	10.20	14.28	14.28
电焊条结 422Φ3.2	kg		28.56	30.60	36.72	53.04	65.28
氧　　气	m³	10.20	13.26	13.26	14.28	18.36	22.44
电　　石	kg		15.30	18.36	24.48	31.62	53.04
砂轮片 Φ200	片	3.00	3.00	3.00	3.00	3.00	6.00
石油沥青 10#	kg	627.86	879.01	1004.58	1255.72	1569.65	1883.58
滑石粉	kg	276.27	386.77	442.02	552.53	690.66	828.80
煤	t	0.10	0.13	0.15	0.19	0.24	0.29
木　柴	kg	23.22	32.51	37.15	46.44	58.05	69.66
其他材料费	%	5	5	5	5	5	5
电焊机 20kVA	台时		198.81	198.81	198.81	220.90	309.26
管子切断机 Φ50~Φ100	台时		9.20	9.20	9.20	9.20	27.61
其他机械费	%	2	2	2	2	2	2
定额编号		09074	09075	09076	09077	09078	09079

九－8 焊接钢管铺设(焊接,山地)

适用范围:输水管道埋地铺设。

工作内容:场内搬运、检查及管材除尘除锈、切管、坡口、调直、对口焊接,
安装管件、管道刷防锈漆、水压试验。

单位:1km

项　　目	单位	管 道 外 径 （mm）					
		50	70	80	100	125	150
人　　工	工时	1332.1	1678.6	1873.3	2148.1	2642.1	3236.5
焊接钢管	m	(1020)	(1020)	(1020)	(1020)	(1020)	(1020)
压制弯头	个	22	26	39	45	55	57
钢　板　3#δ4	kg	9.18	10.20	10.20	10.20	14.28	14.28
电焊条结　422Φ3.2	kg		28.56	30.60	36.72	53.04	65.28
氧　　气	m³	10.20	13.26	13.26	14.28	18.36	22.44
电　　石	kg		15.30	18.36	24.48	31.62	53.04
砂轮片　Φ200	片	3.00	3.00	3.00	3.00	3.00	6.00
石油沥青　10#	kg	627.86	879.01	1004.58	1255.72	1569.65	1883.58
滑石粉	kg	276.27	386.77	442.02	552.53	690.66	828.80
煤	t	0.10	0.13	0.15	0.19	0.24	0.29
木　柴	kg	23.22	32.51	37.15	46.44	58.05	69.66
其他材料费	%	5	5	5	5	5	5
电焊机　20kVA	台时		198.81	198.81	198.81	220.90	309.26
管子切断机　Φ50~Φ100	台时		9.20	9.20	9.20	9.20	27.61
其他机械费	%	1	1	1	1	1	1
定额编号		09080	09081	09082	09083	09084	09085

九-9 无缝钢管铺设（焊接，平地）

适用范围：输水管道铺设。

工作内容：场内搬运、捡查及管材除尘除锈、切管、坡口、调直、对口焊接、安装管件、管道刷防锈漆、水压试验。

单位：1km

项 目	单位	管道外径×壁厚（mm×mm）					
		50×3.5~5	70×3.5~5	80×3.5~7	100×4.5~7	125×4.5~7	150×4.5~7
人工 工	工时	652.0	821.6	916.9	1051.4	1293.2	1584.1
无缝钢管	m	(1020)	(1020)	(1020)	(1020)	(1020)	(1020)
压制弯头	个	22.00	26.00	39.00	45.00	55.00	57.00
钢板 3#84	kg	9.18	10.20	10.20	10.20	14.28	14.28
电焊条 422Φ3.2	kg		25.50	27.54	33.66	47.94	59.16
氧气	m³	10.20	13.26	13.26	14.28	18.36	22.44
电石	kg		15.30	18.36	24.48	31.62	53.04
砂轮片 Φ200	片	3.00	3.00	3.00	3.00	3.00	6.00
石油沥青 10#	kg	597.96	837.15	956.74	1195.93	1494.91	1793.89
滑石粉	kg	263.11	368.35	420.98	526.22	657.78	789.33
煤	t	0.10	0.13	0.15	0.19	0.24	0.29
木柴	kg	23.22	32.51	37.15	46.44	58.05	69.66
其他材料费	%	5	5	5	5	5	5
电焊机 20kVA	台时		165.68	165.68	165.68	184.09	257.72
管子切断机 Φ50~Φ100	台时		9.20	9.20	9.20	9.20	27.61
其他机械费	%	1	1	1	1	1	1
定额编号		09086	09087	09088	09089	09090	09091

九－10 无缝钢管铺设（焊接，丘陵）

适用范围：输水管道铺设。

工作内容：场内搬运，检查及管材除尘除锈、切管、坡口、调直、对口焊接、安装管件、管道刷防锈漆、水压试验。

单位：1km

项目	单位	管道外径×壁厚（mm×mm）					
		50×3.5~5	70×3.5~5	80×3.5~7	100×4.5~7	125×4.5~7	150×4.5~7
人工	工时	762.8	961.3	1072.8	1230.1	1513.1	1853.4
无缝钢管	m	(1020)	(1020)	(1020)	(1020)	(1020)	(1020)
压制弯头	个	22.00	26.00	39.00	45.00	55.00	57.00
钢板 3#&4	kg	9.18	10.20	10.20	10.20	14.28	14.28
电焊条结 422Φ3.2	kg		25.50	27.54	33.66	47.94	59.16
氧气	m³	10.20	13.26	13.26	14.28	18.36	22.44
电石	kg		15.30	18.36	24.48	31.62	53.04
砂轮片 Φ200	片	3.00	3.00	3.00	3.00	3.00	6.00
石油沥青 10#	kg	597.96	837.15	956.74	1195.93	1494.91	1793.89
滑石粉	kg	263.11	368.35	420.98	526.22	657.78	789.33
煤	t	0.10	0.13	0.15	0.19	0.24	0.29
木柴	kg	23.22	32.51	37.15	46.44	58.05	69.66
其他材料费	%	5	5	5	5	5	5
电焊机 20kVA	台时		165.68	165.68	165.68	184.09	257.72
管子切断机 Φ50~Φ100	台时		9.20	9.20	9.20	9.20	27.61
其他机械费	%	1	1	1	1	1	1
定额编号		09092	09093	09094	09095	09096	09097

九-11 无缝钢管铺设(焊接,山地)

适用范围:输水管道铺设。

工作内容:场内搬运、检查及管材除尘除锈、切管、坡口、调直、对口焊接、安装管件、管道刷防锈漆、水压试验。

单位:1km

项 目	单位	管道外径×壁厚(mm×mm)					
		50×3.5~5	70×3.5~5	80×3.5~7	100×4.5~7	125×4.5~7	150×4.5~7
人工	工时	1082.3	1363.8	1522.1	1745.3	2146.7	2629.7
无缝钢管	m	(1020)	(1020)	(1020)	(1020)	(1020)	(1020)
压制弯头	个	22	26	39	45	55	57
钢板 3#84	kg	9.18	10.20	10.20	10.20	14.28	14.28
电焊条 422Φ3.2	kg	10.20	27.54	25.50	33.66	47.94	59.16
氧气	m³		13.26	13.26	14.28	18.36	22.44
电石	kg	10.20	15.30	18.36	24.48	31.62	53.04
砂轮片 Φ200	片	3.00	3.00	3.00	3.00	3.00	6.00
石油沥青 10#	kg	597.96	837.15	956.74	1195.93	1494.91	1793.89
滑石粉	kg	263.11	368.35	420.98	526.22	657.78	789.33
煤	t	0.10	0.13	0.15	0.19	0.24	0.29
木柴	kg	23.22	32.51	37.15	46.44	58.05	69.66
其他材料费	%	5	5	5	5	5	5
电焊机 20kVA	台时		165.68	165.68	165.68	184.09	257.72
管子切断机 Φ50~Φ100	台时		9.20	9.20	9.20	9.20	27.61
其他机械费	%	1	1	1	1	1	1
定额编号		09098	09099	090100	09101	09102	09103

九－12 预应力(自应力)混凝土管管道铺设

适用范围:预应力(自应力)混凝土管承插连接,埋地铺设。

工作内容:检查及清扫管材、管道安装、上胶圈、对口、调直、牵引;管件、
阀门安装;阀门井砌筑;管道充水试压等。

单位:1km

项　　目	单位	公　称　直　径　(mm)				
		500	600	700	800	900
人　　工	工时	3493.0	4201.6	5446.2	6138.5	6862.3
预应力混凝土管	m	(1020)	(1020)	(1020)	(1020)	(1020)
橡胶止水圈	个	210.00	210.00	210.00	210.00	210.00
润　滑　油	kg	23.22	27.32	31.52	35.72	39.92
电　焊　条	kg	6.30	11.45	12.71	14.08	16.71
其他材料费	%	8	8	8	8	8
汽车起重机　5t	台时	90.20				
汽车起重机　8t	台时		103.09	128.86	141.75	
汽车起重机　12t	台时					161.08
卷　扬　机　双筒慢速5t	台时	64.43	83.76	96.65	109.53	128.86
试　压　泵　2.5MPa	台时	19.33	19.33	19.33	19.33	32.22
电　焊　机　20kW	台时	6.17	11.19	12.42	13.76	16.33
其他机械费	%	5	5	5	5	5
定　额　编　号		09104	09105	09106	09107	09108

项　　目	单位	公　称　直　径　（mm）				
		1000	1200	1400	1600	1800
人　　工	工时	8268.4	10619.3	12698.2	15183.2	18085.5
预应力混凝土管	m	(1020)	(1020)	(1020)	(1020)	(1020)
橡胶止水圈	个	210.00	210.00	210.00	210.00	210.00
润　滑　油	kg	44.13	52.53	63.04	71.44	79.85
电　焊　条	kg	19.44	21.01	21.43	30.68	34.46
其他材料费	%	8	8	8	8	8
汽车起重机　16t	台时	180.40				
汽车起重机　20t	台时		199.73			
汽车起重机　30t	台时			225.51		
汽车起重机　30t	台时				244.83	
汽车起重机　40t	台时					264.16
卷　扬　机　双筒慢速5t	台时	141.75	173.96	206.18	238.39	270.61
试　压　泵　2.5MPa	台时	32.22	32.22	32.22	45.10	45.10
电　焊　机　20kW	台时	19.01	20.54	20.95	29.99	33.68
其他机械费	%	5	5	5	5	5
定　额　编　号		09109	09110	09111	09112	09113

九-13 预应力钢筒混凝土管(PCCP)管道铺设

适用范围:预应力钢筒混凝土管承插连接,埋地铺设。

工作内容:检查及清扫管材、管道安装、上胶圈、对口、调直、牵引;管件、阀门安装;阀门井砌筑;管道试压。

单位:1km

项 目	单位	公 称 直 径 (mm)					
		800	1000	1200	1400	1600	1800
人 工	工时	5302.0	7041.5	9147.1	11260.5	13389.3	15959.6
预应力钢筒混凝土管	m	(1020)	(1020)	(1020)	(1020)	(1020)	(1020)
橡胶止水圈	个	210.00	210.00	210.00	210.00	210.00	210.00
润 滑 油	kg	32.48	40.12	47.76	57.30	64.94	72.58
电 焊 条	kg	14.35	19.82	21.42	21.85	31.27	35.13
水 泥 砂 浆	m³	1.70	1.86	2.84	4.79	5.41	6.49
其他材料费	%	8	8	8	8	8	8
汽车起重机 8t	台时	135.00					
汽车起重机 16t	台时		171.81				
汽车起重机 20t	台时			190.22			
汽车起重机 30t	台时				214.77		
汽车起重机 30t	台时					233.18	
汽车起重机 40t	台时						251.58
卷 扬 机 双筒慢速5t	台时	106.35	137.63	168.91	200.17	231.44	262.72
试 压 泵 2.5MPa	台时	29.92	49.86	49.86	49.86	69.81	69.81
电 焊 机 20kW	台时	14.03	19.37	20.94	21.36	30.58	34.35
其他机械费	%	5	5	5	5	5	5
定 额 编 号		09114	09115	09116	09117	09118	09119

项　　目	单位	公　称　直　径　（mm）					
		2000	2400	2800	3200	3600	4000
人　　工	工时	14883.2	18550.0	22567.4	26365.5	32033.0	37350.4
预应力钢筒混凝土管	m	(1020)	(1020)	(1020)	(1020)	(1020)	(1020)
橡胶止水圈	个	420.00	420.00	420.00	420.00	525.00	525.00
润　滑　油	kg	81.79	96.41	110.71	124.69	141.25	158.12
水　泥　砂　浆	m³	7.66	10.28	14.71	18.46	28.37	36.47
其他材料费	%	7	7	7	7	7	7
汽车起重机　50t	台时	271.60					
汽车起重机　70t	台时		305.54				
汽车起重机　90t	台时			338.75			
汽车起重机　100t	台时				371.23		
汽车起重机　110t	台时					514.17	
汽车起重机　130t	台时						565.25
卷　扬　机　双筒慢速10t	台时	290.11	348.32	405.30	461.03	526.28	592.76
其他机械费	%	5	5	5	5	5	5
定　额　编　号		09120	09121	09122	09123	09124	09125

九 - 14 玻璃钢管管道铺设

适用范围:玻璃钢管承插连接,埋地铺设。

工作内容:检查及清扫管材、管道安装、上胶圈、对口、调直;管件、阀门安装;阀门井砌筑;管道试压等。

单位:1km

项　目	单位	公　称　直　径　（mm）				
		500	600	700	800	900
人　工	工时	3301.0	3898.1	4480.1	5046.7	5597.9
玻 璃 钢 管	m	(1020)	(1020)	(1020)	(1020)	(1020)
橡胶止水圈	个	175.00	175.00	175.00	175.00	175.00
润 滑 油	kg	11.60	13.54	15.44	17.29	19.10
其他材料费	%	9	9	9	9	9
汽车起重机　5t	台时	36.73	45.63	54.52	63.42	72.32
卷 扬 机　双筒慢速5t	台时	23.87	32.30	41.01	49.95	63.36
其他机械费	%	7	7	7	7	7
定 额 编 号		09126	09127	09128	09129	09130

续表

项　目	单位	公　称　直　径　（mm）				
		1000	1200	1400	1600	1800
人　工	工时	6133.8	7252.9	8341.0	9398.3	10425.3
玻 璃 钢 管	m	(1020)	(1020)	(1020)	(1020)	(1020)
橡胶止水圈	个	175.00	175.00	175.00	175.00	175.00
润 滑 油	kg	20.87	24.55	28.15	31.66	35.08
其他材料费	%	8	8	8	8	8
汽车起重机　8t	台时	81.98				
汽车起重机　12t	台时		92.41	103.15		
汽车起重机　16t	台时				116.30	128.54
卷 扬 机　双筒慢速5t	台时	68.55	74.92	81.54	88.39	100.27
其他机械费	%	6	6	6	6	6
定 额 编 号		09131	09132	09133	09134	09135

九-15 顶 管

(1)坑内平台安拆

工作内容:安拆人工操作平台及千斤顶平台、清理现场等。

单位:次

项 目	单位	公 称 直 径 (mm)		
		800~1200	1400~1800	2000~2400
人 工	工时	106.8	169.2	213.6
钢 板	kg	151.98	151.98	207.06
枕 木	m³	0.19	0.26	0.35
碎 石 20mm	m³	1.54	1.54	2.09
扒 钉	kg	0.48	0.95	1.43
型 钢	kg	122.40	173.40	204.00
其他材料费	%	8	8	8
汽车起重机 8t	台时	6.02	10.68	
汽车起重机 12t	台时			13.69
载重汽车 8t	台时	6.02	10.68	
载重汽车 10t	台时			13.69
其他机械费	%	10	10	10
定额编号		09136	09137	09138

（2）混凝土管挖土顶进

单位:10m

项　　目	单位	公 称 直 径 （mm）					
		800	1000	1200	1400	1600	1800
人　　工	工时	411.21	431.92	455.84	494.06	531.67	576.67
加强钢筋混凝土管	m	(10.05)	(10.05)	(10.05)	(10.05)	(10.05)	(10.05)
膨　润　土	kg	263.16	330.48	396.27	457.47	693.09	774.18
碱　　粉	kg	9.12	11.45	13.74	15.86	24.03	26.84
外 加 剂　CMC	kg	8.07	10.14	12.15	14.03	21.26	23.75
水	m³	1.75	2.20	2.64	3.05	4.62	5.16
橡 胶 板　12mm	kg	24.80	37.37	52.48	70.13	90.31	113.03
其他材料费	%	10	10	10	10	10	10
汽车起重机　　8t	台时	11.24					
汽车起重机　16t	台时		13.38	14.98			
汽车起重机　20t	台时				15.84		
汽车起重机　25t	台时					21.23	
汽车起重机　30t	台时						22.21
卷 扬 机　双筒慢速3t	台时	22.51	25.92	27.73	30.68	35.49	36.73
高 压 油 泵　50MPa	台时	33.78	38.88	41.59	46.02	53.22	55.09
顶管设备人工挖土　Φ1200	台时	33.78	38.88	41.59			
顶管设备人工挖土　Φ1650	台时				46.02	53.22	
顶管设备人工挖土　Φ2000	台时						55.09
液压千斤顶　200t	台时	67.56	77.75	83.19	92.04	106.45	110.19
泥浆搅拌机	台时	14.64	17.58	19.88	22.28	25.86	29.09
灌 浆 泵　中低压泥浆	台时	14.64	17.58	19.88	22.28	25.86	29.09
其他机械费	%	8	8	8	8	8	8
定 额 编 号		09139	09140	09141	09142	09143	09144

(3)钢管挖土顶进

工作内容:安拆顶管设备,下管、切口、焊口,安、拆、换顶铁,挖、运、吊土,
顶进,泥浆减阻,纠偏。

单位:10m

项 目	单位	公 称 直 径 (mm)				
		800	900	1000	1200	1400
人 工	工时	252.9	266.1	275.5	325.6	398.8
钢 管	m	(10.05)	(10.05)	(10.05)	(10.05)	(10.05)
膨 润 土	kg	263.16	295.34	330.48	396.27	457.47
碱 粉	kg	9.12	10.24	11.45	13.74	15.86
外 加 剂 CMC	kg	8.07	9.06	10.14	12.15	14.03
水	m³	1.75	1.97	2.2	2.64	3.05
电 焊 条	kg	11.22	20.2	22.44	26.93	33.66
氧 气	m³	2.50	2.81	3.11	3.49	4.46
乙 炔 气	m³	0.71	0.80	0.88	0.99	1.27
其他材料费	%	10	10	10	10	10
汽车起重机 8t	台时	11.24	13.38	14.17	14.98	16.45
卷 扬 机 双筒慢速3t	台时	18.29	20.00	21.05	22.51	24.91
高压油泵 50MPa	台时	27.42	30.01	31.57	33.78	37.37
顶管设备人工挖土 Φ1200	台时	27.42	30.01	31.57	33.78	0.00
顶管设备人工挖土 Φ1650	台时	0.00	0.00	0.00	0.00	37.37
液压千斤顶 200t	台时	54.86	60.02	63.14	67.56	74.74
电 焊 机 30kW	台时	25.89	28.47	41.23	51.18	70.07
泥浆搅拌机	台时	14.64	16.11	17.58	19.88	22.28
灌 浆 泵 中低压泥浆	台时	14.64	16.11	17.58	19.88	22.28
其他机械费	%	8	8	8	8	8
定 额 编 号		09145	09146	09147	09148	09149

项　　目	单位	公　称　直　径　（mm以内）				
		1600	1800	2000	2200	2400
人　　工	工时	483.1	558.2	625.1	692.3	768.3
钢　　管	m	(10.05)	(10.05)	(10.05)	(10.05)	(10.05)
膨　润　土	kg	693.09	774.18	858.33	939.42	1028.16
碱　　粉	kg	24.03	26.84	29.75	32.57	35.64
外加剂　CMC	kg	21.26	23.75	26.33	28.80	31.53
水	m³	4.62	5.16	5.72	6.26	6.85
电　焊　条	kg	37.03	50.49	56.1	63.95	84.15
氧　　气	m³	5.09	6.40	7.14	7.68	9.74
乙　炔　气	m³	1.45	1.79	2.00	2.15	2.72
其他材料费	%	10	10	10	10	10
汽车起重机　16t	台时	20.61	22.21	24.18	29.03	34.11
卷　扬　机　双筒慢速3t	台时	28.78	29.82	31.78	33.44	34.55
高压油泵　50MPa	台时	43.17	44.74	47.67	50.17	51.82
顶管设备人工挖土　Φ2000	台时	43.17	44.74	47.67		
顶管设备人工挖土　Φ2460	台时				50.17	51.82
液压千斤顶　200t	台时	86.43	89.47	95.36	100.33	103.64
电　焊　机　30kW	台时	80.14	105.60	117.63	128.13	141.13
泥浆搅拌机	台时	25.86	29.09	33.69	40.50	47.95
灌　浆　泵　中低压泥浆	台时	25.86	29.09	33.69	40.50	47.95
其他机械费	%	8	8	8	8	8
定　额　编　号		09150	09151	09152	09153	09154

第十章

其他工程

说　明

一、本章包括围堰、生态环境防护、混凝土材料加热、暖棚供暖、PVC 滤水(排水)管、塑料排水板软基处理、苯板铺设、钻井、涵洞、公路、铁路、通信线路、临时木便桥和材料运输等定额共 26 节 145 个子目。适用于临时建筑工程。

二、本章临时工程定额中的材料数量,均系备料量,未考虑周转回收。

三、暖棚搭设、混凝土材料加热、暖棚供暖定额,按一个采暖季摊销编制,适用于日最大浇筑强度 100m³ 以内的混凝土冬季施工。定额不包括斜道、上料台以及混凝土浇筑所需的脚手架、过道、平台等内容。

四、混凝土材料加热定额的室外温度指月平均温度,其工作内容为 100m³ 混凝土所需材料加热拌和后达到设计的混凝土出机口温度消耗的人工、材料和机械数量。

五、暖棚供暖定额中暖棚内外温差是指室外月平均温度与暖棚内设计温度之差。定额计量单位为 100m³ 暖棚·天,是指暖棚外轮廓体积每 100m³ 保持设计暖棚内温度供暖 24 小时,不足 100m³ 暖棚·天时按 100m³ 暖棚·天计算。本节定额按暖棚表面系数小于 0.5 编制,暖棚表面系数大于 0.5 时按表 10-1 调整。暖棚表面系数按暖棚外表面面积(m²)除以暖棚外轮廓体积(m³)计算。

表 10-1

暖棚表面系数	0.50	1.00	1.50	2.00
材料调整系数	1.00	2.00	3.00	4.00
机械调整系数	1.00	2.00	3.00	4.00

六、涵洞定额按涵洞高跨比为 1.5∶1 编制,如与设计图纸不符,可按设计图纸对材料用量进行调整,但人工、机械消耗量不作调整。

七、轻便铁道的铺设、移设定额,是指铁道的上部结构,包括直道、弯道、道岔、转辙器、护轨、车挡、道口及铺道渣等设施,不包括路基、站台、通信及线路各种标志等设施。若是双线,定额按加倍计。在洞内铺设、移设时,人工定额乘以 1.2 系数。

八、工作内容包括拆除的项目,拆除部分的人工和其他费用占该项定额的比例如表 10-2 所列。

表 10-2

项　　　目	拆除部分占定额比例	
	人　　工(%)	其他费用(%)
草(麻)袋黄土围堰	15	30
线　路　木电杆	33	28
混凝土电杆	49	28

九、材料运输定额,指材料运输时难以到达指定地点,需由人工转运而发生的材料二次搬运。其运距应以山坡垂直平均高差的斜距计列,不得按实际的运输距离计算。

十－1 草、编织袋土(砂砾石)围堰

工作内容:装土(石)、封包、堆筑。

单位:100m³ 堰体

项 目	单位	草袋土	编织袋土	编织袋砂砾石
人 工	工时	1243.5	838.3	1453.0
黄(粘)土	m³	120.36	120.36	
砂 砾 石	m³			106.00
草 袋	个	2259.00		
编 织 袋	个		3200.00	3300.00
其他材料费	%	1	1	1
定 额 编 号		10001	10002	10003

十-2 围堰拆除

适用范围：土、土石混合、草土、袋装土围堰拆除。

工作内容：人工、推土机拆除，近距离散开，反铲挖装汽车运输 2km 以内。

100m³ 压实方

项目	单位	人工挖装、运、卸		推土机推运 30m 设备型号		反铲挖掘机型号					
		人工运 运距 50m	胶轮车运 运距 50m	132kW	235kW	水上			水下		
						1.6m³	2m³	3m³	1.6m³	2m³	3m³
人 工	工时	482.6	293.4	1.8	0.8	6.9	5.8	4.4	8.1	6.5	5.1
其他材料费	%	3	3	3	3	3	3	3	3	3	3
推土机 74kW	台时										
推土机 132kW	台时			1.53							
推土机 235kW	台时				0.61						
挖掘机 液压反铲	台时					0.49	0.42	0.31	0.25	0.21	0.16
自卸汽车 5t	台时					1.39	1.18	0.89	1.52	1.30	0.98
8t	台时					15.38	10.48	7.59	16.91	11.52	8.35
12t	台时					10.77	8.03	6.65	11.85	8.84	7.32
15t	台时					8.33	7.09	5.60	9.16	7.81	6.17
20t	台时					7.41	6.05	4.90	8.15	6.66	5.39
25t	台时					6.36	5.35		7.00	5.89	
胶轮架子车	台时		74.00								
其他机械费	%		5	5	5	5	5	5	5	5	5
定额编号		10004	10005	10006	10007	10008	10009	10010	10011	10012	10013

注：推土机推运 30m，汽车运输距离为 2km，距离增减按土石方工程调整。

十-3 PVC滤水(排水)管

(1)PVC滤水管

适用范围:PVC管作渠道滤水管。

工作内容:PVC打孔管、土工布包裹、安装。

单位:100m

项　　目	单位	管　外　径　(mm以内)				
		50	75	100	125	160
人　　工	工时	62.0	68.1	74.3	80.5	86.8
PVC打孔管	m	104.04	104.04	104.04	104.04	104.04
土　工　布	m²	35.23	52.85	70.46	88.08	112.74
其他材料费	%	1	1	1	1	1
其他机械费	%	1	1	1	1	1
定　额　编　号		10014	10015	10016	10017	10018

(2)PVC排水管

适用范围:PVC管作渠道边坡排水管。

工作内容:PVC管切断、安装。

单位:100m

项　　目	单位	管　外　径　(mm以内)		
		75	100	125
人　　工	工时	27.6	30.1	32.6
PVC　　管	m	104.04	104.04	104.04
锯　　条	根	6.43	8.57	10.71
其他材料费	%	1	1	1
定　额　编　号		10019	10020	10021

十-4 钻井工程

(1)土层

适用范围:井深 100m 以内。

工作内容:钻机安装拆卸、泥浆固壁、钻进、电测井、安装井管、填滤料、封井、试验抽水。

单位:100m

项 目	单位	地 层						
		粘土	砂壤土	粉细砂	中粗砂	砾石	卵石	漂石
人 工	工时	797.6	834.4	1141.7	1553.2	1864.3	2254.2	2954.0
井 管	m	(102.00)	(102.00)	(102.00)	(102.00)	(102.00)	(102.00)	(102.00)
合金钻头	个	0.70	0.93	1.25	1.71	2.04	2.47	3.23
粘 土	m³	19.86	21.77	24.01	62.38	28.95	28.95	28.95
水	m³	56.44	48.25	41.18	26.37	49.37	49.37	49.37
其他材料费	%	3	3	3	3	3	3	3
地质钻机 300 型	台时	186.87	244.25	336.86	455.71	547.51	660.61	865.52
空 压 机 9m³/min	台时	124.58	107.37	90.98	74.59	58.19	40.98	24.59
胶 轮 车	台时	140.16	183.60	249.16	336.86	404.07	488.49	639.30
其他机械费	%	2	2	2	2	2	2	2
定 额 编 号		10022	10023	10024	10025	10026	10027	10028

注:1.钻井孔径不同时,定额乘以下表系数。

井径(mm 以内)	400.00	450.00	500.00	550.00	600.00	650.00	700.00	800.00
系 数	1.00	1.17	1.37	1.60	1.87	2.19	2.56	3.51

2. 使用不同型号钻机时,机械台时数乘以下表系数。

地质钻机型号	200 型	300 型	400 型	600 型
系 数	1.06	1.00	0.98	0.94

3. 本定额未计入井壁管和过滤器,可根据设计需要选用。

（2）岩层

适用范围：井深100m以内。

工作内容：钻机安装拆卸、钻进、电测井、安装井管、试验抽水。

单位：100m

项　　目	单位	岩　石　级　别			
		V ~ Ⅵ	Ⅶ ~ Ⅷ	Ⅸ ~ Ⅻ	ⅩⅣ ~ ⅩⅤ
人　　工	工时	664.3	896.6	1130.3	1325.9
井　　管	m	（102.00）	（102.00）	（102.00）	（102.00）
金刚石钻头	个	6.98	9.42	11.87	13.94
钻　杆	m	6.48	6.68	6.90	7.10
岩　芯　管	m	7.07	7.29	7.52	7.74
水	m³	879.65	1068.14	1294.34	1521.43
其他材料费	%	3	3	3	3
地质钻机　300型	台时	259.82	350.80	440.96	518.82
空 压 机 9m³/min	台时	57.37	45.08	32.78	20.49
胶 轮 车	台时	78.68	238.51	390.96	440.96
其他机械费	%	2	2	2	2
定 额 编 号		10029	10030	10031	10032

注：1. 钻井孔径不同时，定额乘以下表系数。

井径（mm 以内）	200	300	400	500
系　　　数	1	1.25	1.57	1.97

2. 使用不同型号钻机时，机械台时数乘以下表系数。

地质钻机型号	200 型	300 型	400 型	600 型
系　　　数	1.06	1	0.98	0.94

十 –5 防冻苯板铺设

适用范围:渠道防冻。

工作内容:场内运输、铺设。

单位:100m²

项 目	单位	平铺	斜　铺		
			边　坡		
			1:2.5	1:2	1:1.5
人　　工	工时	18.5	21.6	22.9	25.4
苯　　板	m²	103	105.06	105.06	105.06
其他材料费	%	2	2	2	2
定 额 编 号		10033	10034	10035	10036

十－6　打圆木桩

(1)人工打圆木桩

适用范围:土质地层。

工作内容:准备打桩工具、制作木桩、安装桩靴、锯平桩头。

单位:10m³ 桩木

项　目	单位	土 质 级 别		
		Ⅰ、Ⅱ	Ⅲ	Ⅳ
人　工	工时	841.2	1088.6	1308.9
桩　木	m³	11.02	11.02	11.02
铁　件	kg	9.38	9.38	9.38
其他材料费	%	1	1	1
定 额 编 号		10037	10038	10039

(2)机械打圆木桩

适用范围:土质地层。

工作内容:准备打桩工具、制作木桩、安装桩靴、搭拆和移动桩架、移动打
桩机械、锯平桩头。

单位:10m³ 桩木

项　目	单位	简 易 打 桩 机			柴 油 打 桩 机		
		土 质 级 别			土 质 级 别		
		Ⅰ、Ⅱ	Ⅲ	Ⅳ	Ⅰ、Ⅱ	Ⅲ	Ⅳ
人　工	工时	576.1	838.3	1072.1	272.7	323.2	368.2
桩　木	m³	11.32	11.42	11.53	11.02	11.22	11.42
铁　件	kg	13.67	220.62	261.53	14.08	244.87	296.92
其他材料费	%	1	1	1	1	1	1
卷扬机　单筒慢速 5t	台时	132.90	167.72	198.81			
柴油打桩机　1~2t	台时				26.35	34.47	41.79
其他机械费	%	2	2	2	2	2	2
定 额 编 号		10040	10041	10042	10043	10044	10045

十－7　塑料排水板软基处理

工作内容:穿塑料排水板、定位、安桩靴,打拔钢管、剪断排水板,移位,操作范围内取运料。

单位:100m

项　　目	单位	塑料排水板长度		
		≤5m	≤10m	≤15m
人　　工	工时	6.1	4.8	3.6
塑料排水板	m	105	105	105
其他材料费	%	5	5	5
钢轨式插板机	台时	2.35	1.84	1.40
其他机械费	%	5	5	5
定额编号		10046	10047	10048

十 –8 格宾(雷诺)护垫铺设

适用范围:河道、岸坡、路基边坡护坡,厚度 0.15~0.3cm。

工作内容:组装石笼网箱,填石料,整平,封盖,填土。

单位:100m²

项 目	单位	数 量
人 工	工时	168.9
网 箱 (100×50cm,1.6m²/个)	个	210
块 石	m³	26.30
壤 土	m³	5.30
其他材料费	%	5
定 额 编 号		10049

十-9 生态土工袋护坡

适用范围:松散边坡体防护。

工作内容:坡面整平,土工袋装土、封口,铺砌夯实(装连接扣),种植,养
护。

单位:100m²

项 目	单位	数 量
人 工	工时	345.0
土 工 袋 (1140mm×510mm)	个	300.00
种 植 土	m³	27.30
其他材料费	%	10
定 额 编 号		10050

十-10 三维植被网护坡

适用范围:高陡岩石边坡防护、绿化。

工作内容:坡面整平、挂网、覆土、播种、再覆土、养护。

单位:100m²

项　目	单位	数　量
人　工	工时	30.8
植　被　网	m²	105.00
草　籽	kg	2.00
水	m³	2.80
其他材料费	%	0.50
载 重 汽 车　5t	台时	5.55
其他机械费	%	2
定 额 编 号		10051

十 - 11　植被混凝土

适用范围:风化岩石边坡,土壤少的软岩,土壤硬度大的土壤边坡,混凝土边坡。

工作内容:清整坡面,铺设、固定复合网,拌料,喷设植被混凝土,覆盖无纺布保墒,养护。

单位:100m²

项　　目	单位	数　　量
人　　工	工时	254.7
过塑镀锌铁丝六角网(Φ2.2 mm,网孔36cm²)	m²	101.00
无 纺 布　28g	m²	10.50
425　水　泥	t	1.40
复　合　肥	kg	2.10
农　　药	kg	0.80
耕　植　土	t	13.80
保　水　剂	kg	0.50
添　加　剂	kg	0.40
混　合　种　子	kg	1.20
锚　杆　(Φ25)	kg	52.00
水	m³	10.60
其他材料费	%	1
搅　拌　机　强制0.35m³	台时	4.09
混凝土喷射机　3m³/min	台时	2.80
载　重　汽　车	台时	4.24
洒水汽车　≤5000L	台时	44.41
其他机械费	%	5
定　额　编　号		10052

十-12 暖棚搭设

适用范围:木结构、钢结构暖棚。

工作内容:棚架搭设、保温材料铺设、完工拆除。

单位:100m²

项　　目	单位	木　结　构		钢　结　构	
		棚内净高 2.0m	净高每增加 0.5m	棚内净高 2.0m	净高每增加 0.5m
人　工	工时	199.4	30.0	167.6	25.3
原　木	m³	1.46	0.09		
杉　杆	m³	0.49	0.11		
保温围护层	m²	187.37	16.83	187.37	16.83
铁　丝	kg	17.64	0.87	17.64	0.87
扒　钉	kg	41.73	9.00		
钢　管　Φ50mm	kg			117.27	15.67
卡　扣　件	kg			17.60	2.35
其他材料费	%	5	2	20	3
定 额 编 号		10053	10054	10055	10056

注:原木、杉杆、钢管和卡扣件已按周转摊销编制。

十 – 13 混凝土材料加热

适用范围:室外温度 0 ~ -20 ℃。

工作内容:煤炉、烟道、水箱制作和安装,骨料在暖棚内预热,烧热水。

(1)室外温度 -15 ~ -20 ℃

100m³ 混凝土

项 目	单位	混凝土出机口温度(℃)	
		10	15
人 工	工时	764.7	823.8
煤	kg	640.27	753.62
钢 板	kg	42.50	42.50
型 钢	kg	7.68	7.68
电 焊 条	kg	10.04	10.04
其他材料费	%	10	10
胶 轮 车	台时	233.91	234.26
电 焊 机 25kVA	台时	9.82	9.82
其他机械费	%	5	5
定 额 编 号		10057	10058

(2)室外温度 -10 ~ -15 ℃

100m³ 混凝土

项 目	单位	混凝土出机口温度(℃)	
		10	15
人 工	工时	647.2	706.4
煤	kg	566.90	680.25
钢 板	kg	42.50	42.50
型 钢	kg	7.68	7.68
电 焊 条	kg	10.04	10.04
其他材料费	%	10	10
胶 轮 车	台时	217.13	217.47
电 焊 机 25kVA	台时	9.82	9.82
其他机械费	%	5	5
定 额 编 号		10059	10060

（3）室外温度 -5 ~ -10 ℃

100m³ 混凝土

项　　目	单位	混凝土出机口温度(℃)	
		10	15
人　　工	工时	529.6	588.8
煤	kg	493.53	606.87
钢　板	kg	42.50	42.50
型　钢	kg	7.68	7.68
电焊条	kg	10.04	10.04
其他材料费	%	10	10
胶轮车	台时	200.33	200.68
电焊机 25kVA	台时	9.82	9.82
其他机械费	%	5	5
定额编号		10061	10062

（4）室外温度 0 ~ -5 ℃

100m³ 混凝土

项　　目	单位	混凝土出机口温度(℃)	
		10	15
人　　工	工时	412.1	471.3
煤	kg	420.16	533.50
钢　板	kg	42.50	42.50
型　钢	kg	7.68	7.68
电焊条	kg	10.04	10.04
其他材料费	%	10	10
胶轮车	台时	183.53	183.89
电焊机 25kVA	台时	9.82	9.82
其他机械费	%	5	5
定额编号		10063	10064

十-14 暖棚供暖

适用范围:煤炉供暖,暖棚表面系数0.5以内。

工作内容:煤炉、烟道制作和安装,在暖棚内点燃煤炉供暖,暖棚维护。

(1)暖棚内外温差25~30℃

100m³ 暖棚·天

项 目	单位	保温围护层平均传热系数[W/(m²·K)]					
		≤1	≤2	≤4	≤6	≤8	≤10
人 工	工时	6.5	7.9	10.4	13.1	15.6	18.3
煤	kg	19.33	38.66	77.33	115.98	154.64	193.30
其他材料费	%	8	8	10	10	12	12
定 额 编 号		10065	10066	10067	10068	10069	10070

(2)暖棚内外温差20~25℃

100m³ 暖棚·天

项 目	单位	保温围护层平均传热系数[W/(m²·K)]					
		≤1	≤2	≤4	≤6	≤8	≤10
人 工	工时	6.3	7.4	9.5	11.7	13.8	16.0
煤	kg	16.11	32.22	64.43	96.66	128.87	161.09
其他材料费	%	8	8	10	10	12	12
定 额 编 号		10071	10072	10073	10074	10075	10076

(3)暖棚内外温差15~20℃

100m³ 暖棚·天

项 目	单位	保温围护层平均传热系数[W/(m²·K)]					
		≤1	≤2	≤4	≤6	≤8	≤10
人 工	工时	6.1	7.0	8.6	10.4	12.2	13.8
煤	kg	12.88	25.78	51.55	77.33	103.09	128.87
其他材料费	%	8	8	10	10	12	12
定 额 编 号		10077	10078	10079	10080	10081	10082

(4)暖棚内外温差 10~15 ℃

100m³ 暖棚·天

项　目	单位	保温围护层平均传热系数[W/(m²·K)]					
		≤1	≤2	≤4	≤6	≤8	≤10
人　工	工时	5.8	6.5	7.7	9.1	10.4	11.7
煤	kg	9.67	19.33	38.66	57.99	77.33	96.66
其他材料费	%	8	8	10	10	12	12
定额编号		10083	10084	10085	10086	10087	10088

(5)暖棚内外温差 5~10 ℃

100m³ 暖棚·天

项　目	单位	保温围护层平均传热系数[W/(m²·K)]					
		≤1	≤2	≤4	≤6	≤8	≤10
人　工	工时	5.6	6.1	6.9	7.9	8.8	9.5
煤	kg	6.45	12.88	25.78	38.66	51.55	64.43
其他材料费	%	8	8	10	10	12	12
定额编号		10089	10090	10091	10092	10093	10094

十－15 隧洞钢支撑

适用范围:施工临时支护。

工作内容:制作、安装、拆除。

单位:t

项　目	单位	支护高度(m)				
		≤4	≤6	≤8	≤10	>10
人　工	工时	86.3	127.0	159.1	203.4	225.6
型　钢	kg	950.00	960.00	960.00	960.00	960.00
钢　材	kg	170.00	220.00	220.00	220.00	220.00
氧　气	m³	3.10	4.10	4.40	4.60	4.60
乙　炔	kg	1.33	1.77	1.91	2.00	2.00
电焊条	kg	4.00	5.00	6.00	7.00	7.00
木　材	m³	0.33	0.50	0.51	0.56	0.56
其他材料费	%	5	5	5	5	5
电焊机 16～30kW	台时	4.97	7.60	7.89	8.33	9.20
载重汽车 5t	台时	1.46	1.46	1.46	1.46	1.46
其他机械费	%	5	5	5	5	5
定额编号		10095	10096	10097	10098	10099

十 - 16   隧洞木支撑

适用范围:施工临时支护。

工作内容:制作、安装、拆除。

单位:延米

项 目	单位	隧洞横断面面积(m²)				
		≤10	10~20	20~40	40~80	80 以上
人 工	工时	24.7	38.2	85.1	120.8	177.6
原 木	m³	0.26	0.37	1.21	1.62	2.60
板 枋 材	m³	0.41	0.95	1.24	1.35	1.85
铁 件	kg	1.77	2.33	3.88	6.24	8.10
其他材料费	%	5	5	5	5	5
双 胶 轮 车	台时	2	4	7	9	12
定 额 编 号		10100	10101	10102	10103	10104

十 - 17 浆砌石拱涵洞

适用范围:浆砌石拱涵洞。

工作内容:排水,挖基础,支架,拱盔的制作、安装、拆除、基础、墙身、拱圈、护拱砌筑等的所有工序,铺设拱顶防水层和后背排水设施,基坑回填夯实,洞身与洞口的河床铺砌及边墙加固。

单位:1座

项 目	单位	标准跨度/涵洞长度(m)			
		1/13	2/13	3/13	4/13
人　　工	工时	2478.3	5231.6	10051.4	14934.1
原　　木	m³	0.51	1.07	1.43	1.96
板 枋 材	m³	0.28	0.57	0.88	1.20
水 泥 42.5	t	3.69	7.86	14.73	20.76
炸　　药	kg	3.00	6.00	10.00	14.00
生 石 灰	t	0.77	1.55	2.32	3.10
砂 及 砾 石	m³	24.80	55.00	108.00	154.20
块　　石	m³	68.40	151.20	301.50	430.80
料　　石	m³	0.30	0.50	0.70	0.90
其他材料费	%	3	3	3	3
离 心 水 泵 17kW	台时	46.31	47.77	49.09	50.55
其他机械费	%	2	2	2	2
定 额 编 号		10105	10106	10107	10108

十-18 钢筋混凝土圆管涵洞

适用范围:现场预制钢筋混凝土圆管涵洞。

工作内容:排水,挖基础,基底夯实、铺筑垫层、洞口铺筑及加固,洞口基础、墙身砌筑等的所有工序,预制、运输、安装钢筋混凝土圆管,基坑回填压实。

单位:1座

项 目	单位	标准跨度/涵洞长度(m)				
		0.75/13	1.00/13	1.25/13	1.50/13	2.00/13
人 工	工时	1120.8	1623.9	2256.4	2760.7	4061.5
原 木	m³	0.06	0.64	0.68	0.16	0.24
板枋材	m³	0.05	0.08	0.11	0.15	0.22
钢 筋	t	0.20	0.26	0.40	0.63	0.98
水 泥 42.5	t	2.25	3.40	4.82	6.43	9.27
砂及砂砾石	m³	15.00	22.80	31.80	41.90	63.30
碎 石	m³	2.30	3.80	5.60	7.80	11.00
块 石	m³	13.50	19.40	26.30	33.70	50.10
其他材料费	%	3	3	3	3	3
离心水泵 17kW	台时	24.00	24.71	25.42	26.82	28.96
搅拌机 0.4m³	台时	1.42	2.12	3.54	4.94	6.36
载重汽车 5t	台时	3.37	5.06	6.94	9.12	11.24
其他机械费	%	2	2	2	2	2
定额编号		10109	10110	10111	10112	10113

十-19　钢筋混凝土盖板桥涵

适用范围:钢筋混凝土盖板桥涵。

工作内容:排水,挖基础,制作、安装、拆除扒杆及混凝土拌和,基础、墙身
浇筑混凝土,洞身和洞口铺砌及加固。预制、运输、安装盖板
(行车道板)及栏杆,桥面铺装,基础基坑回填压实。

单位:1座

项　　目	单位	标准跨度/涵洞长度(m)				
		1.5/8.5	2.0/8.5	2.5/8.5	3.0/8.5	4.0/8.5
人　　工	工时	2250.2	3332.8	4697.7	6188.4	9409.0
原　　木	m³	0.41	0.69	1.92	2.55	3.45
板　枋　材	m³	1.90	2.85	2.93	5.47	9.19
钢　　筋	t	0.18	0.24	0.36	0.48	7.00
水　泥　42.5	t	9.81	14.65	20.65	27.79	46.17
炸　　药	kg	2.00	2.00	3.00	4.00	6.00
砂	m³	22.90	33.90	48.40	64.30	106.20
碎　　石	m³	32.50	48.00	66.80	89.90	147.40
块　　石	m³	8.20	12.50	18.00	24.60	40.70
其他材料费	%	3	3	3	3	3
离心水泵　17kW	台时	46.31	47.04	48.51	49.82	53.33
搅拌机　0.4m³	台时	21.04	31.12	45.00	59.02	96.86
其他机械费	%	2	2	2	2	2
定额编号		10114	10115	10116	10117	10118

十-20 钢筋混凝土盖板、浆砌石墙身桥涵

适用范围:浆砌石台、墙身,钢筋混凝土盖板桥涵。

工作内容:排水,挖基础,制作、安装、拆除扒杆及混凝土拌和,基础、墙身
　　　　砌筑,洞身和洞口铺砌及加固,预制、运输、安装盖板(行车道
　　　　板)及栏杆,桥面铺装,基础基坑回填压实。

单位:1座

项　　目	单位	标准跨度/涵洞长度(m)				
		1.5/8.5	2.0/8.5	2.5/8.5	3.0/8.5	4.0/8.5
人　　工	工时	2485.7	3353.8	4681.7	6383.2	9707.4
原　　木	m³	0.58	0.83	2.05	2.70	3.57
板 枋 材	m³	1.12	1.51	1.59	2.49	3.73
钢　　筋	t	0.18	0.24	0.36	0.48	0.70
水　泥　42.5	t	7.70	10.67	14.53	18.22	27.82
炸　　药	kg	2.00	2.00	3.00	4.00	6.00
砂	m³	23.40	33.40	45.40	59.20	93.00
碎　　石	m³	19.20	24.80	33.40	37.80	52.60
块　　石	m³	38.40	60.00	82.50	118.40	199.60
其他材料费	%	3	3	3	3	3
离心水泵　17kW	台时	46.31	47.77	49.09	49.82	53.33
搅 拌 机　0.4m³	台时	11.44	14.60	15.19	22.27	31.00
其他机械费	%	2	2	2	2	2
定额编号		10119	10120	10121	10122	10123

十-21 公路基础

适用范围:路面底层。

工作内容:挖路槽、培路基、基础材料的铺压等。

单位:1000m²

项 目	单位	砂土	砂	砂砾石	干压碎石	手摆块石
		压实厚度　（cm）				
		10	10	10	14	16
人　　工	工时	381.5	381.5	430.7	566.1	775.3
砂　　土	m³	133.62				
砂	m³		133.62			
砂　砾　石	m³			124.44		
碎　　石	m³				182.58	41.82
块　　石	m³					166.26
其他材料费	%	0.5	0.5	0.5	0.5	0.5
内燃压路机　12~15t	台时	7.82	9.78	12.39	15.00	14.34
其他机械费	%	1	1	1	1	1
定　额　编　号		10124	10125	10126	10127	10128

注:厚度每增(减)1cm,按下表增(减)定额数量。

单位:1000m²

项 目	单位	砂土	砂	砂砾石	干压碎石	手摆块石
人　　工	工时	45.0	45.0	45.0	45.0	52.5
砂　　土	m³	13.00				
砂	m³		13.00			
砂　砾　石	m³			12.00		
碎　　石	m³				13.00	3.00
块　　石	m³					10.00

十－22 公路路面

适用范围:公路面层。

工作内容:煤渣、碎石和泥结碎石:铺筑路面、磨耗层、保护层等全部工作。

沥青混凝土:沥青及骨料加热、配料、拌和、运输、摊铺及碾压等
全部工作。

水泥混凝土:模板制安、混凝土配料、拌和、运输、浇筑、振捣及
养护等全部工作。

单位:1000m²

项　　目	单位	煤渣	碎石	泥结碎石	沥青混凝土	水泥混凝土
		压实厚度　（cm）				
		20	20	20	6	20
人　　工	工时	414.5	448.7	611.0	806.4	2257.6
砂	m³	13.26	100.98		11.00	
碎（砾）石	m³		191.76	238.68	62.00	
煤　渣	m³	263.16				
粘　　土	m³	129.54	51.00	60.18		
石　　屑	m³			23.46		
沥　青	t				6.50	0.11
钢　　筋	t					0.45
混　凝土	m³					208.00
矿　　粉	t				10.00	
锯　　材	m³				0.10	0.23
其他材料费	%	1	1	1	2	2
内燃压路机　12～15t	台时	10.12	11.14	16.96	10.48	
自卸汽车　8t	台时				15.05	50.11
混凝土搅拌机　0.4m³	台时					62.82
沥青混凝土搅拌机　0.35m³	台时				15.78	
混凝土切缝机	台时					26.01
沥青混凝土摊铺机	台时				10.48	
其他机械费	%	2	2	2	5	5
定额编号		10129	10130	10131	10132	10133

注:厚度每增(减)1cm,按下表增(减)定额数量。

单位:1000m²

项　　目	单位	煤渣	碎石	泥结碎石	沥青混凝土	水泥混凝土
人　　工	工时	18.3	27.5	27.5	96.8	90.3
砂	m³		5.00		1.76	
碎(砾)石	m³		9.00	12.00	9.92	
煤　　渣	m³	13.00				
粘　　土	m³	6.00	3.00	3.00		
石　　屑	m³			1.20		
沥　　青	t				1.04	0.01
钢　　筋	t					0.02
混　凝　土	m³					10.40
矿　　粉	t				1.60	
锯　　材	m³				0.02	0.01
内燃压路机 12~15t	台时	0.40	0.45	0.68	1.05	
自 卸 汽 车 8t	台时				1.50	2.51
混凝土搅拌机 0.4m³	台时					3.14
沥青混凝土搅拌机 0.35m³	台时				2.84	
混凝土切缝机	台时					1.30
沥青混凝土摊铺机	台时				1.05	
拖 拉 机 59kW	台时	0.24	0.24			

十－23 修整旧路面

工作内容:1.清除尘土浮石,润湿坑槽。

2.取料掺拌,填补修整。

3.整型,碾压。

单位:1000m² 修整面

项　　目	单位	级配碎石路面	级配砾石路面	泥结碎石路面
人　　工	工时	1099.8	1101.7	1100.5
水	m³	12.24	12.24	24.48
砂	m³		15.91	
粘　　土	m³		11.90	19.50
砾　　石　(4cm)	m³		71.99	
石　　屑	m³	46.18		
路面用碎石　(1.5cm)	m³	30.78		
路面用碎石　(3.5cm)	m³	25.65		85.23
其他材料费	%	1	1	1
1t 以内振动压路机	台时	50.98	50.98	50.98
其他机械费	%	1	1	1
定　额　编　号		10134	10135	10136

十-24 轻便铁路铺设(木枕)

工作内容:平整路基、铺渣钉轨、检查修整、组合试运行等。

单位:1km

项　目	单位	轨　距　(mm)			
		610		762	
		轨　重　(kg/m)			
		9	12	12	15
人　工	工时	2598.7	3508.2	3819.2	4071.6
钢　轨	t	18.18	24.89	24.89	31.01
轨　枕	m³/根	36.93/ 1565.00	36.93/ 1565.00	41.16/ 1565.00	41.16/ 1565.00
道　渣	m³	394.74	593.64	655.86	657.90
铁道附件	t	1.33	1.57	1.57	2.14
木　垫板	m³	1.58	1.64	1.82	1.88
其他材料费	%	1	1	1	1
定　额　编　号		10137	10138	10139	10140

十-25 轻便铁路移设(木枕)

工作内容:旧轨拆除、修整配套、铺渣钉轨、检查修整、组合试运行等。

项　目	单位	轨　距　(mm)			
		610		762	
		轨　重　(kg/m)			
		9	12	12	15
人　　工	工时	3430.9	5014.0	5482.7	5674.3
钢　　轨	kg	183.60	244.80	244.80	306.00
轨　　枕	m³/根	4.73/ 201.00	4.73/ 201.00	5.28/ 201.00	5.28/ 201.00
道　　渣	m³	146.88	179.52	198.90	198.90
铁 道 附 件	kg	428.40	438.60	438.60	479.40
木 垫 板	m³	0.19	0.19	0.19	0.19
其他材料费	%	1	1	1	1
定 额 编 号		10141	10142	10143	10144

十 – 26 材料运输

适用范围:砂、石、水泥、零星钢筋等的人力运输。

工作内容:将材料运送、卸至指定地点,运毕返回。

单位:1t·km

项 目	单位	数 量
人 工	工时	32.9
定 额 编 号		10145

附　录

附录1　土石方松实系数表

项目	自然方	松方	实方	码方
土　方	1.00	1.33	0.85	
石　方	1.00	1.53	1.31	
砂　方	1.00	1.07	0.94	
混合料	1.00	1.19	0.88	
块　石	1.00	1.75	1.43	1.67

注:1.松实系数是指土石料体积的比例关系,供一般土石方工程换算时参考。

2.块石实方是指堆石坝坝体方,块石松方即块石堆方。

附录2　一般工程土类岩石分级表

(一)一般工程土类分级表

土质级别	土质名称	自然湿容重(kg/m³)	外形特征	开挖方法
I	1. 砂土 2. 种植土	1650~1750	疏松,粘着力差或易透水,略有粘性	用锹或略加脚踩开挖
II	1. 壤土 2. 淤泥 3. 含壤种植土	1750~1850	开挖时能成块,并易打碎	用锹需用脚踩开挖
III	1. 粘土 2. 干燥黄土 3. 干淤泥 4. 含少量砾石粘土	1800~1950	粘手,看不见砂粒或干硬	用镐、三齿耙开挖或用锹需用力加脚踩开挖
IV	1. 坚硬粘土 2. 砾质粘土 3. 含卵石粘土	1900~2100	土壤结构坚硬,将土分裂后成块状或含粘粒砾石较多	用镐、三齿耙工具开挖

（二）岩石分级表

岩石级别	岩 石 名 称	实体岩石自然湿度时的平均容重（kg/m³）	净钻时间（min/m）			极限抗压强度（kg/cm²）	强度系数 f
			用直径30mm合金钻头，凿岩机打眼（工作气压为4.5气压）	用直径30mm淬火钻头，凿岩机打眼（工作气压为4.5气压）	用直径25mm钻杆，人工单人打眼		
1	2	3	4	5	6	7	8
V	1. 砂藻土及软的白垩岩	1500					
	2. 硬的石炭纪的粘土	1950		≤3.5	≤30	≤200	1.5～2
	3. 胶结不紧的砾岩	1900～2200					
	4. 各种不坚实的页岩	2000					
VI	1. 软的有孔隙的节理多的石灰岩及贝壳石灰岩	2200					
	2. 密实的白垩	2600		4	45	200～400	2～4
	3. 中等坚实的页岩	2700		(3.5～4.5)	(30～60)		
	4. 中等坚实的泥灰岩	2300					

岩石级别	岩石名称	实体岩石自然湿度时的平均密度（kg/m³）	净钻时间（min/m）			极限抗压强度（kg/cm²）	强度系数 f
			用直径30mm合金钻头，凿岩机打眼（工作气压为4.5气压）	用直径30mm淬火钻头，凿岩机打眼（工作气压为4.5气压）	用直径25mm钻杆，人工单人打眼		
1	2	3	4	5	6	7	8
Ⅶ	1. 水成岩卵石经石灰质胶结而成的砾石	2200		6 (4.5~7)	78 (61~95)	400~600	4~6
	2. 风化的节理多的粘土质砂岩	2200					
	3. 坚硬的泥质页岩	2800					
	4. 坚实的泥灰岩	2500					
Ⅷ	1. 角砾状花岗岩	2300	6.8 (5.7~7.7)	8.5 (7.1~10)	115 (96~135)	600~800	6~8
	2. 泥灰质石灰岩	2300					
	3. 粘土质砂岩	2200					
	4. 云母页岩及砂质页岩	2300					
	5. 硬石膏	2900					

岩石级别	岩石名称	实体岩石自然湿度时的平均密度（kg/m³）	净钻时间（min/m）			极限抗压强度（kg/cm²）	强度系数 f
			用直径30mm合金钻头，凿岩机打眼（工作气压为4.5气压）	用直径30mm淬火钻头，凿岩机打眼（工作气压为4.5气压）	用直径25mm钻杆，人工单人打眼		
1	2	3	4	5	6	7	8
IX	1. 软的风化较甚的花岗岩、片麻岩及正常岩 2. 滑石质的蛇纹岩 3. 密实质的石灰岩 4. 水成岩卵石经硅质胶结的砾岩 5. 砂岩 6. 砂质石灰质的页岩	2500 2400 2500 2500 2500 2500	8.5 (7.8~9.2)	11.5 (10.1~13)	157 (136~175)	800~1000	8~10
X	1. 白云岩 2. 坚实的石灰岩 3. 大理石 4. 石灰质胶结的致密的砂岩 5. 坚硬的砂质页岩	2700 2700 2700 2600 2600	10 (9.3~10.8)	15 (13.1~17)	195 (176~215)	1000~1200	10~12

岩石级别	岩石名称	实体岩石自然湿度时的平均密度（kg/m³）	净钻时间（min/m）			极限抗压强度（kg/cm²）	强度系数 f
			用直径30mm合金钻头，凿岩机打眼（工作气压力为4.5Pa）	用直径30mm淬火钻头，凿岩机打眼（工作气压力为4.5Pa）	用直径25mm钻杆，人工单人打眼		
1	2	3	4	5	6	7	8
XI	1. 粗砾花岗岩 2. 特别坚实的白云岩 3. 蛇纹岩 4. 火成岩卵石经石灰质胶结的砾岩 5. 石灰质胶结的坚实的砂岩 6. 粗粒正长岩	2800 2900 2600 2800 2700 2700	11.2 (10.9～11.5)	18.5 (17.1～20)	240 (216～260)	1200～1400	12～14
XII	1. 有风化痕迹的安山岩及玄武岩 2. 片麻岩，粗面岩 3. 特别坚实的石灰岩 4. 火成岩卵石经硅质胶结的砾岩	2700 2600 2900 2600	12.2 (11.6～13.3)	22 (20.1～25)	290 (261～320)	1400～1600	14～16

续表

岩石级别	岩石名称	实体岩石自然湿度时的平均密度（kg/m³）	净钻时间（min/m）			极限抗压强度（kg/cm²）	强度系数 f
			用直径30mm合金钻头，凿岩机打眼（工作气压为4.5Pa）	用直径30mm淬火钻头，凿岩机打眼（工作气压为4.5Pa）	用直径25mm钻杆，人工单人打眼		
1	2	3	4	5	6	7	8
XIII	1. 中粒花岗岩	3100	14.1 (13.4~14.8)	27.5 (25.1~30)	360 (321~400)	1600~1800	16~18
	2. 坚实的片麻岩	2800					
	3. 辉绿岩	2700					
	4. 玢岩	2500					
	5. 坚实的粗面岩	2800					
	6. 中粒正常岩	2800					
XIV	1. 特别坚实的细粒花岗岩	3300	15.5 (14.9~18.2)	32.5 (30.1~40)		1800~2000	18~20
	2. 花岗片麻岩	2900					
	3. 闪长岩	2900					
	4. 最坚实的石灰岩	3100					
	5. 坚实的玢岩	2700					

岩石级别	岩石名称	实体岩石自然湿度时的平均密度（kg/m³）	净钻时间（min/m）			极限抗压强度（kg/cm²）	强度系数 f
			用直径30mm合金钻头，凿岩机打眼（工作气压为4.5Pa）	用直径30mm淬火钻头，凿岩机打眼（工作气压为4.5Pa）	用直径25mm钻杆，人工单人打眼		
1	2	3	4	5	6	7	8
XV	1. 安山岩，玄武岩，坚实的角闪岩 2. 最坚实的辉绿岩及闪长岩 3. 坚实的辉长岩岩及石英岩	3100 2900 2800	20 (18.3~24)	46 (40.1~60)		2000~2500	20~25
XVI	1. 钙钠长石质橄榄石质玄武岩 2. 特别坚实的辉长岩，辉绿岩，石英岩及玢岩	3300 3000	>24	>60		>2500	>25

附录3 冲击钻、回旋钻钻孔工程地层分类与特征

地层名称	特 征
1. 粘土	塑性指数 >17,人工回填压实或天然的粘土层,包括粘土含石
2. 砂壤土	1 < 塑性指数 ≤17,人工回填压实或天然的砂壤土层,包括土砂、壤土、砂土互层、壤土含石和砂土
3. 淤泥	包括天然孔隙比 >1.5 时的淤泥和天然孔隙比 >1 并且 ≤1.5 的粘土和亚粘土
4. 粉细砂	d_{50} ≤0.25mm,塑性指数 ≤1,包括粉砂、粉细砂含石
5. 中粗砂	d_{50} >0.25mm 并且 ≤2mm,包括中粗砂含石
6. 砾石	粒径 20 ~2mm 的颗粒占全重 50% 的地层,包括砂砾石和砂砾
7. 卵石	粒径 200 ~20mm 的颗粒占全重 50% 的地层,包括砂砾卵石
8. 漂石	粒径 800 ~200mm 的颗粒占全重 50% 的地层,包括漂卵石
9. 混凝土	指水下浇筑,龄期不超过 28d 的防渗墙接头混凝土
10. 基岩	指全风化、强风化、弱风化的岩石
11. 孤石	粒径 >800mm 需作专项处理,处理后的孤石按基岩定额计算

注:1、2、3、4、5 项包括小于 50% 含石量的地层。

附录4　混凝土、砂浆配合比及材料用量

（一）混凝土配合比有关说明

1. 水泥混凝土强度等级一般以28d龄期用标准试验方法测得的具有95%保证率的抗压强度标准值确定,如设计龄期超过28d,按下表系数换算。当计算结果介于两种强度等级之间时,应选用高一级强度等级。

设计龄期(d)	28	60	90	180
强度等级折合系数	1.00	0.83	0.77	0.71

2. 混凝土配合比表系卵石、粗砂混凝土,如改用碎石或中、细砂,按下表系数换算。

项　　　目	水泥	砂	石子	水
卵石换为碎石	1.10	1.10	1.06	1.10
粗砂换为中砂	1.07	0.98	0.98	1.07
粗砂换为细砂	1.10	0.96	0.97	1.10
粗砂换为特细砂	1.16	0.90	0.95	1.16

注:水泥按重量计,砂、石子、水按体积计。

3. 粗砂是指平均粒径为1.2～2.5mm,中砂是指平均粒径为0.6～1.2mm,细砂是指平均粒径为0.3～0.6mm,特细砂是指平均粒径为0.15～0.3mm。

4. 埋块石混凝土,应按配合比表的材料用量,扣除埋块石实体的数量计算。

①埋块石混凝土材料量 = 配合表列材料用量×(1 – 埋块石量%)。

1块石实体方 = 1.67 码方

②因埋块石增加的人工:

埋块石率(%)	5	10	15	20
每100m³ 埋块石混凝土增加人工工时	24.0	32.0	42.4	56.8

注:不包括块石运输及影响浇筑的工时。

5. 有抗渗抗冻要求时,按下表水灰比选用混凝土强度等级。

抗渗等级	一般水灰比	抗冻等级	一般水灰比
W_4	0.60~0.65	F_{50}	<0.58
W_6	0.55~0.60	F_{100}	<0.55
W_8	0.50~0.55	F_{150}	<0.52
W_{12}	<0.50	F_{200}	<0.50
		F_{300}	<0.45

6. 混凝土配合表的预算量包括场内运输及操作损耗在内。不包括搅拌后(熟料)的运输和浇筑损耗,搅拌后的运输和浇筑损耗已根据不同的浇筑部位计入定额内。

7. 按照国际标准(ISO3893)的规定,且为了与其他规范相协调,将原规范混凝土及砂浆标号的名称改为混凝土或砂浆强度等级。新强度等级与原标号对照见下表。

混凝土新强度等级与原标号对照

原用标号(kgf/cm²)	100	150	200	250	300	350	400
新强度等级 C	C9	C14	C19	C24	C29.5	C35	C40

砂浆新强度等级与原标号对照

原用标号(kgf/cm²)	30	50	75	100	125	150	200	250	300	350	400
新强度等级 M	M3	M5	M7.5	M10	M12.5	M15	M20	M25	M30	M35	M40

（二）普通混凝土材料配合比表

序号	混凝土强度等级	水泥强度等级	水灰比	级配	最大粒径(mm)	配合比 水泥	砂	石	预算量 水泥(kg)	粗砂(kg)	粗砂(m³)	卵石(kg)	石(m³)	水(m³)
1	C10	42.5	0.76	1	20	1	3.70	5.11	233	745	0.58	1207	0.75	0.172
				2	40	1	4.04	6.58	203	708	0.55	1355	0.85	0.150
				3	80	1	3.75	9.19	174	565	0.44	1625	1.02	0.129
				4	150	1	3.77	11.9	149	483	0.37	1798	1.12	0.110
2	C15	42.5	0.65	1	20	1	3.13	4.31	271	731	0.57	1185	0.74	0.172
				2	40	1	3.33	5.67	236	679	0.53	1356	0.85	0.150
				3	80	1	3.07	7.90	203	539	0.42	1627	1.02	0.129
				4	150	1	3.07	10.3	173	458	0.36	1803	1.13	0.110
3	C20	42.5	0.65	1	20	1	3.13	4.31	270	850	0.57	1185	0.74	0.172
				2	40	1	3.33	5.67	236	789	0.53	1356	0.85	0.150
				3	80	1	3.07	7.90	203	627	0.42	1627	1.02	0.129
				4	150	1	3.07	10.3	173	533	0.36	1803	1.13	0.110
4	C25	42.5	0.57	1	20	1	2.53	3.80	311	793	0.53	1201	0.75	0.172
				2	40	1	2.69	4.99	272	734	0.49	1376	0.86	0.150
				3	80	1	2.54	6.86	234	596	0.40	1627	1.02	0.129
				4	150	1	2.53	8.95	199	504	0.34	1806	1.13	0.110

序号	混凝土强度等级	水泥强度等级	水灰比	级配	最大粒径(mm)	配合比 水泥	砂	石	预算量 水泥(kg)	粗砂(kg)	砂(m³)	卵石(kg)	石(m³)	水(m³)
5	C30	42.5	0.51	1	20	1	2.33	3.34	342	800	0.53	1162	0.73	0.172
				2	40	1	2.48	4.42	299	745	0.50	1337	0.84	0.150
				3	80	1	2.37	6.08	257	611	0.41	1587	0.99	0.129
				4	150	1	2.37	7.94	219	523	0.35	1767	1.10	0.110
6	C35	42.5	0.46	1	20	1	1.83	3.12	384	707	0.47	1215	0.76	0.172
				2	40	1	2.12	3.94	335	712	0.47	1334	0.83	0.150
				3	80	1	1.79	5.65	288	517	0.34	1652	1.03	0.129
				4	150	1	1.82	7.30	245	449	0.30	1815	1.13	0.110
7	C40	42.5	0.43	1	20	1	1.67	2.84	415	695	0.46	1195	0.75	0.172
				2	40	1	1.93	3.59	362	702	0.47	1316	0.82	0.150
				3	80	1	1.64	5.19	311	511	0.34	1635	1.02	0.129
				4	150	1	1.67	6.68	265	445	0.30	1798	1.12	0.110
8	C45	42.5	0.4	1	20	1	1.57	2.56	445	702	0.47	1156	0.72	0.172
				2	40	1	1.83	3.24	389	712	0.47	1279	0.80	0.150
9	C50	42.5	0.37	1	20	1	1.33	2.46	476	636	0.42	1192	0.74	0.172
				2	40	1	1.54	3.14	416	644	0.43	1320	0.83	0.150
10	C60	42.5	0.33	1	20	1	1.14	2.11	538	614	0.41	1151	0.72	0.172
				2	40	1	1.33	2.69	469	626	0.42	1284	0.80	0.150

（三）泵用混凝土材料配合比表

单位：m³

序号	混凝土强度等级	水泥强度等级	水灰比	级配	最大粒径(mm)	配合比			预算量					
						水泥	砂	石	水泥(kg)	砂 粗(kg)	砂(m³)	石 卵(kg)	石(m³)	水(m³)
1	C15	42.5	0.65	1	20	1	3.08	3.08	271	975	0.65	984	0.62	0.200
			0.65	2	40	1	2.79	3.70	266	865	0.58	1158	0.72	0.196
2	C20	42.5	0.57	1	20	1	2.78	2.78	297	964	0.64	973	0.61	0.192
			0.57	2	40	1	2.89	3.84	260	880	0.59	1178	0.74	0.168
3	C25	42.5	0.49	1	20	1	2.01	2.47	354	835	0.56	1030	0.64	0.197
			0.49	2	40	1	2.12	3.33	311	773	0.52	1221	0.76	0.173
	C30	42.5	0.44	1	20	1	1.78	2.17	392	815	0.54	1006	0.63	0.197
			0.44	2	40	1	1.88	2.94	344	758	0.51	1196	0.75	0.173
4	C30	42.5	0.51	1	20	1	2.46	2.46	329	945	0.63	954	0.60	0.192
			0.51	2	40	1	2.52	3.34	292	862	0.57	1154	0.72	0.171

（四）水泥砂浆配合比表

序号	砂浆强度等级	水泥标号	砂子粒度	水灰比	稠度（cm）	配合比（重量比）水泥	配合比（重量比）砂	1m³砂浆材料用量水泥（kg）	1m³砂浆材料用量砂（m³）	1m³砂浆材料用量水（m³）
1	M5	42.5	粗	1.13	4~6	1	6.9	210	1.12	0.276
			中			1	6.4	220	1.13	0.289
			细			1	5.6	238	1.11	0.313
2	M7.5	42.5	粗	0.99	4~6	1	6.0	237	1.10	0.273
			中			1	5.5	251	1.11	0.289
			细			1	4.8	273	1.09	0.314
3	M10	42.5	粗	0.89	4~6	1	5.3	265	1.09	0.274
			中			1	4.8	281	1.08	0.291
			细			1	4.3	300	1.07	0.311
4	M12.5	42.5	粗	0.80	4~6	1	4.7	294	1.07	0.274
			中			1	4.3	311	1.06	0.290
			细			1	3.8	333	1.05	0.310

附录5 水泥强度等级换算系数参考表

原强度等级	代换强度等级 32.5	代换强度等级 42.5	代换强度等级 52.5
32.5	1.00	0.86	0.76
42.5	1.16	1.00	0.88
52.5	1.31	1.13	1.00

附录6 混凝土冬季施工增加费用计算参考资料

混凝土冬季施工技术措施,主要是防止在负温条件下混凝土早期受冻以及大体积混凝土因温差过大而发生的温度裂缝。本附录是按暖棚法计算混凝土冬季施工增加费用,主要费用包括暖棚搭设、混凝土材料加热、暖棚供暖、施工降效增加费四项内容。根据暖棚形式、室外月平均温度、暖棚室内温度、混凝土出机口温度、暖棚供暖天数,选用相应定额按附表 6-1 计算混凝土冬季施工增加总费用及综合单价。

附表 6-1　混凝土冬季施工增加费用综合单价计算表

序号	项　　　目	单位	数量	单价(元)	合计(元)
1	暖棚搭设				
	木结构暖棚	m² 暖棚			
	钢结构暖棚	m² 暖棚			
2	混凝土材料加热				
	室外温度 −15 ~ −20℃	m³ 混凝土			
	室外温度 −10 ~ −15℃	m³ 混凝土			
	室外温度 −5 ~ −10℃	m³ 混凝土			
	室外温度 0 ~ −5℃	m³ 混凝土			
3	暖棚供暖				
	暖棚内外温差 25 ~ 30℃	m³ 暖棚·天			
	暖棚内外温差 20 ~ 25℃	m³ 暖棚·天			
	暖棚内外温差 15 ~ 20℃	m³ 暖棚·天			
	暖棚内外温差 10 ~ 15℃	m³ 暖棚·天			
	暖棚内外温差 5 ~ 10℃	m³ 暖棚·天			

续附表 6-1

序号	项　　目	单位	数量	单价 （元）	合计 （元）
4	施工降效增加费				
	混凝土拌和	m³ 混凝土			
	混凝土运输	m³ 混凝土			
	混凝土浇筑	m³ 混凝土			
	模板制作及安拆	m² 模板			
5	总价	元			
6	综合单价（直接费）	元/m³ 混凝土			

注:1. 表中"合计（元）=数量×单价（元）"。

　　2. 表中"混凝土材料加热数量（m³ 混凝土）=混凝土冬季施工设计量（m³ 混凝土）×混凝土浇筑定额中拌和数量/100"。

　　3. 表中"暖棚供暖数量（m³ 暖棚·天）=暖棚外轮廓体积（m³）×暖棚供暖天数（天）。

　　4. 表中"混凝土拌和（运输）数量（m³ 混凝土）同注 2 数量"。

　　5. 表中"混凝土浇筑数量（m³ 混凝土）=混凝土冬季施工设计量（m³ 混凝土）"。

　　6. 表中"模板制作及安拆数量（m² 模板）=混凝土冬季施工模板设计用量（m² 模板）"。

　　7. 混凝土拌和、运输和浇筑施工降效增加费单价按混凝土拌和、运输和浇筑单价人工、机械费用之和的 20% 计算;模板制作及安拆施工降效增加费单价按模板制作、安拆单价的 8% 计算。

　　8. 表中"总价为 1~4 合计之和"。

　　9. 表中"综合单价（元/m³ 混凝土）=总价（元）÷混凝土冬季施工设计量（m³ 混凝土）"。

附表 6-2　暖棚保温材料的传热系数 β 值参考表

序号	材料名称	厚度(mm)	传热系数 $\beta(\mathrm{W}/(\mathrm{m}^2 \cdot \mathrm{K}))$
1	帆　布	4	10.0
		5	8.7
2	石　棉　纸	10	9.1
		12	8.1
3	聚乙烯泡沫塑料	10	3.9
		20	2.1
		30	1.5
		40	1.1
		50	0.9
4	聚氨酯硬泡沫塑料	10	3.2
		20	1.7
		30	1.2
		40	0.9
5	矿棉、岩棉、玻璃棉毡	10	4.6
		20	2.6
		30	1.8
		40	1.4
		50	1.1
		60	0.9
6	棉花	10	4.7
		20	2.6
		30	1.8
		40	1.4
		50	1.1
		60	0.9

注:1. 当选用的保温材料未包括在附表 6-2 中时,其传热系数可按下列公式计算。

2. 暖棚保温材料平均传热系数计算公式:

$$\beta = \frac{1}{0.043 + \sum\limits_{i=1}^{n} \dfrac{\delta_i}{\lambda_i}}$$

β——保温围护层平均传导系数。

δ_i——每一层保温材料的厚度,$i=1,2,\cdots,n$,单位:m。

λ_i——各保温层材料的导热系数,单位:W/(m·K),见附表6-3。

附表6-3 暖棚保温材料的导热系数 λ 值

序号	材料名称	密度(kg/m³)	导热系数λ(W/(m·K))
1	帆布	330	0.070
2	稻草帘	180	0.110
3	稻草板	300	0.105
4	刨花板	200	0.130
5	沥青油毡、油毡纸	600	0.170
6	石棉纸	1000	0.150
7	纤维板	1000	0.340
8	纤维板	600	0.230
9	胶合板	600	0.170
10	聚乙烯泡沫塑料	100	0.047
11	聚乙烯泡沫塑料	30	0.042
12	聚氨酯硬泡沫塑料	50	0.037
13	聚氯乙烯硬泡沫塑料	130	0.048
14	矿棉、岩棉板	300	0.093
15	矿棉、岩棉毡	150	0.058
16	玻璃棉板	300	0.093
17	玻璃棉毡	150	0.058
18	棉花	81	0.059

注:表中序号2~4的材料为容易透风的保温材料,不易单独用作暖棚保温围护层
　　面,应再铺一层不易透风的保温材料。

附录 7 水工建筑工程细部结构指标表

单位：元/m³

序号	项目	混凝土重力坝、重力拱坝、宽缝重力坝、支墩坝	混凝土双曲拱坝	土坝堆石坝	水闸	冲砂闸泄洪闸	溢洪道	进水口进水塔
	计量单位	坝体方	坝体方	坝体方	混凝土	混凝土	混凝土	混凝土
	综合指标	20.38	21.77	1.45	61.66	51.07	22.65	23.5
	分项指标							
1	多孔混凝土排水管	0.98	0.96		0.57	0.55	0.75	
2	廊道木模制作与安装	1.37	1.73		1.92	1.84	1.87	
3	止水工程	3.33	4.22		7.66	7.37	5.23	4.5
4	伸缩缝工程	2.35	2.3		6.7	6.45	5.97	3.37
5	接缝灌浆管路	2.35	2.49		1.92	1.84	0.37	
6	冷却水管路	4.91	4.79		4.79	4.61		
7	栏杆	0.78	0.77		6.32	6.08	3.36	2.25
8	路面工程	0.98	0.96	0.23	0.39	0.37	0.75	
9	照明工程	1.17	1.16	0.2	1.92	1.84	0.75	1.87
10	爬梯	0.2	0.2		1.16	1.84	0.37	1.5
11	通气管道	0.2	0.2		3.83	3.68	1.5	0.37
12	坝基渗水处理			0.15				
13	排水沟工程			0.37				
14	排水渗井钻孔及反滤体			0.08	19.15	12.89		
15	坝坡踏步			0.2				
16	孔洞钢盖板							8.62
17	厂房内上下水工程							
18	防潮层							
19	建筑装饰	0.98	1.22	0.11	4.56	0.98	0.98	0.65
20	其他细部结构工程	0.78	0.77	0.11	0.77	0.73	0.75	0.37

序号	项　　目	隧洞	竖井调压井	高压管道	地面厂房	地下厂房	地面升压变电站	地下升压变电站	明渠
	计量单位	混凝土	混凝土	混凝土	混凝土	混凝土	混凝土	混凝土	混凝土
	综合指标	18.62	23.13	4.9	16.69	23.39	30.48	20.07	10.11
	分项指标								
1	多孔混凝土排水管								
2	廊道木模制作与安装				1.87				
3	止水工程	10.27	15	3.26	6.57	6.59		5.56	2.93
4	伸缩缝工程	2.05	3.75		2.62	2.64	2.61	2.69	1.96
5	接缝灌浆管路				0.57				1.47
6	冷却水管路								
7	栏杆	0.37	0.75		0.75	2.27	0.75	0.77	0.65
8	路面工程						12.32		0.98
9	照明工程								
10	爬梯	0.37	1.5	0.82	0.57	0.57	1.87	1.92	0.33
11	通气管道	4.86							
12	坝基渗水处理								
13	排水沟工程						9.57		
14	排水渗井钻孔及反滤体								
15	坝坡踏步								1.3
16	孔洞钢盖板		1.5						
17	厂房内上下水工程				1.87	3.77			
18	防潮层					5.66		5.75	
19	建筑装饰	0.33	0.26				2.61	2.61	
20	其他细部结构工程	0.37	0.37	0.82	1.87	1.89	0.75	0.77	0.49

附录8 部分钢材单位长度重量表

(一)钢筋单位长度重量

单位:kg/m

序号	圆钢直径 (mm)	单位长度重量 (kg/m)	备 注	序号	圆钢直径 (mm)	单位长度重量 (kg/m)	备 注
1	3	0.056		12	19	2.230	
2	4	0.099		13	20	2.466	
3	5	0.154		14	22	2.984	
4	6	0.222		15	24	3.551	
5	8	0.395		16	25	3.853	
6	9	0.499		17	26	4.168	
7	10	0.617		18	28	4.830	
8	12	0.888		19	30	5.549	
9	14	1.208		20	32	6.310	
10	16	1.578		21	36	7.990	
11	18	1.998		22	40	9.870	

（二）槽钢单位长度重量

单位:kg/m

序号	型号	单位长度重量	备注	序号	型号	单位长度重量	备注
1	5	5.44		16	25a	27.47	
2	6.3	6.63		17	25b	31.39	
3	8	8.04		18	25c	35.32	
4	10	10.00		19	28a	31.42	
5	12.6	12.37		20	28b	35.81	
6	14a	14.53		21	28c	40.21	
7	14b	16.73		22	32a	38.22	
8	16a	17.23		23	32b	43.25	
9	16	19.74		24	32c	48.28	
10	18a	20.17		25	36a	47.80	
11	18	22.99		26	36b	53.45	
12	20a	22.63		27	36c	60.10	
13	20	25.77		28	40a	58.91	
14	22a	24.99		29	40b	65.19	
15	22	28.45		30	40c	71.47	

注:表中所列为热轧普通槽钢。

（三）工字钢单位长度重量

序号	型号	单位长度重量	备注	序号	型号	单位长度重量	备注
1	10	11.25		12	28a	43.47	
2	12.6	14.21		13	28b	47.86	
3	14	16.88		14	32a	52.69	
4	16	20.50		15	32b	57.71	
5	18	24.13		16	32c	62.74	
6	20a	27.91		17	36a	60.00	
7	20b	31.05		18	36b	65.66	
8	22a	33.05		19	36c	71.20	
9	22b	36.50		20	40a	67.56	
10	25a	38.08		21	40b	73.84	
11	25b	42.01		22	40c	80.12	

注:表中所列为热轧普通工字钢。

（四）角钢单位长度重量

序号	型号	单位长度重量	备注	序号	型号	单位长度重量	备注
1	∠20×3	0.89		23	∠56×5	4.25	
2	∠20×4	1.15		24	∠56×8	6.57	
3	∠25×3	1.12		25	∠63×4	3.91	
4	∠25×4	1.46		26	∠63×5	4.82	
5	∠30×3	1.37		27	∠63×6	5.72	
6	∠30×4	1.79		28	∠63×8	7.47	
7	∠36×3	1.66		29	∠63×10	9.15	
8	∠36×4	2.16		30	∠70×4	4.37	
9	∠36×5	2.65		31	∠70×5	5.40	
10	∠40×3	1.85		32	∠70×6	6.41	
11	∠40×4	2.42		33	∠70×7	7.40	
12	∠40×5	2.98		34	∠70×8	8.37	
13	∠45×3	2.09		35	∠75×5	5.82	
14	∠45×4	2.74		36	∠75×6	6.91	
15	∠45×5	3.37		37	∠75×7	7.98	
16	∠45×6	3.99		38	∠75×8	9.03	
17	∠50×3	2.33		39	∠75×10	11.10	
18	∠50×4	3.06		40	∠80×5	6.21	
19	∠50×5	3.77		41	∠80×6	7.38	
20	∠50×6	4.47		42	∠80×7	8.53	
21	∠56×3	2.62		43	∠80×8	9.66	
22	∠56×4	3.45		44	∠80×10	11.90	

附录9 管材管径及重量参考表

管材类型	公称直(内)径 D_0(mm)	外 径 D_1(mm)	壁 厚 h(mm)	有效管长 L_0(mm)	参考重量 (kg/m)	参考重量 (kg/根)
承插铸铁管	100	118	9	3000		75.5
	125	143	9	4000		119
	150	169	9	4000		149
	200	220	10	5000		254
	250	271.6	10.8	5000		340
	300	322.3	11.4	6000		509
	350	374	12	6000		623
	400	425.6	12.8	6000		760
	450	476.8	13.4	6000		889
	500	528	14	6000		1033
	600	630.8	15.4	6000		1355
	700	733	16.5	6000		1691
	800	836	18	6000		2100
	900	939	19.5	4000		1760
	1000	1041	20.5	4000		2060
	1100	1144	23.5	4000		2590
	1200	1246	25	4000		3010
	1350	1400	27.5	4000		3740
	1500	1554	30	4000		4530
螺旋焊缝电焊钢管	200	219	5	26.39		
			6	31.78		
			7	36.90		

管材类型	公称直(内)径 D_0(mm)	外 径 D_1(mm)	壁 厚 h(mm)	有效管长 L_0(mm)	参考重量 (kg/m)	(kg/根)
螺旋焊缝电焊钢管	250	273	6		46.3	
			7		52.71	
			8		59.07	
	300	325	6		55.34	
			7		63.05	
			8		70.70	
	350	377	7		73.40	
			8		82.34	
			9		91.24	
	400	426	7		82.97	
			8		93.05	
			9		103.09	
	450	478	8		104.77	
			9		116.16	
			10		127.50	
	500	529	8		115.92	
			9		128.49	
			10		141.02	
	600	630	8		138.33	
			9		153.40	
			10		168.42	
	700	720	8		158.31	
			9		175.60	
			10		192.84	

管材类型	公称直(内)径	外 径	壁 厚	有效管长	参考重量	
	D_0(mm)	D_1(mm)	h(mm)	L_0(mm)	(kg/m)	(kg/根)
螺旋焊缝电焊钢管	800	820	9		180.50	
			10		200.26	
			11		219.96	
	900	920	9		202.70	
			10		224.92	
			11		247.09	
	1000	1020	10		249.58	
			12		298.81	
			14		347.83	
	1200	1220	10		298.90	
			12		357.99	
			14		416.88	
	1400	1420	10		348.23	
			12		417.18	
			14		485.94	
	1600	1620	10		397.55	
			12		476.37	
			14		544.99	
	1800	1820	12		535.56	
			14		624.04	
			16		712.33	
	2000	2020	12		594.74	
			14		693.09	
			16		791.25	
	2200	2220	12		653.93	
			14		762.15	
			16		870.16	

管材类型	公称直(内)径	外 径	壁 厚	有效管长	参考重量	
	D_0(mm)	D_1(mm)	h(mm)	L_0(mm)	(kg/m)	(kg/根)
钢板卷管	200	219	6		31.52	
	250	273	6		39.51	
	300	325	6		47.20	
	350	377	8		72.80	
	400	426	8		82.46	
	500	529	8		102.78	
	600	630	9		137.82	
	700	720	9		157.80	
	800	820	9		179.99	
	900	920	9		202.19	
	1000	1020	10		249.07	
	1200	1220	11		327.95	
	1400	1420	12		416.66	
	1600	1620	12		475.84	
	1800	1820	12		535.02	
	2000	2020	12		594.21	
	2200	2220	12		653.93	
三阶段预应力钢筋混凝土管	400	476	38	5000		1100
	500	580	40			1300
	600	690	45			1700
	700	800	50			2200
	800	910	55			2700
	900	1020	60			3600
	1000	1130	65			4200

管材类型	公称直(内)径	外 径	壁 厚	有效管长	参考重量	
	D_0(mm)	D_1(mm)	h(mm)	L_0(mm)	(kg/m)	(kg/根)
一阶段预应力钢筋混凝土管	600	710	55	5000		1590
	800	920	60			2286
	1000	1140	70			3337
	1200	1360	80			4569
	1400	1580	90			6000
	1600	1800	100			7609
	1800	2030	115			9840
自应力钢筋混凝土管	200	260	30	4000		250
	300	380	40			512
	400	490	45			740
	500	600	50			1015
	600	710	55			1350
	800	940	70			2320
预应力钢筒混凝土管	600	710	55	5000		1676
	800	920	60			2590
	1000	1140	70			3707
	1200	1350	75			5027
	1400	1650	125			10166
	1600	1870	135			12403
	1800	2090	145			14639
	2000	2310	155			17587
	2200	2560	180			20180
	2400	2760	180			23585
	2600	2980	190			27194
	2800	3200	200			30447
	3000	3430	215			35225

管材类型	公称直(内)径 D_0(mm)	外 径 D_1(mm)	壁 厚 h(mm)	有效管长 L_0(mm)	参考重量 (kg/m)	(kg/根)
		25	1.5		0.17	
		32	1.5		0.22	
		40	2.0		0.36	
		50	2.0		0.45	
		63	2.5		0.71	
		75	2.5		0.85	
		90	3.0		1.23	
		110	3.5		1.75	
硬聚氯		125	4.0		2.29	
乙烯管		140	4.5		2.88	
		160	5.0		3.65	
		180	5.5		4.52	
		200	6.0		5.48	
		225	7.0		7.20	
		250	7.5		8.56	
		280	8.5		10.88	
		315	9.5		13.68	
		355	10.5		17.05	
		400	12.0		21.94	
	300	310	6.5		13.00	
	400	415	8.2		19.00	
	500	515	9.2		29.48	
	600	620	10.4		40.00	
	700	720	12.2		54.73	
玻璃钢	800	825	13.6		69.73	
管道	900	930	15.4		88.83	
	1000	1030	17.0		108.95	
	1200	1230	18.7		143.81	
	1400	1440	23.0		206.36	
	1500	1540	24.8		238.41	
	1600	1650	26.3		269.69	
	1800	1850	29.4		339.16	